中等职业教育国家规划教材
全国中等职业教育教材审定委员会审定

周其虎　主编

畜禽解剖生理

第二版

畜牧兽医类专业用

中国农业出版社

内容简介

《畜禽解剖生理》是面向21世纪中等职业教育国家规划教材，是畜牧兽医类专业的一门重要的专业基础课教材。本教材在一般介绍畜禽体基本结构的基础上，着重介绍牛（羊）各个系统的解剖构造和生理机能，而对猪、马、禽和经济动物，则只介绍其特征。本教材注重能力培养，强调技能训练，把实验实习和技能训练作为教学内容的重要组成部分。通过本教材的学习，学生将获得基层畜禽疾病防治人员、防疫检疫人员、养殖场饲养管理人员应具备的解剖生理方面的基本知识和基本技能，为继续学习畜牧兽医专业课打下坚实的基础。

本教材也可作为基层畜牧兽医工作人员的自学教材和参考书。

第二版编审人员

主　编　周其虎

参　编　凌　丁　林　刚
　　　　兰俊宝　徐海滨

审　稿　王树迎

第一版编审人员

主　　编　周其虎（山东省畜牧兽医学校）

参　　编　凌　丁（广西农业学校）
　　　　　林　刚（重庆万县农业学校）
　　　　　兰俊宝（山东省长清职业中学）

审　　稿　王典进（山东省畜牧兽医学校）

责任主审　汤生玲
审　　稿　李佩国　刘金福

中等职业教育国家规划教材出版说明

为了贯彻《中共中央国务院关于深化教育改革全面推进素质教育的决定》精神，落实《面向21世纪教育振兴行动计划》中提出的职业教育课程改革和教材建设规划，根据教育部关于《中等职业教育国家规划教材申报、立项及管理意见》（教职成［2001］1号）的精神，我们组织力量对实现中等职业教育培养目标和保证基本教学规格起保障作用的德育课程、文化基础课程、专业技术基础课程和80个重点建设专业主干课程的教材进行了规划和编写，从2001年秋季开学起，国家规划教材将陆续提供给各类中等职业学校选用。

国家规划教材是根据教育部最新颁布的德育课程、文化基础课程、专业技术基础课程和80个重点建设专业主干课程的教学大纲（课程教学基本要求）编写，并经全国中等职业教育教材审定委员会审定。新教材全面贯彻素质教育思想，从社会发展对高素质劳动者和中初级专门人才需要的实际出发，注重对学生的创新精神和实践能力的培养。新教材在理论体系、组织结构和阐述方法等方面均作了一些新的尝试。新教材实行一纲多本，努力为教材选用提供比较和选择，满足不同学制、不同专业和不同办学条件的教学需要。

希望各地、各部门积极推广和选用国家规划教材，并在使用过程中，注意总结经验，及时提出修改意见和建议，使之不断完善和提高。

教育部职业教育与成人教育司
2001年10月

第二版前言

本教材是在《中等农业职业学校畜牧兽医专业〈畜禽解剖生理〉教学大纲》的基础上编写的，供全国中等农业职业学校畜牧兽医专业使用。

畜禽解剖生理是中等农业职业学校畜牧兽医专业的一门专业基础课。它的任务是：使学生具备畜禽疾病防治人员、检疫人员和饲养管理人员所必需的畜禽解剖生理的基本知识和基本技能，为学生进一步学习专业知识和技能，提高全面素质，增强适应职业变化的能力和继续学习的能力打下基础。

本教材编写始终遵循职业教育"以能力为本位，以岗位为目标"的原则，淡化学科体系，重视能力培养。全书除绪言外，共分为六章，即畜体的基本结构、牛（羊）的解剖生理、猪的解剖生理特征、马的解剖生理特征、家禽的解剖生理特征和经济动物的解剖生理特征。本教材具有以下特点：

1. 以动物为主线设计教材结构，即把各种动物的解剖生理内容分开讲授。具体做法是以牛（羊）为重点，详细讲授其解剖结构及生理特征，其他动物则只讲特征。

2. 把各种动物的消化、生殖、免疫系统做为重点，而对运动、神经系统内容则作了大量删减。这样，教材既紧密联系生产实际，又突出知识点和技能点，具备了适用、够用和实用的特点。

3. 强调实践教学和技能训练，把实验实习和技能训练作为教学内容的重要组成部分，使知识教学和技能教学紧密结合，融为一体。

4. 每一章前面都有教学目标，后面附有复习思考题，便于把握教学重点，也便于学生自学。

我国幅员辽阔，各地家畜的种类、比例有很大差别，各地对人才的需求也不尽相同。所以，在组织教学的过程中，可根据教学大纲和当地生产实际制订出实施性教学计划，对各部分内容的讲授可有所侧重，但大纲要求掌握的教学内容必须保质保量地完成。实验实习、技能训练和技能考核，既可在该章（节）理论知识讲完之后立即进行，亦可在教学实习周集中进行。

本教材是在充分领会教学大纲精神的基础上，经过认真讨论，制订出了编写提纲，然后分工编写。参加编写的人员有周其虎、凌丁、林刚、兰俊宝、徐海滨。最后由周其虎统稿，山东农业大学王树迎教授审定。在编写过程中，山东畜牧兽医职业学院解剖生理教研室的老师提出了许多宝贵意见，并对部分初稿进行了审阅，在此一并表示感谢。

本书内容充实简要，理论联系实际，在内容编排上也做了大胆的尝试。但由于编写时间仓促，编者水平有限，错误之处在所难免，恳切希望广大师生提出宝贵意见。

编　者

2009 年 8 月

第一版前言

本教材是依据教育部制定的《中等职业学校畜牧兽医专业〈畜禽解剖生理〉教学大纲》编写的。供中等农业职业学校畜牧兽医专业使用。

本教材编写始终遵循职业教育"以能力为本位，以岗位为目标"的原则，淡化学科体系，重视能力培养。全书除绪言外，共分为五章，即畜体的基本结构、牛的解剖生理、猪的解剖生理特征、马的解剖生理特征、家禽的解剖生理特征和经济动物的解剖生理特征。本教材有如下特点：

1. 把各种动物的解剖生理内容分开讲授，以牛为主，其他动物只讲特征。

2. 把各种动物的消化、生殖、免疫系统作为重点，而对运动、神经系统内容则作了大量删减。这样，教材既紧密联系生产实际，又突出知识点和技能点，具备了适用、够用、实用的特点。

3. 强调实践教学和技能训练，把实验实习和技能训练作为教学内容的重要组成部分，使知识教学和技能教学紧密结合，融为一体。

4. 每一章前面都有教学目标，后面附有复习思考题，便于教师把握教学重点，也便于学生自学。

我国幅员辽阔，各地家畜的种类、比例有很大差别，各地对人才的需求也不尽相同。所以，在组织教学的过程中，可根据教学大纲和当地生产实际制定出实施性教学计划，对各部分内容的讲授可有所侧重，但大纲要求掌握的教学内容必须保质保量地完成。实验实习、技能训练、技能考核，既可在理论知识讲完之后立即进行，亦可在教学实习周集中进行。

　　本教材是在充分领会教学大纲精神的基础上，经过认真讨论，制定了编写提纲，然后分工编写。具体的分工是：绪言、第1章和第2章的第一、二、三、四、七、八、九、十、十一节由周其虎编写；第3章由林刚编写；第4、第5章和第2章的第五、六节由凌丁编写；第6章由兰俊宝编写。最后由周其虎统稿，王典进高级讲师审定。在编写过程中，黑龙江畜牧兽医学校覃正安老师和山东省畜牧兽医学校范作良、朱俊平老师，提出了许多宝贵意见，并对部分初稿进行了审阅，在此一并表示感谢。

　　本书内容充实简要，理论联系实际，在内容编排上也做了大胆的尝试。它既是中等职业学校畜牧兽医专业学生的专用教材，又可作为基层畜牧兽医人员的自学教材和参考书。但由于编写时间仓促，编者水平有限，错误之处在所难免，恳切希望广大师生提出宝贵意见。

编　者
2001年7月

目 录

中等职业教育国家规划教材出版说明
第二版前言
第一版前言

绪言 1

第一章 畜体的基本结构 3

第一节 细胞 3
一、细胞的形态和大小 3
二、细胞的构造 4
三、细胞的生命活动 6

第二节 组织 8
一、上皮组织 8
二、结缔组织 10
三、肌组织 12
四、神经组织 13

第三节 器官、系统和有机体 15
一、器官 15
二、系统 15
三、有机体 15

第四节 畜（禽）体表主要部位名称及方位术语 16
一、畜（禽）体表主要部位名称 16
二、方位术语 17

实验实习与技能训练 18
复习思考题 20

第二章 牛（羊）的解剖生理 21

第一节 运动系统 21
一、骨骼 21
二、肌肉 28

实验实习与技能训练 32

复习思考题 ... 32
第二节　被皮系统 ... 33
一、皮肤 ... 33
二、皮肤衍生物 ... 34
实验实习与技能训练 ... 36
复习思考题 ... 36
第三节　消化系统 ... 36
一、概述 ... 36
二、消化系统的构造 ... 38
三、消化生理 ... 45
实验实习与技能训练 ... 50
复习思考题 ... 52
第四节　呼吸系统 ... 52
一、呼吸系统的构造 ... 52
二、呼吸生理 ... 56
实验实习与技能训练 ... 59
复习思考题 ... 59
第五节　泌尿系统 ... 59
一、泌尿系统的构造 ... 60
二、泌尿生理 ... 62
实验实习与技能训练 ... 63
复习思考题 ... 64
第六节　生殖系统 ... 65
一、生殖系统的构造 ... 65
二、生殖生理 ... 69
实验实习与技能训练 ... 74
复习思考题 ... 75
第七节　心血管系统 ... 75
一、心血管系统的构造 ... 75
二、心血管生理 ... 84
实验实习与技能训练 ... 88
复习思考题 ... 90
第八节　免疫系统 ... 90
一、免疫系统的组成与作用 ... 91
二、免疫器官 ... 92
三、免疫细胞 ... 94
四、淋巴 ... 95
实验实习与技能训练 ... 96
复习思考题 ... 97

第九节 神经系统与感觉器官 …… 97
- 一、神经系统的构造 …… 97
- 二、神经生理 …… 102
- 三、感觉器官——眼 …… 105
- 实验实习与技能训练 …… 106
- 复习思考题 …… 107

第十节 内分泌系统 …… 107
- 一、内分泌系统概述 …… 107
- 二、内分泌腺 …… 108
- 实验实习与技能训练 …… 111
- 复习思考题 …… 111

第十一节 体温 …… 111
- 一、体温的形成 …… 111
- 二、正常体温 …… 112
- 三、产热和散热 …… 112
- 四、体温调节 …… 113
- 实验实习与技能训练 …… 113
- 复习思考题 …… 114

第三章 猪的解剖生理特征 …… 115

第一节 猪的骨骼、肌肉与被皮 …… 115
- 一、骨骼 …… 115
- 二、肌肉 …… 117
- 三、皮肤及皮肤的衍生物 …… 118

第二节 猪内脏的解剖生理特征 …… 118
- 一、消化系统 …… 118
- 二、呼吸系统 …… 122
- 三、泌尿系统 …… 123
- 四、生殖系统 …… 123

第三节 猪免疫系统的特点 …… 126
- 一、淋巴结 …… 126
- 二、脾 …… 128
- 三、胸腺 …… 128
- 实验实习与技能训练 …… 129
- 复习思考题 …… 129

第四章 马属动物的解剖生理特征 …… 130

第一节 马的骨骼、肌肉与被皮 …… 130
- 一、骨骼 …… 130

二、肌肉 ………………………………………………………………………… 130
　　三、皮肤及其皮肤的衍生物 …………………………………………………… 132
　第二节　马内脏的解剖生理特点 ………………………………………………… 132
　　一、消化系统 …………………………………………………………………… 132
　　二、呼吸系统 …………………………………………………………………… 135
　　三、泌尿系统 …………………………………………………………………… 136
　　四、生殖系统 …………………………………………………………………… 136
　实验实习与技能训练 ……………………………………………………………… 137
　复习思考题 ………………………………………………………………………… 139

第五章　家禽的解剖生理特征 ………………………………………………… 140

　第一节　运动系统 ………………………………………………………………… 140
　　一、骨骼 ………………………………………………………………………… 140
　　二、肌肉 ………………………………………………………………………… 141
　第二节　被皮系统 ………………………………………………………………… 142
　　一、皮肤 ………………………………………………………………………… 142
　　二、皮肤的衍生物 ……………………………………………………………… 142
　第三节　消化系统 ………………………………………………………………… 143
　　一、家禽消化系统的构造特点 ………………………………………………… 143
　　二、家禽的消化生理特点 ……………………………………………………… 146
　第四节　呼吸系统 ………………………………………………………………… 147
　　一、家禽呼吸系统的构造特点 ………………………………………………… 147
　　二、家禽的呼吸生理特点 ……………………………………………………… 148
　第五节　泌尿系统 ………………………………………………………………… 149
　　一、家禽泌尿系统的构造特点 ………………………………………………… 149
　　二、家禽的泌尿生理特点 ……………………………………………………… 149
　第六节　生殖系统 ………………………………………………………………… 150
　　一、公禽的生殖系统 …………………………………………………………… 150
　　二、母禽的生殖系统 …………………………………………………………… 150
　附：蛋的结构 ……………………………………………………………………… 152
　第七节　心血管系统 ……………………………………………………………… 152
　　一、心脏 ………………………………………………………………………… 152
　　二、血管 ………………………………………………………………………… 152
　　三、血液 ………………………………………………………………………… 153
　第八节　免疫系统 ………………………………………………………………… 153
　　一、淋巴组织 …………………………………………………………………… 153
　　二、淋巴器官 …………………………………………………………………… 153
　第九节　内分泌系统 ……………………………………………………………… 154
　　一、甲状腺 ……………………………………………………………………… 154

二、甲状旁腺 ……………………………………………………………………… 154
　　三、脑垂体 ………………………………………………………………………… 154
　　四、肾上腺 ………………………………………………………………………… 154
　　五、腮后腺 ………………………………………………………………………… 154
　　六、胰岛 …………………………………………………………………………… 155
　　七、性腺 …………………………………………………………………………… 155
　第十节　神经系统 …………………………………………………………………… 155
　　一、神经系统 ……………………………………………………………………… 155
　　二、感觉器官 ……………………………………………………………………… 155
　第十一节　体温 ……………………………………………………………………… 156
　　一、家禽的体温 …………………………………………………………………… 156
　　二、家禽体温调节的特点 ………………………………………………………… 156
　实验实习与技能训练 ………………………………………………………………… 156
　复习思考题 …………………………………………………………………………… 158

第六章　经济动物的解剖生理特征 …………………………………………………… 159

　第一节　兔的解剖生理特征 ………………………………………………………… 159
　　一、兔的骨骼、肌肉与被皮 ……………………………………………………… 159
　　二、兔内脏的解剖生理特征 ……………………………………………………… 160
　第二节　犬的解剖生理特征 ………………………………………………………… 162
　　一、犬的骨骼、肌肉与被皮 ……………………………………………………… 163
　　二、犬内脏的解剖生理特征 ……………………………………………………… 163
　第三节　猫的解剖生理特征 ………………………………………………………… 165
　　一、猫的骨骼、肌肉和被皮 ……………………………………………………… 165
　　二、猫内脏的解剖生理特征 ……………………………………………………… 166
　第四节　狐的解剖生理特征 ………………………………………………………… 167
　　一、公狐的生殖器官及生理特点 ………………………………………………… 168
　　二、母狐的生殖器官及生理特点 ………………………………………………… 168
　第五节　鹿的解剖生理特征 ………………………………………………………… 168
　　一、鹿的骨骼、肌肉和被皮 ……………………………………………………… 168
　　二、鹿内脏的解剖生理特征 ……………………………………………………… 169
　第六节　水貂的解剖生理特征 ……………………………………………………… 171
　　一、貂的骨骼、肌肉与被皮 ……………………………………………………… 171
　　二、貂内脏的解剖生理特征 ……………………………………………………… 172
　第七节　鸵鸟的解剖生理特征 ……………………………………………………… 173
　　一、鸵鸟的骨骼、肌肉与被皮 …………………………………………………… 174
　　二、鸵鸟内脏的解剖生理特征 …………………………………………………… 174
　实验实习与技能训练 ………………………………………………………………… 176
　复习思考题 …………………………………………………………………………… 177
主要参考文献 …………………………………………………………………………… 178

绪 言

一、畜禽解剖生理的内容

畜禽解剖生理是研究正常畜禽的形态结构及其生命活动规律的科学，包括解剖学和生理学两部分。

（一）畜禽解剖学 研究正常畜禽体形态结构及其发生发展规律的科学。因研究方法和对象不同，可分为大体解剖学、显微解剖学和胚胎学。

1. 大体解剖学 俗称解剖学。主要是借助刀、剪等解剖器械，采用切割的方法，通过肉眼观察研究畜体各器官的形态、结构、位置及相互关系。

2. 显微解剖学 又称组织学。主要是借助显微镜，研究畜禽微细结构及其功能关系。其研究内容包括细胞、基本组织和器官组织三部分。

3. 胚胎学 研究畜禽体发生发展规律的科学。即研究从受精卵开始通过细胞分裂、分化，逐步发育成新个体的全部过程。

（二）畜禽生理学 研究畜禽体生命现象及其活动规律的科学。如畜禽体的运动、消化、呼吸、泌尿和生殖等。

二、学习畜禽解剖生理的意义

畜禽解剖生理是畜牧兽医专业的专业基础课。它与许多学科都有密切的联系，是学习这些课程的基础，如病理学、药理学、内科学、外科学、临床诊断学和传染病学等。通过学习畜禽解剖生理，可以掌握畜禽各器官的位置、形态、结构、机能及它们之间的相互关系；了解畜禽的消化、呼吸、循环、泌尿、生殖等生理过程和这些过程发生的原因、条件、影响因素等，为正确诊疾病、正确用药提供解剖基础和理论依据。

作为畜牧兽医工作者，只有先掌握畜禽解剖生理的知识和技能，才能进一步学习掌握畜牧兽医专业的其他知识和技能，才能合理地饲养、科学地繁殖、能动地改良畜禽、有效地防治疾病，才能为加快畜牧业产业化、现代化进程服务，为广大农民致富提供技术辅导，为社会提供丰富的畜产品，最大限度地满足人们日益增长的生活需要。

三、学习畜禽解剖生理的方法

畜禽体的形态、构造和机能较为复杂,要想学好畜禽解剖生理,必须正确处理好以下四方面的关系。

（一）**局部与整体的关系** 畜禽体是一个有机的统一体,任何器官或系统都是整体不可分割的一部分,其生命活动都与整体的活动相适应。局部的结构和功能可以影响整体,整体的情况也可以在局部得到反映。所以在研究局部现象时,必须有整体的概念,要充分注意各器官系统间结构与功能上的相互联系、相互协调、相互影响。

（二）**形态结构与机能的关系** 畜禽体的形态结构与机能之间有着不可分割的联系,机能以形态结构为基础,形态结构又与机能相适应。形态构造决定器官的机能,有什么样的结构就有什么样的机能,而当生理机能在外界环境的影响下发生变化时,形态结构也将随之发生变化。因此,形态结构与机能是相互影响、相互制约、相互适应的。掌握这一规律,人们可以在一定的生理范围内,有意识地改变生活条件,强化功能活动,促进形态结构向人们所需要的方向改变,进而定向培育一些优良的畜禽品种。

（三）**畜禽体与外界环境的关系** 畜禽体生活在外界环境中,外界环境对畜禽体的生存、生长、发育和繁殖都有直接影响。外界环境的变化,必然引起机体形态构造和生理机能发生相应的改变。正是由于这些相应改变的发生,才能使机体有效地适应不断改变的环境。这就是畜禽体与外界环境间的对立统一。

（四）**理论与实践的关系** 畜禽解剖生理是一门形态学课程,名词、术语、概念繁多,学习时感到枯燥无味,难记易忘,易混淆。故在教学过程中,一定要把理论与实践结合起来。在教学过程中要采用理论与实践相结合的直观教学法,即教师按照标本、挂图或模型边讲边看,并结合板书,既讲形态构造,又讲生理功能,还要尽量有机地联系畜牧生产和兽医临床实践。教学中还可适当地与人的形态、结构和机能相联系。学生在学习时要边听边记,不要死记硬背,一定要多动手、动脑、动眼,对照书本和图谱,在标本、挂图或模型上亲自查找或触摸,并与功能联系起来进行分析比较。只有这样,才能加深理解和记忆。

教师教学过程中,应当改变传统教学观念,打破学科体系,实施能力教育,为畜牧业生产第一线培养具有一定理论知识和较强动手能力的"应用型"人才。所以,应本着理论"够用"、"适用",强化实践技能训练的原则,组织教学活动。充分利用实物、标本、模型和图表等教具,加强形象教学、实践教学和电化教学,注重活体教学和实验实习,增强动手能力。

第一章 畜体的基本结构

【学习目标】通过学习，使学生理解细胞、组织、器官、系统等基本概念；掌握细胞的构造和机能，了解细胞的生命活动；掌握组织的分类、分布和机能，了解组织的构造；具备显微镜的使用、保养技能和较熟练地在活体上指出畜体各主要部位的技能。

畜、禽等动物有机体，尽管形态结构复杂，生理机能多样，但都是由细胞和细胞间质构成。细胞和细胞间质共同组成组织、器官、系统和完整的有机体。

第一节 细 胞

细胞是动物有机体形态结构、生理机能和生长发育的最基本单位。细胞的基本化学成分有蛋白质、核酸、脂类、糖类、水、无机盐、维生素和酶等。

一、细胞的形态和大小

动物体内的细胞，形态是多种多样的，有圆形、卵圆形、立方形、柱状、梭形、扁平形和星形等。细胞的形态与其所处的环境、执行的生理机能相适应。如在血液内流动的血细胞，多呈圆形；接受刺激、传导冲动的神经细胞多呈星形，具有突起；能收缩的肌细胞呈长梭形或长柱状（图1-1）。

细胞的大小不一，相差悬殊。家畜体内最小的细胞，是小脑的小颗粒细胞，直径只有 4μm；最大的是成熟的卵细胞，直径可达 200μm；最长的细胞是神经细胞，其突起可长达 1m

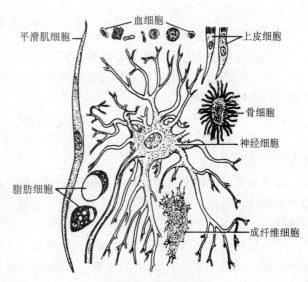

图 1-1 细胞的形态

左右。鸡的卵细胞直径可达 2~3cm，鸵鸟的卵细胞直径可达 10cm，一般动物的细胞直径在 10~30μm 之间。

二、细胞的构造

细胞由细胞膜、细胞质、细胞核三部分构成（图 1-2）。

（一）**细胞膜** 位于细胞外表面的一层具有通透性的薄膜。

1. **细胞膜的构造** 细胞膜在光学显微镜下，一般难以分辨。在电子显微镜下，细胞膜可分为明暗相间的三层结构：内外两层色暗，为电子致密层；中间层电子密度小，明亮。在细胞质内的某些细胞器，也具有这三层结构的膜，称为细胞内膜或单位膜。细胞膜和细胞内膜统称为生物膜。

关于细胞膜的结构，目前比较公认的是"液态镶嵌模型"学说。该学说认为，细胞膜由规则排列的双层类脂分子和嵌入其中的蛋白质构成。类脂以磷脂为主，磷脂分子是极性分子，呈长杆状，一端为头部，另一端为尾部。

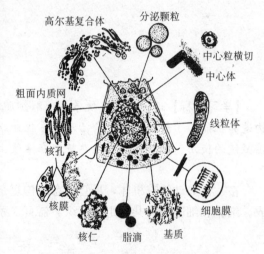

图 1-2 细胞的构造模式图

头部亲水称为亲水端，尾部疏水称为疏水端。由于细胞膜周围接触的均为水溶液环境，所以亲水的头部朝向膜内、外表面，而疏水的尾部则朝向膜的内部，形成特有的类脂双分子层。正常情况下，类脂分子处于液态。

细胞膜内的蛋白质也叫膜蛋白，以不同的方式镶嵌在脂质双分子层之间或附着在表面。按其机能不同，可分为受体蛋白和载体蛋白；按分布不同，可分为表在蛋白和嵌入蛋白。不同的蛋白质有不同的功能。

2. **细胞膜的生理功能**

（1）维持细胞形态和结构的完整性。

（2）保护细胞内含物，控制和调节细胞与周围环境间的物质交换，为细胞的生命活动提供相对稳定的环境。

（3）参与细胞识别、细胞粘连、细胞运动和免疫反应。

（4）具有物质转运的功能，直接控制着离子与分子进出细胞。物质通过细胞膜转运，常见有以下几种形式：

①单纯扩散：物质从浓度高的一侧透过细胞膜，向浓度低的一侧移动的过程，是一种被动的物理转运过程，不需消耗能量。苯、醇、乙醚、氯仿等脂溶性物质，尿素、甘油等小分子物质，水及溶于水的 O_2 及 CO_2，均以此种方式进出细胞膜。

②易化扩散：某些不溶于脂的物质，在膜蛋白（载体蛋白）的帮助下，由高浓度一侧透过细胞膜，向低浓度一侧转运的过程。葡萄糖、氨基酸和无机离子，以此种方式通过细胞膜。

③主动转运：某些物质逆浓度差，由细胞膜的低浓度一侧向高浓度一侧转运的过程。这种逆浓度差的物质转运，是在膜蛋白（镶嵌蛋白）的帮助下完成的，需要消耗能量（ATP）。人们形象地把完成主动转运的膜蛋白称为"泵"，如 Na^+ 泵、K^+ 泵、Ca^{2+} 泵等。

④胞吞作用和胞吐作用：胞吞作用是指细胞外的大分子物质或物质团块，进入细胞的过程。如果进入的物质为固体，称为吞噬作用，如果进入的物质为液体，称为吞饮作用。胞吐作用是与胞吞作用相反的过程，常见于细胞的分泌过程。两者都是主动转运过程。

（二）**细胞质** 填充在细胞膜与细胞核之间的物质，呈均匀的透明胶状。细胞质中悬浮有细胞器和内含物等。

1. **细胞器** 位于细胞质内具有一定形态和执行一定生理机能的微小器官。一般的细胞内有下列细胞器：

（1）**线粒体** 在光镜下，线粒体呈线状或粒状。电镜下，线粒体是由内外两层单位膜围成大小不等的圆形或椭圆形小体，外膜光滑，内膜折叠形成许多板状或管状的嵴。线粒体内含有多种氧化酶，参与细胞内的物质氧化，释放能量，供细胞活动的需要。所以，线粒体又有细胞"能量供应站"之称。

（2）**内质网** 由单位膜围成的互相连通、大小不等的扁平囊泡。有的扁平囊泡的表面附着有核蛋白体，表面粗糙，称为粗面内质网，有合成、分泌、运输蛋白质的作用；有的扁平囊泡表面没有核蛋白体附着，称为滑面内质网，其功能较复杂，参与糖原、脂类、激素的合成和解毒作用。

（3）**核蛋白体（核糖体）** 呈颗粒状结构，主要成分是核糖核酸和蛋白质。在电镜下，核蛋白体由大小两个亚基构成，呈不规则的哑铃状。有的核蛋白体散在于细胞质中，称为游离核蛋白体；有的核蛋白体附着在内质网的表面，称为膜旁核蛋白体。它们都有合成蛋白质的功能。

（4）**中心体** 位于细胞核的附近。光镜下，中心体是由两个中心粒和包绕在其周围的致密物质组成。电镜下，两个中心粒是呈圆筒状的小体，互相垂直排列。中心体参与细胞的分裂。

（5）**高尔基复合体** 在光镜下，高尔基复合体呈线状或网状结构，故又叫内网器。在电镜下，高尔基复合体是由单位膜形成的扁平囊、大泡和小泡组成。高尔基复合体的主要机能，是对细胞合成的物质进行加工、浓缩和包装，像一个加工车间一样，有利于细胞合成物的排出。

（6）**溶酶体** 由单位膜围成的圆形或椭圆形小体，散在于细胞质中，光镜下不易看到。溶酶体内含有多种水解酶，其主要作用是把进入细胞内的异物（如细菌、病毒等）和细胞本身衰老死亡的细胞器，进行消化分解，是细胞内的重要"消化器官"。

（7）**微丝和微管** 微丝是直径约为5～7nm的细丝，与细胞的运动、吞噬等功能有关；微管是直径为18～25nm的细管，与细胞的运动、支持、神经递质的运输有关。

2. **基质** 细胞质内除细胞器、内含物以外的物质。基质呈均匀透明的胶状，是细胞的重要组成部分，约占细胞质体积的一半。内含有蛋白质、糖、无机盐、水和多种酶类，是细胞执行功能和化学反应的重要场所。

3. **内含物** 细胞内储存的营养物质和代谢产物，如脂类、糖原、蛋白质、色素等，其数量和形态可随细胞不同的生理状态而改变。

（三）**细胞核** 细胞的重要组成部分，贮存有许多遗传信息，是细胞遗传和代谢活动的控制中心。在畜禽体内，除家畜成熟的红细胞没有细胞核外，所有的细胞都有细胞核。细胞核的形态多样，有圆形、椭圆形、杆状、分叶形等，多位于细胞的中央。大多数细胞只有1个核，少数也有2个核或多个核。如肝细胞、心肌细胞偶有2个核，骨骼肌细胞则有几十个到几百个核。

细胞核由核膜、核基质、核仁和染色质构成。

1. **核膜** 包在细胞核外面的一层界膜。电镜下，由内外两层单位膜构成。面向核质的一层，叫核内膜，面向细胞质的一层为核外膜，两层膜之间的间隙为核周隙。核外膜的表面有核蛋白体附着，与粗面内质网相连，使内质网与核周隙相通。核膜上有许多小孔，叫核孔。核孔是细胞核与细胞质之间进行物质交换的通道。

2. **核基质** 无定形的液态基质，又叫核液，内含有水、糖蛋白、各种酶和无机盐等物质。

3. **核仁** 细胞核内的球形小体，1个细胞核内通常有1～2个核仁。核仁的化学成分主要是核糖核酸（RNA）和蛋白质。主要功能是形成核蛋白体，核蛋白体形成后，通过核孔进入细胞质内，参与蛋白质的合成。

4. **染色质和染色体** 染色质是指细胞核内能被碱性染料着色的物质。染色质呈长纤维状，由DNA和蛋白质组成，含有大量的遗传信息，可控制细胞的代谢、生长、分化和繁殖，决定着子代细胞的遗传性状。在细胞分裂时，长纤维状的染色质复制加倍，发生高度螺旋化，变粗变短，形成棒状的染色体。由此可见，染色质与染色体实际上是同一物质的不同功能状态。

染色体的数目是恒定的，猪38条，牛60条，绵羊54条，山羊60条，鸡78条，鸭80条，马64条，驴62条。正常家畜体细胞的染色体为双倍体（即染色体成对），而成熟的性细胞的染色体为单倍体。

三、细胞的生命活动

凡是活的细胞，都具有下列的生命活动现象。

（一）**新陈代谢** 新陈代谢是生命活动的基本特征。每一个活的细胞，在生命活动过程中，都必须不断的从外界摄取营养物质，合成本身需要的物质，这一过程称为同化作用（合成作用）；同时也分解自身物质，释放能量供细胞活动需要，并排出废物，这一过程称异化作用（分解作用）。这两个过程的对立统一，就是新陈代谢。细胞的一切生命活动，都建立在新陈代谢的基础上，如新陈代谢停止，就意味着细胞的死亡。

（二）**感应性** 感应性是指细胞受到外界刺激（如机械、温度、光、电、化学等）时会产生反应的特性。如神经细胞受到刺激后会产生兴奋和传导冲动，骨骼肌细胞受到刺激后会收缩，腺细胞受到刺激后会分泌，等等。

（三）**运动** 机体内的某些细胞，有一定的运动能力，在不同的环境下，可表现出不同的运动形式。如吞噬细胞的变形运动，骨骼肌细胞的收缩与舒张运动，精细胞的鞭毛运动，气管上皮的纤毛运动，等等。

（四）**细胞的生长与增殖** 动物有机体的生长发育、创伤修复、细胞更新，都是细胞生长和繁殖的结果。细胞的体积增大，称生长。细胞生长到一定的阶段，在一定条件下，以分裂的方式进行增殖，产生新的细胞。机体通过细胞增殖，促进机体生长发育和补充衰老死亡的细胞。细胞的繁殖是通过分裂的方式进行的，分裂的方式有有丝分裂和无丝分裂两种。

1. 有丝分裂 有丝分裂是体细胞进行繁殖的主要方式，其分裂过程是：中心体一分为二，移向两极，中间出现纺锤丝。染色质变为染色体，每条染色体复制为相同的两条，然后纵向分裂一分为二。已纵裂的染色体分为两组，分别在纺锤丝的牵引下移向两极，并很快变为染色质。细胞质内的各种成分同时分布到两个子细胞中，使一个细胞变成两个（图1-3）。

2. 无丝分裂 一种原始的、简单的分裂方式。首先是细胞核出现缩细，以后细胞质也出现缩细，缩细处进一步加深至断裂，形成大小不等的两个子细胞（图1-4）。胚胎时期的细胞、肝细胞及软骨细胞属无丝分裂（图1-4）。

（五）细胞的分化、衰老和死亡

1. 细胞的分化 胚胎细胞或未分化细胞，转变为各种形态、功能不同细胞的过程，叫细胞分化。在胚胎早期，细胞形态、机能都相似，随着细胞增殖和生长发育，细胞的形态、机能、生理特性逐渐出现差异，最终形成形态和机能各异的细胞。动物出生后，在动物体内仍保存有未分化的细胞，如疏松结缔组织内的间充质细胞、骨髓内的造血干细胞、卵巢内的卵母细胞和睾丸内的精母细胞等，具有分裂增殖的能力，在一定的条件下，能转变为某些成熟和稳定的细胞。

2. 细胞的衰老 细胞衰老是细胞生命过程中的必然规律。衰老细胞的主要表现为代谢活动降低，生理机能减弱，并表现出形态和结构的改变。具体表现为细胞体积缩小，细胞质浓缩而深染，嗜酸性增强；核浓缩，染色加深，结构不清楚，等等。不同类型的细胞，其衰老进程很不一样，寿命长的细胞衰老得慢，如神经细胞；寿命短的细胞衰老得快，如红细胞。

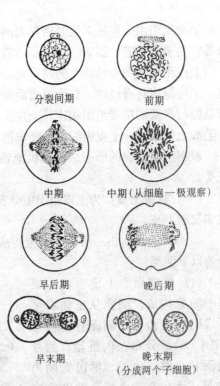

图1-3 细胞的有丝分裂模式图

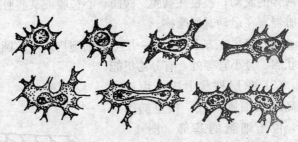

图1-4 细胞的无丝分裂模式图

3. 细胞的死亡 细胞死亡是细胞生命现象不可逆的终止。细胞的死亡有两种不同的形式，一种是细胞的意外性死亡或称细胞坏死，它是由某些外界因素引起的，如局部贫血、高热造成的细胞急速死亡；另一种是细胞自然死亡或称细胞凋亡，也称细胞编程性死亡，它是细胞在衰老过程中，细胞的功能逐渐衰退的必然结果。

第二节 组 织

组织由来源相同、形态结构和机能相似的细胞群与细胞间质构成。畜禽体内的组织分为上皮组织、结缔组织、肌组织和神经组织四类。

一、上皮组织

上皮组织由一层或多层紧密排列的细胞和少量的细胞间质构成。覆盖在动物的体表、内脏器官的表面和腔性器官的内表面，具有保护、吸收、分泌和排泄等功能。

上皮组织在形态结构上的特点是：上皮细胞呈层状分布，细胞多，间质少，细胞排列密集；上皮组织具有极性，分为游离面和基底面，游离面朝向腔面或体表，基底面通过薄的一层基膜与深部的结缔组织相连；上皮组织无血管、淋巴管分布，其营养由深部的结缔组织中的毛细血管供给；上皮组织内神经末梢丰富。

根据上皮组织的形态结构和机能特点，上皮组织可分为被覆上皮、腺上皮和特殊上皮三类。

（一）**被覆上皮** 为上皮组织中分布最广的一类，根据细胞的排列层数，又可分单层上皮和复层上皮。

1. **单层上皮** 由一层上皮细胞构成，每一个细胞都与基膜相连。根据细胞的形态，又分为以下四类：

（1）**单层扁平上皮** 由一层扁平细胞构成。细胞从正面看呈不规则的多边形，侧面看呈梭形（图1-5）。分布在内脏器官的外表面和心脏、血管、淋巴管的内表面。衬在心、血管、淋巴管内表面的叫内皮，薄而光滑，有利于液体的流动；被覆在胸膜、腹膜、心包膜或某些脏器表面的叫间皮，光滑而湿润，可减少内脏器官在运动时的摩擦。

 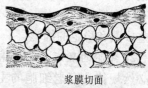

模式图　　　　　　　　浆膜切面

图1-5 单层扁平上皮

（2）**单层立方上皮** 由一层立方细胞构成，核圆形，位于细胞中央（图1-6）。分布在甲状腺、肾小管等处，有分泌机能。

（3）**单层柱状上皮** 由一层高柱状细胞构成，核呈椭圆形，位于细胞的基部（图1-7）。主要分布在胃、肠黏膜，具有吸收、保护作用。

（4）**假复层柱状纤毛上皮** 由一层高矮不等、形态不同的上皮细胞构成。典型的假复

 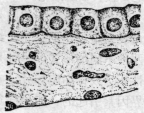

模式图　　　　　　马肾集合管上皮侧面观

图1-6 单层立方上皮

层柱状纤毛上皮的细胞有柱状、杯状、梭形和锥形四种类型，柱状细胞的游离缘有纤毛。每一个细胞都与基底膜相连，但由于细胞高矮不等，核不在同一水平线上，看起来像复层，实为一层，故称为假复层柱状纤毛上皮（图1-8）。主要分布在呼吸道黏膜，有保护和分泌作用。

2. 复层上皮　由两层以上的细胞构成，仅基底层细胞与基膜接触。根据细胞的形态不同，又分为以下两类：

（1）复层扁平上皮　由数层细胞紧密排列而成，表层细胞呈扁平形，中间几层细胞呈多边形，深层细胞多为立方形（图1-9）。深层细胞有分裂繁殖的能力，可补充表层衰老死亡的细胞。主要分布在皮肤表面和口腔、食道、阴道的内表面，有保护作用。

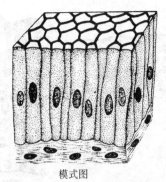

模式图

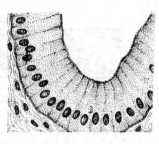

小肠黏膜上皮切面

图1-7　单层柱状上皮

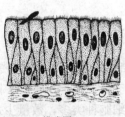

模式图

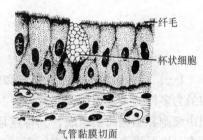

气管黏膜切面

图1-8　假复层柱状纤毛上皮

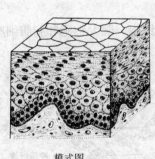

模式图

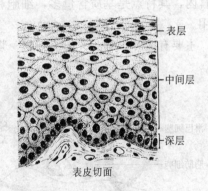

表皮切面

图1-9　复层扁平上皮

（2）变移上皮　由多层上皮细胞构成，其特点是上皮细胞的层数、形态可随器官的胀缩而发生改变。当所分布的器官空虚时，细胞可达5～6层，表层细胞体积大，呈立方形；当器官扩张时，细胞的层数减少至2～3层，表层细胞呈扁平形（图1-10）。主要分布在膀胱、输尿管等处，有保护作用。

（二）腺上皮　由具有分泌机能的上皮细胞组成。以腺上皮为主要成分构成的器官，称为腺体。腺细胞多呈立方形，核较大，位于细胞中央。

（三）特殊上皮　指具有特殊功能的上皮，包括感觉上皮、生殖上皮等。感觉上皮是与视觉、味觉、嗅觉和听觉有关的上皮；生殖上皮是与生殖有关的上皮。

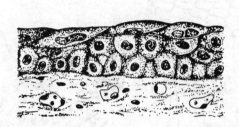

（扩张状态）

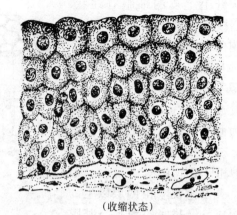

（收缩状态）

图1-10 变移上皮（膀胱）

二、结缔组织

（一）结缔组织的分布、机能和结构特点　结缔组织是动物体内分布最为广泛、形态结构最为多样的一类组织。具有连接、支持、保护、营养、防御、修复和运输等作用。结缔组织由细胞和细胞间质组成，其特点是细胞种类多，数量少，分散在间质中，无极性；细胞间质多，由纤维和基质所组成；不直接与外界接触，因而也称内环境组织。

（二）结缔组织的分类

1. 疏松结缔组织　又叫蜂窝组织。其结构疏松，肉眼观呈白色的网泡状。主要分布在皮下和各种器官内，其特点是基质含量多，细胞和纤维含量较少。具有支持、营养、填充、连接和保护作用。

（1）细胞　主要有成纤维细胞、组织细胞、浆细胞、肥大细胞和脂肪细胞（图1-11）。

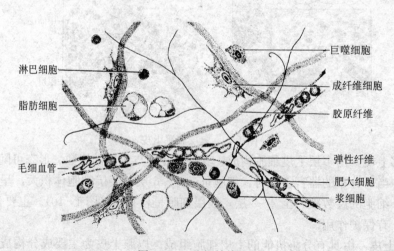

图1-11 疏松结缔组织

①成纤维细胞：细胞体积较大，呈星形或梭形，细胞核呈椭圆形。能产生纤维和分泌基质，具有较强的再生能力。

②组织细胞：细胞呈不规则的星形、梭形，与成纤维细胞相似，但细胞体较小，染色较深。组织细胞能做变形运动，具有较强的吞噬能力，故又称为巨噬细胞。能吞噬进入机体内的细菌、异物及衰老、死亡的细胞等，有保护和防御作用。

③浆细胞：细胞呈卵圆形、球形，大小不一。细胞核呈圆形，偏于细胞的一侧，核内染色质沿核膜作放射状排列，呈车轮状。浆细胞多分布于消化道、呼吸道等黏膜的固有层内，能产生抗体，参与机体的免疫。

④肥大细胞：细胞呈球形或卵圆形，细胞核较小，位于细胞的中央，胞质内含有大量的异染颗粒，能产生组织胺、肝素。肥大细胞多分布于小血管的附近，有参与抗凝血、增强毛细血管通透性、使毛细血管扩张等作用。

⑤脂肪细胞：呈球形，体积较大，细胞质中常充满脂肪滴，将核挤向一侧。在 HE 染色的切片上，因脂肪滴被溶解，细胞呈空泡状。脂肪细胞有合成和贮存脂肪的作用。

(2) **纤维** 主要有胶原纤维、弹性纤维和网状纤维。

①胶原纤维：数量多，常聚集成束，有较强的韧性。新鲜时呈白色，又叫白纤维。能被胃液溶解，水煮可呈胶状。

②弹性纤维：数量少，常单根存在，较细，有较强的弹性，韧性较差。新鲜时呈黄色，又叫黄纤维。不易被胃液溶解。

③网状纤维：纤维细、短而分支较多，常交织成网。HE 染色时不易着色，用银染色法可染成棕黑色，故又称嗜银纤维。

(3) **基质** 基质是无色透明的胶状物，黏性较强，主要成分是蛋白多糖。蛋白多糖是一种蛋白质与多糖分子结合成的大分子复合物，内含有大量的透明质酸。基质具有很强的黏滞性，有阻止细菌等病原微生物扩散的作用。但有些病原微生物可分泌透明质酸酶，将透明质酸溶解，使炎症蔓延，如溶血性链球菌。

2. 致密结缔组织 由大量紧密排列的纤维和细胞构成。其特点是细胞和基质很少，纤维多，结构致密。纤维为胶原纤维和弹性纤维。根据基质中纤维的排列方向不同，可把致密结缔组织分为两类。

(1) **规则性致密结缔组织** 纤维有规则的平行排列，在纤维间可见成行排列的成纤维细胞，如肌腱、项韧带等。

(2) **不规则性致密结缔组织** 纤维排列的不规则，互相交织，形成坚韧的纤维膜，如皮肤的真皮。具有支持和保护作用。

3. 脂肪组织 由大量的脂肪细胞在疏松结缔组织中聚集而成。脂肪细胞呈圆形或多边形，细胞质中充满脂肪滴，细胞核被挤向细胞的一边。在 HE 染色的切片上，因脂肪滴被溶解，脂肪细胞呈空泡状（图 1-12）。脂肪组织主要分布于皮下、大网膜、肠系膜等处，有贮脂、保温、缓冲等作用。

4. 网状组织 由网状细胞、网

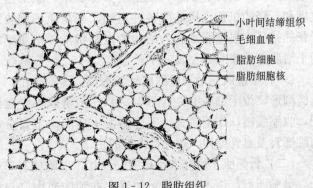

图 1-12 脂肪组织

状纤维和基质构成。网状细胞的突起互相连接成网,网状纤维紧贴在网状细胞的表面。在网眼内有淋巴细胞、巨噬细胞等(图1-13)。网状组织主要分布于骨髓、淋巴结、肝、脾等器官内,构成这些器官的支架。

5. **软骨组织** 简称软骨,由少量的软骨细胞和大量的间质构成。间质由纤维和基质构成,基质呈固体的凝胶状。软骨细胞埋藏在由基质形成的软骨陷窝内。根据纤维的性质、数量不同,软骨又分为透明软骨、纤维软骨和弹性软骨。

(1) **透明软骨** 基质中的纤维主要是较细的胶原纤维,呈半透明状,坚韧而有弹性。主要分布于肋软骨、喉和气管等处。

(2) **弹性软骨** 基质中的纤维主要是弹性纤维,略显黄色,不透明,具有较强的弹性。主要分布在耳廓、会厌等处。

(3) **纤维软骨** 基质内的纤维主要是成束的

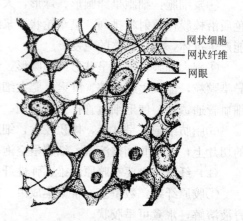

图1-13 网状组织(硝酸银染色)

胶原纤维,呈不透明的乳白色,具有较强的韧性。主要分布在椎间盘、半月板和耻骨联合等处。

6. **骨组织** 一种较坚硬的结缔组织,由骨细胞和坚硬的基质构成。

(1) **骨细胞** 位于骨陷窝内,呈扁椭圆形,突起多,突起通过骨小管与其他细胞形成缝隙连接,与陷窝及小管中的组织液进行物质交换。

(2) **骨基质** 由有机物和无机物两种成分构成。有机物比较少,主要是胶原纤维(又称骨胶原),它决定骨组织的韧性;无机物较多,主要是钙盐,如碳酸钙、磷酸钙等,它决定骨组织的硬度。动物体内90%的钙以钙盐的形式贮存于骨内。

7. **血液和淋巴** 血液和淋巴是存在于心脏、血管、淋巴管内的液体结缔组织(详见心血管系统、免疫系统)。

三、肌组织

肌组织由肌细胞构成。肌细胞多呈长纤维状,故称肌纤维。其细胞膜又称肌膜,细胞质又称肌浆。肌细胞具有收缩和舒张的机能,机体的各种运动,都是肌细胞收缩和舒张的结果。根据肌细胞的结构特点和机能,把肌组织分为平滑肌、骨骼肌和心肌三种。

(一) **平滑肌** 平滑肌细胞呈长梭形,两端尖细,核呈长椭圆形,位于细胞中央(图1-14)。平滑肌不受意识支配,收缩缓慢,作用持久,不容易发生疲劳。主要分布于内脏器官及血管壁内,故又称内脏肌。

(二) **骨骼肌** 肌纤维呈长的圆柱状,细胞核有100多个,呈椭圆形,位于肌纤维的边缘。在细胞质内有与细胞

图1-14 平滑肌的纵切面及横断面

Ⅰ.平滑肌纵切面 Ⅱ.分离的平滑肌纤维

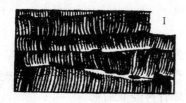 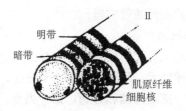

图 1-15　骨骼肌纵切
Ⅰ．横纹肌的纵切面　Ⅱ．横纹肌纤维构成模式图

长轴平行排列的肌原纤维，每条肌原纤维上都可见到折光性不同的明带、暗带。所有肌原纤维的明带与暗带都整齐地排列在同一平面上，在肌纤维上形成明暗相间的横纹（图1-15），故又称为横纹肌。

骨骼肌收缩强而有力，作用迅速，但易疲劳，不能持久。骨骼肌多附着在骨骼上。

（三）**心肌**　心肌细胞呈短柱状，有分支并相互吻合成网。在细胞彼此相连的接头处，形成"闰盘"。心肌细胞有1~2个椭圆形的核，位于细胞中

图 1-16　心肌纵切面及横断面

央（图1-16）。肌纤维上也有横纹，但不明显。心肌的收缩不受意识支配，有很强的自动节律性。心肌分布于心脏。

四、神经组织

神经组织是由神经细胞和神经胶质细胞构成。神经细胞又叫神经元，在体内分布广泛，形成脑、脊髓和神经节，具有感受体内外刺激和传导冲动的作用。神经胶质细胞，分布于神经元之间，对神经元有支持、营养和保护作用。

（一）**神经元**　神经系统基本结构和功能单位，是神经组织的主要成分。

1. **神经元的结构**　神经元由细胞体和突起两部分构成（图1-17）。

（1）细胞体　包括细胞核与核周围的细胞质，又称为核周体。细胞体呈星形或圆形，位于脑、脊髓和神经节内，是神经元的代谢和营养中心。细胞核位于细胞的中央，呈圆形，核仁大而明显，核膜清楚。核周体除与一般的细胞质相同外，还有尼氏小体和神经原纤维。尼氏小体是一些嗜碱性物质，光镜下呈颗粒状或小块状，如虎皮上的花纹，也叫虎斑小体。神经原纤维呈细丝状，在胞体内排列成网状，在突起内排列成束状。

（2）突起　由胞体发出，根据突起的形态分为树突和轴突。树突有多条，较短，有分支，呈树枝状，能接受刺激，把冲动传给细胞体。轴突是一条长的突起，能把胞体发出的冲动

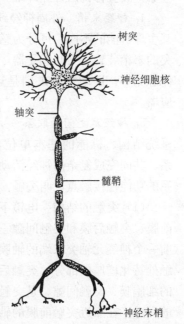

图 1-17　运动神经元模式图

传递给另一个神经元或效应器。

2. 神经细胞的分类

（1）按神经元突起的数目，可把神经元分为以下三类：

①假单极神经元：从胞体发出一个突起，在离胞体不远处分成两支，一支到外周器官，叫外周突；另一支走向脑和脊髓，称中央突。如脊神经节细胞。

②双极神经元：有两个方向相反的突起从胞体发出，一个为树突，一个为轴突。如嗅觉细胞和视网膜中的双极细胞。

③多极神经元：有三个以上的神经元从细胞体发出。一个为轴突，其余均为树突。畜体内的大多数神经元为多极神经元。

（2）按神经元的机能，可把神经元分为以下三类：

①传入神经元：也叫感觉神经元。其胞体位于外周神经的神经节内，能接受内外环境的各种信息，并传入中枢。

②传出神经元：也叫运动神经元。多位于脑和脊髓内，能将神经冲动从中枢沿其轴突传向外周，支配骨骼肌、平滑肌和腺体，引起肌肉收缩和腺体分泌等活动。

③中间神经元：也叫联络神经元。多位于脑和脊髓内，作用是联系感觉神经元和运动神经元。

3. 神经纤维　神经元的突起，主要功能是传导神经冲动。

根据髓鞘的有无，可把神经纤维分为两类：具有髓鞘的称为有髓神经纤维，其构造是以轴突为中轴，外面包有髓鞘和薄的神经膜，如脑神经、脊神经内的神经纤维；没有髓鞘的称为无髓神经纤维，如植物性神经的节后纤维。

根据机能不同，可把神经纤维分为感觉神经纤维和运动神经纤维。感觉神经纤维能把感受器接受的刺激传向中枢，故又称传入神经纤维；运动神经纤维能把中枢产生的兴奋传到效应器，故又称传出神经纤维。

4. 神经末梢　外周神经纤维末端的分支，终止于其他组织内，并形成一定的结构。按其生理机能的不同，可分为感觉神经末梢和运动神经末梢。感觉神经末梢是感觉神经元外周突的末梢装置，又叫感受器，分布在皮肤、肌腱、胸膜和腹膜等处，能感受痛觉、压觉和本体感觉等；运动神经末梢是运动神经元轴突末梢，终止于肌肉和腺体内，并与之形成效应器。

5. 神经元之间的联系——突触　神经元是神经系统结构、机能的基本单位，神经元之间紧密联系，共同完成复杂的神经活动。神经元之间发生联系的功能性接触点，叫突触。

（1）突触的结构　电镜下观察，突触分为突触前膜、突触后膜和突触间隙三部分。突触前膜，是前一个神经元轴突末端的轴膜，与另一个神经元接触处特化增厚的部分；突触后膜，是后一个神经元的细胞膜；突触间隙，是突触前膜与突触后膜之间的间隙。在靠近突触前膜的轴突内，有许多突触小泡和线粒体（图1-18）。突触小泡内含有许多化学

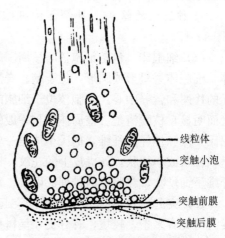

图1-18　突触超微结构模式图

递质，如乙酰胆碱、去甲肾上腺素等。突触后膜上有多种能与化学递质结合的特异性受体，如胆碱受体、肾上腺素受体等。

(2) **突触的分类** 突触按其形态结构，分为轴—树突触、轴—体突触、轴—轴突触等。按机能，分为化学性突触和电突触。化学性突触是以神经递质（化学物质）作为信息传递媒介；电突触是以电讯号（电流）传递信息。

(二) **神经胶质** 即神经胶质细胞，分布在中枢和外周神经系统中，如星形胶质细胞、小胶质细胞等。神经胶质细胞的外形与神经细胞相似，其特点是突起不分树突和轴突，无尼氏小体和神经原纤维，不能接受刺激、传导冲动。对神经细胞有支持、营养、保护和修复等作用。

第三节 器官、系统和有机体

一、器 官

几种不同的组织按一定的规律结合在一起，形成的具有一定形态和机能的结构，称为器官。器官可分为两大类，即中空性器官和实质性器官。

中空性器官是内部有较大腔隙的器官，如食管、胃、肠管、气管、膀胱、血管和子宫等；实质性器官是内部没有较大管腔的器官，如肝、肾和脾等。

二、系 统

由几个功能相关的器官联合在一起，共同完成机体某一方面的生理机能，这些器官就构成一个系统。如鼻腔、咽、喉、气管、支气管和肺等器官构成呼吸系统，共同完成呼吸机能；口腔、咽、食管、胃、肠、肝和胰等器官构成消化系统，共同完成消化和吸收机能。

畜禽体由十大系统组成：运动系统、被皮系统、消化系统、呼吸系统、泌尿系统、生殖系统、心血管系统、免疫系统、神经系统和内分泌系统。其中，消化系统、呼吸系统、泌尿系统和生殖系统，合称为内脏。构成内脏的器官称为内脏器官，简称脏器。内脏器官大部分位于脊柱下方的体腔内，为直径大小不同的中空器官，有孔直接或间接与外界相通。

三、有 机 体

由器官、系统构成完整的有机体。有机体内器官、系统之间有着密切的联系，在机能上互相影响，协调配合构成一个有生命的完整统一体。同时，有机体与其生活的周围环境间也必须保持经常的动态平衡。这种统一，是通过神经调节，体液调节和器官、组织、细胞的自身调节来实现的。

(一) **神经调节** 神经系统对各个器官、系统的活动进行的调节。神经调节的基本方式是反射，所谓反射，是指在神经系统的参与下，机体对内外环境的变化所产生的应答性反应。如饲料进入口腔，就引起唾液分泌；蚊虫叮咬皮肤，则引起皮肤颤动或尾巴摆动，来驱赶蚊虫，等等。实现反射的径路，叫反射弧。反射弧一般由五个环节构成。即感受器→传入神经→反射中枢→传出神经→效应器。实现反射活动，必须有完整的反射弧，如果反射弧的任何一部分遭到破坏，反射活动就不能实现。

神经调节的特点是作用迅速、准确，持续的时间短，作用的范围较局限。

（二）体液调节 体液因素对某些特定器官的生理机能进行的调节。体液因素主要是内分泌腺和具有分泌机能的特殊细胞或组织所分泌的激素。此外，组织中的一些代谢产物，如CO_2、乳酸等局部体液因素，对机体也有一定的调节作用。

体液调节的特点是作用缓慢，持续的时间较长，作用的范围较广泛。这种调节，对维持机体内环境的相对恒定以及机体的新陈代谢、生长、发育和生殖等，都起着重要的作用。

有机体内大多数生理活动，经常是既有神经调节参与，又有体液因素的作用，两者是相互协调、相互影响的。但从整个有机体看，神经调节占主要地位。

（三）自身调节 动物有机体在周围环境变化时，许多组织细胞不依赖于神经调节或体液调节而产生的适应性反应。这种反应是组织细胞本身的生理特性，所以叫自身调节。如血管壁中的平滑肌受到牵拉刺激时，发生收缩性反应。自身性调节是全身性神经调节和体液调节的补充。

第四节 畜（禽）体表主要部位名称及方位术语

一、畜（禽）体表主要部位名称

为了便于说明家畜（禽）身体的各部分的位置，可将畜（禽）体划分为头部、躯干部、四肢三大部分（图1-19）。各部位的划分和命名，都是以骨为基础。

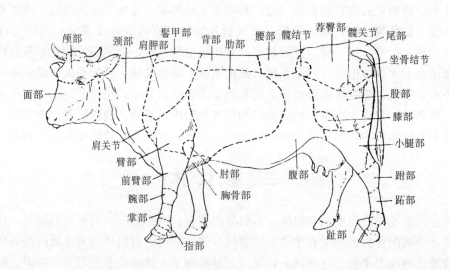

图1-19 牛体表部位名称

（一）家畜体表的主要部位名称

1. 头部 又分为颅部和面部。

（1）颅部 位于颅腔周围，可分为枕部、顶部、额部和颞部等。

（2）面部 位于口、鼻腔周围，分眼部、鼻部、咬肌部、颊部、唇部和下颌间隙部等。

2. 躯干部 除头和四肢以外的部分称躯干，包括颈部、胸背部、腰腹部、荐臀部和尾部。

（1）颈部 以颈椎为基础，颈椎以上的部分称颈上部；颈椎以下的部分称颈下部。

（2）胸背部 位于颈部和腰荐部之间，其外侧被前肢的肩胛部和臂部覆盖。前方较高的部位称为鬐甲部，后方为背部；侧面以肋骨为基础称为肋部；前下方称胸前部；下部称胸骨部。

（3）腰腹部 位于胸部与荐臀部之间，上方为腰部，两侧和下面为腹部。

（4）荐臀部 位于腰腹部后方，上方为荐部；侧面为臀部。后方与尾部相连。

（5）尾部 分为尾根、尾体和尾尖。

3. 四肢部

（1）前肢 前肢借肩胛和臂部与躯干的胸背部相连，分为肩带部、臂部、前臂部和前脚部。前脚部包括腕部、掌部和指部。

（2）后肢 由臀部与荐部相连，分为股部、小腿部和后脚部。后脚部包括跗部、跖部和趾部。

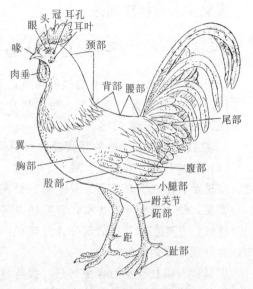

图1-20 鸡体外貌部位名称

（二）家禽体表的主要部位名称 家禽也分为头部、躯干部和四肢部。头部又分为肉冠、肉髯、喙、鼻孔、眼、耳孔和脸等；躯干部分为颈部、胸部、腹部、背腰部和尾部等；前肢衍变成翼，分为臂部和前臂部等，后肢部又分为股、胫、飞节、跖、趾和爪等（图1-20）。

二、方位术语

（一）面

1. 矢状面 与机体长轴平行且与地面垂直的面。可分为正中矢面和侧矢面。正中矢面在动物机体的正中线上，只有1个，将动物机体分为左右对称的两部分；侧矢面位于正中矢面的侧方，与正中矢面平行，有无数个。

2. 额面 与地面平行且与矢面、横断面垂直的面。额面将动物体分为背侧和腹侧两部分。

3. 横断面 横过动物体，与矢状面、额面都垂直的面。把动物体分为前、后两部分。

（二）轴 家畜都是四肢着地的，其身体长轴（或称纵轴）从头端至尾端，与地面平行的。长轴也可以用于四肢和各器官，均以纵长的方向为基准，如四肢的长轴是四肢的上端至四肢的下端，与地面垂直。

（三）方位术语 靠近畜体头端的称前侧或头侧；靠近尾端的称后侧或尾侧；靠近脊柱的一侧称背侧；靠近腹部的一侧称腹侧；靠近正中矢状面的一侧称内侧；远离正中矢状面的一侧称外侧。

在四肢部,近端为靠近躯干的一端;远端是远离躯干的一端。前肢和后肢的前面称背侧;前肢的后面称掌侧;后肢的后面称跖侧。

实验实习与技能训练

一、显微镜的构造、使用和保养

(一) **目的要求** 了解显微镜的构造,掌握显微镜的使用方法和保养方法。
(二) **材料和设备** 显微镜、组织切片。
(三) **方法和步骤**

1. 显微镜的构造 生物显微镜的种类很多,但基本构造可分为两大部分。

(1) 机械部分 有镜座、镜柱、镜臂、镜筒、活动关节、粗调节器、细调节器、载物台、推进尺、压夹、转换器、聚光器、聚光器升降螺旋等。

镜座:呈马蹄铁形或方形,是直接与实验台接触的部分。

镜柱:与镜座相连接的部分,与镜座一起支持和稳定整个显微镜。在斜行显微镜的镜柱内,有细调节器的螺旋。

镜臂:与镜柱连接的弯曲部分,握持移动显微镜时使用。

镜筒:附着于镜臂上端前方的圆筒。

活动关节:可使镜臂倾斜,用于调节镜柱与镜臂之间的角度。

粗调节器:可调节物镜与组织切片标本之间的距离。

细调节器:可调节切片中物体的清晰度,用以精确调节焦距。旋转1周,可使镜筒升降0.1mm。

载物台:放组织切片的平台,有圆形和方形的。中央有通光孔。

压夹:用于固定组织切片。

推进器:用于移动组织切片。可使标本前、后、左、右移动。

转换器:在镜筒下部,内有不同倍数的物镜,用于转换物镜。

聚光器升降螺旋:能使聚光器升降,从而调节光线的强弱。

(2) 光学部分 包括目镜、物镜、反光镜和聚光器。

目镜:在镜筒的上端,其上有数字,表示放大的倍数。目镜有5X、8X、10X、15X、16X等不同的倍数。

物镜:安装在转换器上,是显微镜中最贵重的部分。有低倍镜、高倍镜、油镜三种。低倍物镜有8X、10X、20X、25X;高倍物镜有40X、60X;油镜一般为100X。显微镜的放大倍数是目镜和物镜倍数的乘积。

反光镜:有平面和凹面。大多数显微镜无反光镜,直接安装灯泡作为光源。

聚光器:在载物台的下方,内装有光圈。

2. 显微镜的使用方法

(1) 显微镜的取放。取放显微镜时,必须右手握镜臂,左手拖镜座,靠在胸前,轻轻的将其放在实验台上或显微镜箱内。

(2) 先用低倍镜对光(避免光线直射),直至获得清晰、均匀、明亮的视野为止。如用自然光源(阳光),可用反光镜的平面;如果用点状光源(灯光),可用反光镜的凹面。

(3) 置组织切片于载物台上，将欲观察的组织切片中的组织块，对准通光孔的中央（有盖玻片的组织切片，盖玻片朝上），用压夹固定。

(4) 旋动粗调节器，使显微镜筒徐徐下降，将头偏于一侧，用眼睛注视显微镜的下降程度（原则上物镜与组织切片之间的距离缩到最小），防止压碎组织切片，当转换高倍镜或油镜时更要注意。

(5) 观察组织切片。观察时，身要坐端正，胸部挺直，用左眼自目镜观察，右眼睁开，同时转动粗调节器，物镜上升到一定的程度，就会出现物像，再慢慢转动细调节器进行调节，直到物像清晰为止。在观察时，如果需要观察细胞的结构，可再转换高倍镜，至镜筒下，并转动细调节器进行调节，以其获得清晰的物像。有些显微镜在转换高倍镜时，必须先转动粗调节器，使载物台下移（或镜筒上移），然后再转动粗调节器，使载物台上移（或镜筒下移），到接近组织切片时，进行观察。

组织学的切片标本，大多数在高倍镜下即能辨认。如果需要采用油镜观察时，应先用高倍镜观察，把欲观察的部位置于视野的中央，然后移开高倍镜，将香柏油滴在欲观察的标本上，转换油镜与标本上的油液相接触，再轻轻转动细调节器，直到获得最清晰的物像为止。

(6) 在调节光线时，可扩大或缩小光圈的开孔；也可调节聚光器的螺旋，使聚光器上升和下降；有的还可以直接调节灯光的强度。

3. **显微镜的保养方法**

(1) 使用完显微镜后，取下组织切片标本，旋动转换器，使物镜叉开呈八字形，转动粗调节器，使载物台下移，然后用绸布包好，放入显微镜箱内。

(2) 若显微镜的目镜或物镜落有灰尘时，要用擦镜纸擦净，严禁用口吹或手抹。

(3) 切勿粗暴转动粗、细调节器，并保持该部的清洁。

(4) 切勿将显微镜置于日光下或靠近热源处。

(5) 不要随意弯曲显微镜的活动关节，防止机件因磨损而失灵。

(6) 不许随意拆卸显微镜任何部件，以免损坏和丢失。

(7) 在使用的过程中，切勿用酒精或其他药品污染显微镜。一定将其保存在干燥处，不能使其受潮，否则会使光学部分发霉、机械部分生锈，尤其是在多雨季节或多雨地区更应特别注意。

(8) 用完油镜后，应立即用擦镜纸，蘸少量的二甲苯擦去镜头、标本的油液，再用干的擦镜纸擦。对无盖玻片的标本片，可采用"拉纸法"，即把一小张擦镜纸盖在玻片上的香柏油处，加数滴二甲苯，趁湿向外拉擦镜纸，拉去后丢掉，如此3～4次，即可把标本上的油擦净。

（四）技能考核 认识显微镜的主要构造和作用，熟练使用显微镜。

二、主要组织的识别

（一）目的要求 通过观察，使学生掌握单层柱状上皮、单层立方上皮、疏松结缔组织、骨骼肌、平滑肌和神经元的结构特点。

（二）材料及设备 显微镜、单层柱状上皮、单层立方上皮（肾髓质切片）、疏松结缔组织铺片、骨骼肌、平滑肌、神经组织切片及相关的图。

（三）方法步骤

1. 单层柱状上皮的观察　先用低倍镜观察，找到比较典型的部位，再换高倍镜观察细胞的结构。细胞呈高柱状，核椭圆形，位于细胞的基底部，比较均匀地排列在同一水平线上。

2. 单层立方上皮的观察（示教）　先用低倍镜观察，找到比较典型的部位，如肾集合管的纵切或横切面，再用高倍镜。观察到呈立方形的细胞，核圆形，位于细胞的中央。

3. 疏松结缔组织的观察　先用低倍镜找到比较典型的部位，可见到交织成网的纤维，与许多散在分布于纤维之间的细胞，以及纤维与细胞间无定型的基质。再用高倍镜观察。可看到胶原纤维呈红色，粗细不等，呈索状或波浪状，数量多；还有细的弹性纤维。还可看到轮廓不清、具有突起的成纤维细胞、形态不固定的组织细胞；椭圆形、细胞质内有粗大颗粒的肥大细胞；胞核呈车轮状、偏于一侧的浆细胞。

4. 骨骼肌的观察　用低倍镜观察呈圆柱状的骨骼肌细胞，换高倍镜，可看到在细胞膜的下方有许多卵圆形的细胞核，肌原纤维沿细胞的长轴排列，有清楚的横纹。

5. 神经元的观察（示教）　可用脊髓的切片或运动神经元的切片，先用低倍镜，后用高倍镜，可清楚看到大而圆的核、清楚的核膜、核仁。细胞质内有细丝状的神经原纤维，尼氏小体。从胞体向四周发出突起，树突短，分支多。

6. 平滑肌的观察（示教）　低倍镜下可看到红色的平滑肌纤维；高倍镜下可看到平滑肌纤维呈长梭形，两头尖，中央宽，有椭圆形的细胞核。

(四) **技能考核**　在显微镜下正确识别上述组织切片，并绘出结构图。

复习思考题

1. 解释名词：细胞　组织　器官　系统　内脏　染色质
2. 简述细胞构造。
3. 简述细胞膜的构造，细胞膜进行物质转运的方式。
4. 什么叫染色质？染色质与染色体有何不同？
5. 什么叫组织？构成畜体的组织有几类？
6. 简述被覆上皮组织的的特点、分类、分布和功能。
7. 简述结缔组织的特点、分类、分布和功能
8. 简述肌组织的种类、分布及生理特性。
9. 绘出牛的体表名称图。

第二章 牛(羊)的解剖生理

第一节 运动系统

【学习目标】了解牛运动系统的组成和机能;掌握牛骨的化学成分和物理特性;掌握全身主要骨、关节和肌肉的位置。具有在活体上识别牛全身主要骨、关节、肌肉和骨性、肌性标志的技能。

运动系统由骨、骨连结、肌肉三部分组织成。全身骨由骨连结连接成骨骼,骨骼构成畜体的支架,在维护体型、保护脏器和支持体重方面起着重要作用。肌肉附着于骨骼上,当肌肉收缩时,肌肉会牵引着骨骼,以关节为支点,产生各种运动。因此,在运动中,骨起杠杆作用,关节是运动的枢纽,肌肉则是运动的动力。

骨骼和肌肉共同构成了畜体的轮廓,构成了畜体的外型。位于皮下的一些骨性突起和肌肉,可以在体表看到或触摸到,在畜牧生产中常用来作为确定内部器官位置和进行体尺测量的标志。

一、骨 骼

(一) 骨

1. 骨的形态　骨的形状是多种多样的,可分为长骨、短骨、扁骨和不规则骨四种类型。

(1) 长骨　主要分布于四肢的游离部,呈圆柱状。两端膨大,称骺;中部较细,称骨干或骨体。骨干中的空腔为骨髓腔,容纳骨髓。长骨的作用是支持体重和形成运动杠杆。

(2) 扁骨　为板状,主要位于颅腔、胸腔的周围及四肢的带部,能保护脑等重要器官,如颅骨、肩胛骨等。

(3) 短骨　呈不规则的立方形,多成群地分布于四肢的长骨之间,除起支持作用外,还有分散压力和缓冲振动的作用,如腕骨、跗骨等。

(4) 不规则骨　形状不规则,一般构成畜体的中轴,具有支持、保护和供肌肉附着的作用,如椎骨等。

2. 骨的构造　骨由骨膜、骨质、骨髓和血管、神经构成(图2-1)。

(1) 骨膜　覆盖在骨表面的一层结缔组织膜，呈粉红色，内含有成骨细胞、丰富的血管和神经，对骨有营养、保护、再生等作用。在骨受损伤时，成骨细胞有修补和再生骨质的作用，因此进行骨折等手术时，要注意保护骨膜。

(2) 骨质　构成骨的主要成分，可分为骨密质和骨松质两种。骨密质致密坚硬，耐压性强，分布在长骨的骨干和其他类型骨的外层；骨松质结构疏松，由许多骨板和骨针交织成海绵状，分布在长骨的两端和其他类型骨的内部。骨密质和骨松质在骨内的这种分布，使骨既轻便又坚固，适于运动。

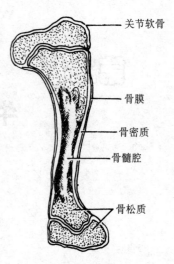

图2-1　骨的构造模式图

(3) 骨髓　位于长骨的骨髓腔和骨松质的间隙内。胎儿和幼龄动物的骨髓全部是红骨髓。随着年龄的增长，骨髓腔中的红骨髓逐渐被脂肪组织所代替，变为黄骨髓，而骨松质内的骨髓，终生保持着红骨髓。红骨髓内含有不同发育阶段的各种血细胞，有造血功能；黄骨髓主要由脂肪组织构成，具有贮存营养的作用。家畜失血过多时，黄骨髓可变成红骨髓，恢复造血功能。

3. 骨的化学成分和物理特性　骨是体内坚硬的组织，且有很好的弹性，能承受一定的压力和张力。骨的这种性质，与骨的化学成分有着密切的关系。

骨由有机物和无机物组成。有机物主要是骨胶原（蛋白质），是骨的弹性和韧性的物质基础；无机物主要是钙盐（碳酸钙、磷酸钙等），是骨的坚固性的物质基础。成年家畜的骨约含1/3的有机物和2/3的无机物，这样的比例使骨既坚固，又有较好的韧性。幼畜的骨内有机物较多，故弹性和韧性大，不易骨折，但易弯曲变形；老年家畜骨内无机物含量增多，故脆性较大，易发生骨折。妊娠和泌乳母畜骨内的钙质，可被胎儿吸收或随乳汁排出，造成无机质的减少，易发生软骨病。因此，应注意饲料成分的合理调配，以预防软骨病的发生。

(二) 骨连结　骨与骨相互连接的部位称为骨连结。骨连结可分为两大类：直接连结和间接连结。

1. 直接连结　骨与骨借结缔组织直接相连，其间无腔隙，不活动或仅有小范围活动。直接连结分为以下三种类型：

(1) 纤维连结　两骨之间以纤维结缔组织连结，比较牢固，一般无活动性，如头骨间的连结。这种连结常随年龄的增长而骨化，变为骨性结合。

(2) 软骨连结　两骨之间借软骨连结，基本不能运动。由透明软骨连结的，到老龄时，常骨化为骨性结合，如长骨与骨骺之间的骺软骨等；由纤维软骨连结的，终生不骨化，如椎体间的椎间盘等。

(3) 骨性结合　两骨相对面以骨组织连结，完全不能运动。这种连结常由纤维连结和软骨连结骨化而成。如荐骨椎体间的结合，髂骨、坐骨和耻骨间的结合等。

2. 间接连结　又称关节，是骨与骨之间可灵活活动的连结，为骨连结中较为普遍的一种形式，如四肢的关节等。

(1) 关节的构造　关节由关节面、关节软骨、关节囊和关节腔构成（图2-2）。

①关节面：骨与骨相接触的光滑面，骨质致密，形状彼此相互吻合。其中的一个面略

凸，称关节头；另一个面略凹，称关节窝。

②关节软骨：附着在关节面上的一层透明软骨，光滑而有弹性和韧性，可减少运动时的冲击和摩擦。

③关节囊：包围在关节周围的结缔组织囊。囊壁分内、外两层，外层为纤维层，厚而坚韧，有保护作用；内层为滑膜层，薄而柔软，有丰富的血管网，能分泌滑液。

④关节腔：关节软骨和关节囊之间的密闭腔隙，内有少量淡黄色的滑液，有润滑作用。

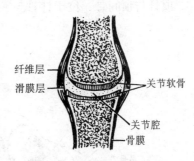

图2-2 关节构造模式图

(2) 关节的类型　不同的分类方法，可把关节分成不同的类型。

根据构成关节骨的数目，可把关节分为单关节和复关节两类。单关节由相邻两块骨构成，如前肢的肩关节；复关节由两块以上骨构成，如腕关节和膝关节。

根据关节运动轴的数目，可把关节分为单轴关节、双轴关节和多轴关节三类。单轴关节一般由中间有沟或嵴的滑车状关节面构成，只能沿横轴作屈、伸运动；双轴关节由椭圆形的关节面和相应的关节窝构成，能作屈、伸运动及左右摆动，如寰枕关节；多轴关节由半球形的关节头和相应的关节窝构成，能作屈、伸、内收、外展及旋转运动，如肩关节和髋关节。

(三) 全身骨骼的组成　牛的全身骨骼，按其所在部位分为头部骨骼、躯干骨骼、前肢骨骼和后肢骨骼（图2-3）。

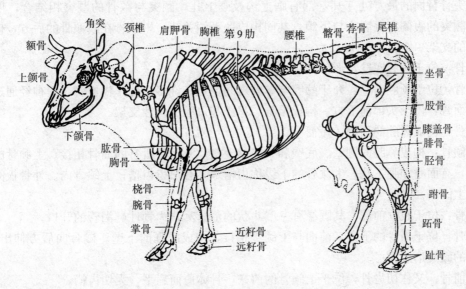

图2-3 牛的全身骨骼

1. 头部骨骼

(1) 头骨的组成　头骨多为扁骨和不规则骨，分颅骨和面骨两部分（图2-4、图2-5）。

①颅骨：位于头部后上方，围成颅腔，容纳并保护脑。

枕骨：单骨，位于颅骨后部，构成颅腔后底壁。后方正中部有枕骨大孔与椎管相通，枕骨大孔的两侧各有一个卵圆形的关节面为枕髁，与寰椎关节窝构成寰枕关节。

顶骨与顶间骨：位于枕骨与额骨之间，构成颅腔后壁，与枕骨愈合。

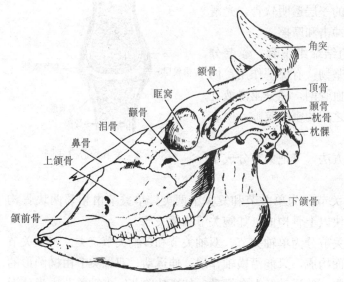

图 2-4 牛的头骨（侧面）

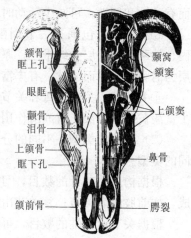

图 2-5 牛的头骨（背侧面，左侧示窦）

额骨：构成颅腔顶壁，很大，约占头骨背面的一半，呈四方形，宽而平坦。其后缘与顶骨之间形成额隆起，为头骨的最高点。额骨后方两侧有角突。

颞骨：位于头骨的后外侧，构成颅腔侧壁，分为鳞颞骨和岩颞骨。鳞颞骨向外伸出颧突，是头骨背面的最宽处，其基部有眶上沟及眶上孔。颧突与颧骨的颞突相结合，形成颧弓。在颧突的腹侧有颞髁，与下颌骨共同构成颞下颌关节。岩颞骨在鳞颞骨的后方，构成位听器官的支架。

蝶骨：位于颅腔底壁，形似蝴蝶。

筛骨：位于颅腔前壁，介于颅腔与鼻腔之间，上有许多小孔，供血管、嗅神经通过。

②面骨：位于头部前下方，构成眼眶、鼻腔和口腔的骨性支架。

鼻骨：构成鼻腔的顶壁，短而窄。

上颌骨：构成鼻腔的侧壁、底壁和口腔的上壁，几乎与所有的面骨相接。上颌骨的外侧面宽大，有面嵴和眶下孔；上颌骨的下缘称齿槽缘，有臼齿齿槽；上颌骨内、外骨板间形成发达的上颌窦。

泪骨：位于眼眶前部。其眶缘有一漏斗状的泪囊窝，为骨性鼻泪管的开口。

颧骨：位于泪骨的下方，前面与上颌骨相接，构成眼眶的下壁。颧骨向后方伸出颞突，与颞骨的颧突形成颧弓。

颌前骨：又称切齿骨，位于上颌骨的前方，骨体薄而扁平，无切齿槽。

鼻甲骨：两卷卷曲的小骨片，附着于鼻腔的侧壁上，形成鼻腔黏膜的支架。

下颌骨：面骨中最大的一块，分为左、右两半，每半分为下颌骨体和骨支两部分。下颌骨体位于前方，骨体厚，前缘上方有切齿齿槽，后方有臼齿齿槽，切齿齿槽与臼齿齿槽间的平滑区域为齿槽间隙。下颌支位于后方，呈上下垂直的板状，上部后方有一平滑的关节面为下颌髁，与颞髁构成颞下颌关节；下颌髁的前方有一突起叫冠状突。两侧下颌骨之间的空隙为下颌间隙。在下颌骨体与下颌支交界处下缘，有下颌骨血管切迹。

舌骨：位于下颌间隙后部，由数块小骨构成，支持舌根、咽及喉。

(2) 副鼻窦 又称鼻旁窦，是鼻腔附近一些头骨内的含气腔体的总称。它们直接或间接与鼻腔相通，主要有额窦和上颌窦。

(3) 头骨的连结 头骨的连接大部分为缝隙连结，骨与骨之间不能活动。颞下颌关节是头部唯一的活动关节，由下颌骨和颞骨构成，能做开口、闭口运动。

(4) 头部的一些骨性标志 颧弓、眶下孔、齿槽间隙、血管切迹和下颌间隙。

2. 躯干骨骼 躯干骨包括椎骨、肋骨和胸骨，它们连接起来构成脊柱和胸廓。

(1) 椎骨 由椎体、椎弓和突起三部分构成。椎体：呈短柱状，位于椎骨腹侧，前面略凸为椎头，后面略凹为椎窝；椎弓：是位于椎体背侧的拱形骨板，与椎体围成椎孔，椎弓基部的前后缘各有1对切迹，相邻椎弓的切迹合成椎间孔，供血管、神经通过；突起：有三种。由椎弓背侧向上方伸出1个突起，称棘突；从椎弓基部向两侧伸出的1对突起，称横突；从椎弓背侧的前、后缘各伸出1对关节突，分别称为前、后关节突。

椎骨按其所在的部位不同，可分为颈椎、胸椎、腰椎、荐椎和尾椎，牛有7块颈椎，13块胸椎，6块腰椎，5块荐椎，18～20块尾椎。各椎骨相互连接起来，形成脊柱。脊柱中央有纵行的椎管，由各椎骨的椎孔相连而成，内藏脊髓。椎管两侧各有一排椎间孔，有脊神经通过。脊柱的背侧正中有一排棘突，其中第2～6胸椎棘突最高，构成鬐甲的骨质基础。脊柱的两侧各有一排横突，腰椎的横突最长，可在体表触摸到。脊柱的作用是支持体重，保护脊髓，传递推动力。

(2) 肋 为左右成对的弓形长骨，连于胸椎与胸骨之间，构成胸腔的侧壁。相邻肋之间的间隙，称肋间隙。肋的对数与胸椎枚数一致，牛有13对。每根肋包括上端的肋骨和下端的肋软骨。

①肋骨：肋骨的椎骨端前方有肋骨小头，与胸椎的肋窝成关节；肋骨小头的后方有肋结节，与胸椎横突成关节。

②肋软骨：由透明软骨构成。第1～8对肋以肋软骨直接与胸骨相连，称真肋。其余的肋不直接与胸骨相连，而是依次连于前一肋的肋软骨上，称假肋。最后肋骨与假肋肋软骨依次连接所形成的弓形结构，称为肋弓。

(3) 胸骨 位于胸廓底壁的正中，由6～8块胸骨片借软骨连接而成，呈上下略扁的船形。胸骨由前向后分为胸骨柄、胸骨体和剑状软骨（剑突）三部分。胸骨柄、胸骨体的两侧有肋窝，与真肋的肋软骨直接成关节。

(4) 胸廓 由胸椎、肋骨和胸骨共同构成，呈前小后大的圆锥形，胸廓前口由第一胸椎、第一对肋骨和胸骨柄围成；胸廓后口由最后一个胸椎、左右肋弓和剑状软骨围成。胸廓前部的肋骨短而粗，具有较大的坚固性，以保护心、肺，并便于连接前肢；胸廓后部的肋骨细而长，具有较大的活动性，以利于呼吸运动。

(5) 躯干的一些骨性标志 腰椎横突、肋骨、肋弓、肋间隙及剑状软骨。

3. 前肢骨骼

(1) 前肢骨 包括肩胛骨、臂骨、前臂骨、腕骨、掌骨、指骨和籽骨（图2-6）。

①肩胛骨：为三角形的扁骨，斜位于胸侧壁前上部。其上缘附着肩胛软骨，外侧有一纵行的嵴，称为肩胛冈。肩胛冈前上方为冈上窝，后下方为冈下窝，下端有一突起，称肩峰。肩胛骨内侧面的凹窝为肩胛下窝，远端的关节窝为肩臼。

②臂骨：为一管状长骨，斜位于胸部两侧的前下部，由前上方斜向后下方。近端粗大，

前方两侧有内、外结节,外侧结节又称大结节,两结节间是臂二头肌沟;后方有球形的臂骨头,与肩臼成关节。臂骨骨干呈扭曲的圆柱状,外侧有三角肌结节,远端有髁状关节面,与桡骨成关节。髁的后面有一深的肘窝(鹰嘴窝)。

③前臂骨:包括桡骨和尺骨。成年后两骨彼此愈合,两骨间的缝隙为前臂间隙。桡骨位于前内侧,大而粗,近端与臂骨成关节,远端与近列腕骨成关节。尺骨位于后外侧,近端粗大,突向后上方,称肘突(鹰嘴);远端稍长于桡骨。

④腕骨:由6块短骨组成,排成上、下两列。近列4块,由内向外依次是桡腕骨、中间腕骨、尺腕骨和副腕骨;远列2块,内侧一块较大,由第2、第3腕骨构成;外侧一块为第4腕骨。

⑤掌骨:牛有3块掌骨,即3、4、5掌骨。第3、4掌骨发达,称为大掌骨。第5掌骨为小掌骨,为一圆锥形小骨,附于第4掌骨的近端外侧。大掌骨的近端、骨干愈合在一起,只有其远端分开。

⑥指骨:牛有4个指,即2、3、4、5指。其中,第3、4指发育完整,称主指,每指有3个指节骨,依次为系骨、冠骨和蹄骨。第2、5指退化,不与地面接触,称悬指,每指仅有2块指节骨,即冠骨与蹄骨。

⑦籽骨:为块状小骨,分为近籽骨和远籽骨。近籽骨共有4块,位于大掌骨下端与系骨之间的掌侧;远籽骨2块,位于冠骨与蹄骨之间的掌侧。

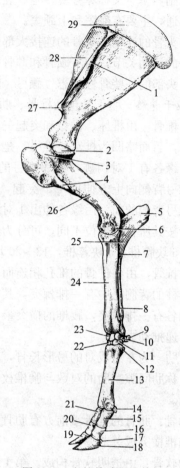

图2-6 牛的前肢骨(外侧)
1. 肩胛冈 2. 肱骨头 3. 大结节 4. 三角肌粗隆
5. 鹰嘴 6. 肱骨髁 7. 前臂近骨间隙 8. 前臂远骨间隙
9. 副腕骨 10. 尺腕骨 11. 第4腕骨 12. 第5掌骨
13. 第3、4掌骨 14. 近籽骨 15. 第4指的近指节骨(系骨)
16. 中指节骨(冠骨) 17. 远籽骨 18. 远指节骨(蹄骨)
19. 第2指的远指节骨 20. 中指节骨 21. 近指节骨
22. 第3腕骨 23. 桡腕骨 24. 桡骨 25. 尺骨
26. 肱骨 27. 肩峰 28. 肩胛骨 29. 肩胛软骨

(2)前肢关节 前肢与躯干之间不形成关节,借强大的肩带肌与躯干连接。前肢各骨之间以关节的形式相连,自上而下依次为:

①肩关节 由肩胛骨的肩臼与臂骨头构成,角顶向前,属多轴关节。

②肘关节 由臂骨远端与前臂骨的近端构成,角顶向后,属单轴关节。

③腕关节 为复关节,由前臂骨远端、腕骨及掌骨近端构成,角顶向前。

④指关节 包括系关节(球节)、冠关节和蹄关节。系关节由掌骨远端、近籽骨与系骨近端构成;冠关节由系骨远端、冠骨近端构成;蹄关节由冠骨远端、远籽骨及蹄骨近端构成。这些关节主要进行屈、伸运动。

4. 后肢骨骼

（1）后肢骨　包括髋骨、股骨、膝盖骨、小腿骨、跗骨、跖骨、趾骨和籽骨（图2-7）。

①髋骨：由髂骨、耻骨和坐骨结合而成。三骨结合处形成1个深的杯状关节窝，称髋臼。髂骨位于背外侧，其前部宽而扁，呈三角形，称髂骨翼；后部呈三棱形，称髂骨体。髂骨翼的外侧面称臀肌面，内侧面（骨盆面）称耳状面，外侧角称髋结节，内侧角称荐结节。耻骨位于腹侧前方，坐骨位于腹侧后部。两骨之间的结合处，分别称为耻骨联合和坐骨联合，合称为骨盆联合。两侧坐骨后缘形成坐骨弓，弓的两端突出且粗糙，称坐骨结节。

②股骨：为一大的管状长骨。由后上方斜向前下方，近端内侧有球形的股骨头，外侧有一粗大的突起称为大转子。远端粗大，前方为滑车状关节面，与膑骨成关节；后方为股骨髁，与胫骨成关节。

③膝盖骨：又称髌骨，呈圆锥形，位于股骨远端的前方。其前面粗糙，供肌腱、韧带附着；后面为关节面，与滑车状关节面成关节。

④小腿骨：包括胫骨和腓骨。胫骨发达，呈棱柱状。近端粗大，有内外髁，与股骨成关节；远端有滑车状关节面，与胫跗骨成关节。腓骨位于胫骨外，已退化，为一向下的小突起。

⑤跗骨：由5块短骨组成，排成三列。近侧列跗骨发达，有2块，前内侧的一块叫距骨，后外方的一块叫跟骨。跟骨后上方的突起，称跟结节。中列只有一块中央跗骨，远列由内向外依次为第1、2、3、4跗骨。

⑥跖骨、趾骨和籽骨：分别与前肢相应的掌骨、指骨和籽骨相似。

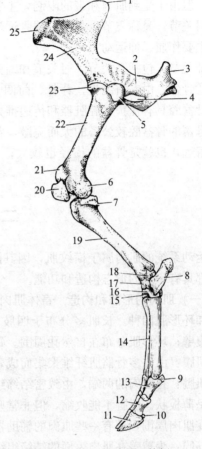

图2-7　牛的后肢骨（外侧）

1. 荐结节　2. 坐骨　3. 坐骨结节　4. 闭孔
5. 大转子　6. 股骨髁　7. 腓骨　8. 跟骨　9. 近籽骨
10. 远籽骨　11. 远趾节骨　12. 中趾节骨　13. 近趾节骨
14. 第3、4跖骨　15. 第2、3跗骨　16. 中央、第4跗骨
17. 距骨　18. 踝骨　19. 胫骨　20. 膝盖骨　21. 股骨滑车
22. 股骨　23. 股骨头　24. 髂骨　25. 髋结节

（2）后肢关节及骨盆

①后肢关节：后肢以荐髂关节与躯干牢固相连，以便把后肢肌肉收缩时产生的推动力传向躯体。为保持站立时的稳定，后肢各关节与前肢相适应，除趾关节外，各关节的方向相反。后肢关节由上向下依次为：

荐髂关节：由荐骨翼与髂骨的耳状关节面构成，关节面不平整，周围有短而强的关节囊，并有一层短的韧带加固。因此，荐髂关节几乎不能活动。

髋关节：由髋臼和股骨头构成，属多轴关节。髋关节能进行多方面运动，但主要是屈、伸运动。在关节屈曲时常伴有外展和旋外，在伸展时伴有内收和旋内。

膝关节：为复关节，包括股胫关节和股髌关节，关节角顶向前。股胫关节由股骨远端的髁和胫骨近端的关节面构成；股髌关节由髌骨和股骨远端的滑车关节面构成。膝关节为多轴关节，但由于受到肌肉和带的限制，主要作屈、伸运动。

跗关节：又称飞节，是由小腿骨远端、跗骨和跖骨近端构成的复关节。跗关节为单轴关节，主要作屈、伸运动。

趾关节：包括系关节、冠关节和蹄关节，其构造与前肢指关节相同。

②骨盆：由左右髋骨、荐骨、前四个尾椎和两侧的荐坐韧带围成，呈前宽后窄的圆锥形。骨盆腔具有保护盆腔脏器和传递推力的作用。骨盆的形状和大小，因性别而异。总的说来，母畜的骨盆腔较公畜的大而宽敞，荐骨与趾骨的距离较公畜大；髋骨两侧对应点的距离较公畜远，也就是骨盆的横径也较大；骨盆底的趾骨部较凹，坐骨部宽而平。骨盆后口也较大。

二、肌　　肉

运动系统的肌肉属于横纹肌，因其附着在骨上，故又称骨骼肌。每块肌肉都是一个器官，都具有一定的形态构造和功能。

（一）**肌肉的形态和构造**　畜体肌肉的形状多种多样，根据形态可将其分为长肌、短肌、阔肌和环形肌四种。长肌多分布于四肢；短肌主要存在于脊柱相邻椎骨之间；阔肌多见于胸、腹壁；环形肌分布在自然孔周围。每一块肌肉都分肌腹和肌腱两部分。

肌腹：由许多骨骼肌纤维聚集而成，肌腹收缩，产生运动。

肌腱：在肌肉的两端，由致密结缔组织取代肌纤维而形成，肌腱在四肢多呈索状，在躯干多呈薄板状。肌腱不能收缩，但非常坚韧，能将肌肉牢固地连于骨骼上。

在肌肉周围，还有一些肌肉的辅助器官，如筋膜、黏液囊和腱鞘等。

筋膜：为覆盖在肌肉表面的结缔组织膜，可分为浅筋膜和深筋膜。浅筋膜位于皮下，由疏松结缔组织构成，覆盖在整个肌肉表面。浅筋膜内有血管、神经、脂肪及皮肌分布，有保护、贮存营养和调节体温的作用。深筋膜由致密结缔组织构成，致密而坚韧，包围在肌群的表面，并伸入肌间，附着于骨上，有连接和支持肌肉的作用。

黏液囊：密闭的结缔组织囊，囊壁薄，内衬滑膜，囊内有少量黏液。黏液囊多位于骨的突起与肌肉、肌腱、皮肤之间，有减少摩擦的作用。关节附近的黏液囊常与关节腔相通，称为滑膜囊。

腱鞘：卷曲成长筒状的黏液囊，分内、外两层。外层为纤维层，由深筋膜增厚而成；内层为滑膜层，又分壁层和脏层。壁层紧贴在纤维层的内面，脏层紧包在腱上，壁层与脏层之间形成空腔，内有少量滑液。腱鞘包围于腱的周围，多位于四肢关节部，有减少摩擦、保护肌腱的作用。

（二）**全身主要肌肉的分布**　畜体全身的肌肉，按部位可分为头部肌肉、躯干肌肉、前肢肌肉和后肢肌肉（图2-8）。

1. **头部肌肉**　主要分为面部肌和咀嚼肌。面部肌位于口腔、鼻孔、眼孔周围的肌肉，分为开张自然孔的开肌和关闭自然孔的括约肌；咀嚼肌是使下颌发生运动的肌肉，它的收缩

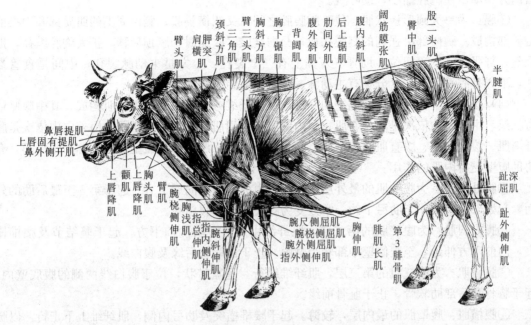

图2-8 牛的全身浅层肌

使下颌发生运动,实现咀嚼。头部最大的肌肉是咬肌,位于下颌骨支的外侧,有闭口的作用。

2. 躯干的主要肌肉 可分为脊柱肌、颈腹侧肌、胸壁肌和腹壁肌。

(1) 脊柱肌 支配脊柱活动的肌肉,可分为背侧肌和腹侧肌。

①脊柱背侧肌:位于脊柱的背侧,很发达,主要包括以下两块肌肉。

背最长肌:体内最大的肌肉,呈三棱形,位于胸椎、腰椎的棘突两侧的三棱形沟内。起于髂骨前缘及腰荐椎,向前止于最后颈椎及前部肋骨近端。

髂肋肌:位于背最长肌的外侧,由一系列斜向前下方的肌束组成。髂肋肌与背最长肌之间的肌沟,称为髂肋肌沟。

②脊柱腹侧肌:位于脊柱的腹侧,不发达,仅存于颈部和腰部。位于颈部的有颈长肌,位于腰部的有腰小肌和腰大肌。腰小肌狭长,位于腰椎腹侧面的两侧;腰大肌较大,位于腰椎横突腹外侧。

(2) 颈腹侧肌 位于颈部气管、食管腹侧和两侧的长带状肌肉。有胸头肌、肩胛舌骨肌和胸骨甲状舌骨肌。

①胸头肌:位于颈部腹外侧皮下,臂头肌的下缘。胸头肌与臂头肌之间的沟称为颈静脉沟,内有颈静脉,为牛、羊采血、输液的常用部位。

②肩胛舌骨肌:位于颈侧部,臂头肌的深面。

③胸骨甲状舌骨肌:位于气管腹侧。

(3) 胸壁肌 主要有肋间外肌、肋间内肌和膈。

①肋间外肌:位于肋间隙的表层,肌纤维由前上方斜向后下方。收缩时,牵引肋骨向前外方移动,使胸腔横径扩大,助吸气。

②肋间内肌:位于肋间外肌的深面,肌纤维由后上方斜向前下方。收缩时,牵引肋骨向

后内方移动，使胸腔缩小，助呼气。

③膈：为一大圆形板状肌，位于胸腹腔之间，又叫横膈膜。膈由周围的肌质部和中央的腱质部构成。腱质部由强韧的腱膜构成，凸向胸腔。收缩时，膈顶后移，扩大胸腔纵径，助吸气；舒张时，膈顶回位，助呼气。膈上有三个裂孔：上方是主动脉裂孔，中间是食管裂孔，下方是腔静脉裂孔，分别有主动脉、食管和后腔静脉通过。

(4) 腹壁肌　构成腹腔的侧壁和底壁，由肌纤维方向不同的薄板状肌构成。其中腹侧壁有三层，由外向内依次是腹外斜肌、腹内斜肌和腹横肌；腹底壁有四层，由外向内依次是腹外斜肌、腹内斜肌、腹直肌和腹横肌。其表面覆盖有一层坚韧的腹壁筋膜，称为腹黄膜，有协助腹壁支持内脏的作用。

①腹外斜肌：为腹壁肌的最外层，肌纤维由前上方走向后下方。起于第5至最后肋的外面，起始部为肌质，至肋弓下约一掌处变为腱膜，止于腹白线。

②腹内斜肌：为腹壁肌的第二层，肌纤维由后上方斜向前下方。起于髋结节及腰椎横突，向前下方伸延，至腹侧壁中部转为腱膜，止于最后肋后缘及腹白线。

③腹直肌：为腹壁肌的第三层，肌纤维纵行。呈宽带状，位于腹白线两侧的腹底壁内，起于胸骨和后部肋软骨，止于耻骨前缘。

④腹横肌：腹壁肌的最内层，较薄。起于腰椎横突及肋弓内侧，肌纤维上下走行，以腱膜止于腹白线。

⑤腹肌的作用：腹壁肌各层肌纤维走向不同，彼此重叠，加上被覆在腹肌表面的腹黄筋膜，构成柔软而富有弹性的腹壁，对腹腔脏器起着重要的支持和保护作用。腹肌收缩，能增大腹压，协助呼气、排便和分娩等活动。

⑥腹白线：位于腹底壁正中线上，剑状软骨与耻骨之间，由两侧腹壁肌的腱膜交织而成。在白线中部稍后方有一瘢痕叫脐，公牛的尿道开口于此。

⑦腹股沟管：位于股内侧，为腹外斜肌和腹内斜肌之间的一个斜行裂隙。管的内口通腹腔，称腹环；外口通皮下，称皮下环。腹股沟管是胎儿时期睾丸从腹腔堕入阴囊的通道。公牛的腹股沟管内有精索。动物出生后如果腹环过大，小肠易进入腹股沟管内，形成疝。

3. 前肢的主要肌肉　可分为肩带肌和作用于前肢各关节的肌肉。

(1) 肩带肌　连接前肢与躯干的肌肉，大多数为板状肌。背侧肌群有斜方肌、菱形肌、臂头肌和背阔肌；腹侧肌群有腹侧锯肌和胸肌。

①斜方肌：为扁平的三角形肌，起于项韧带索状部、棘上韧带，止于肩胛冈。斜方肌分为颈、胸两部，颈斜方肌纤维由前上方斜向后下方，胸斜方肌纤维由后上方斜向前下方。

②菱形肌：位于斜方肌和肩胛骨的深面，起于项韧带索状部、棘上韧带，止于肩胛软骨内侧面。

③臂头肌：呈长而宽的带状，位于颈侧部浅层，自头伸延至臂，构成颈静脉沟的上界。起于枕骨、颞骨和下颌骨，止于臂骨。

④背阔肌：位于胸侧壁的上部，为一三角形的大板状肌，肌纤维由后上方斜向前下方，部分被躯干皮肌和臂三头肌覆盖。主体部分起自腰背筋膜，止于臂骨内侧。

⑤腹侧锯肌：为一宽大的扇形肌，下缘呈锯齿状。腹侧锯肌分为颈、胸两部，颈腹侧锯肌位于颈部外侧，发达，几乎全为肌质；胸腹侧锯肌位于胸外侧，较薄，表面和内部混有厚而坚韧的腱层。

⑥胸肌：位于胸壁腹侧与肩臂内侧之间的强大肌群，分胸浅肌和胸深肌两层。有内收和摆动前肢的作用。

(2) 作用于肩关节的肌肉　作用于肩关节的肌肉有伸肌、屈肌、内收肌和外展肌。伸肌为冈上肌，屈肌主要是三角肌，内收肌为肩胛下肌，外展肌为冈下肌。

①冈上肌：位于冈上窝内，全为肌质。起于冈上窝和肩胛软骨，止于臂骨的内、外侧结节。有伸展及固定肩关节的作用。

②冈下肌：位于冈下窝内，大部分被三角肌覆盖。作用为外展及固定肩关节。

③三角肌：位于冈下肌的浅层，呈三角形，以腱膜起于肩胛冈、肩胛骨后角及肩峰，止于臂骨三角肌结节。有屈肩关节的作用。

④肩胛下肌：位于肩胛骨内侧的冈下窝内，可内收前肢。

除肩关节外，前肢的各关节都只有伸肌和屈肌。肘关节的伸肌位于肘关节后方，主要有臂三头肌，这是前肢最强大的肌肉；屈肌位于肘关节前方，主要有臂二头肌。腕关节和指关节的关节角顶均向前方，故伸肌位于前臂骨的背侧面和外侧面，屈肌位于前臂骨的掌侧面和内侧面。

4. 后肢的主要肌肉　后肢肌肉是推动躯体前进的主要动力，以伸肌最强大。

(1) 作用于髋关节的肌肉　有伸肌、屈肌和内收肌。伸肌强大，由前向后依次是臀肌、股二头肌、半腱肌和半膜肌。在股二头肌和半腱肌之间形成股二头肌沟；屈肌是位于关节前方的股阔筋膜张肌，内收肌是位于关节内侧的内收肌和股薄肌；无专门外展肌，臀肌起到外展作用。

①臀肌：发达，起于髂骨翼和荐坐韧带，前与背最长肌筋膜相连，止于股骨大转子。臀肌有伸髋结节作用，并参与竖立、踢蹴及推进躯干的作用。

②股二头肌：长而宽大，位于臀肌之后。起点有两个肌头：椎骨头起于荐骨，坐骨头起于坐骨结节。向下以腱膜止于膝部、胫部及跟结节。该肌有伸髋结节、膝关节及跗关节的作用。

③半腱肌：位于股二头肌之后，起自坐骨结节，以腱膜止于胫骨嵴及跟结节。作用同股二头肌。

④半膜肌：位于半腱肌的后内侧，起自坐骨结节，止于股骨远端、胫骨近端内侧。作用同股二头肌。

⑤股阔筋膜张肌：位于股部前方浅层，起于髋结节，向下呈扇形展开。上部为肌质，较厚，向下延续为阔筋膜，止于髌骨和胫骨近端。它有屈髋关节、伸膝关节的作用。

⑥股薄肌：薄而宽，位于股内侧皮下，有内收后肢的作用。

⑦内收肌：呈三棱形，位于半膜肌前方，股薄肌深面，有内收后肢的作用。

(2) 作用于膝关节的肌肉　伸肌为股四头肌，强大，位于股骨前方和两侧；屈肌是腘肌，较小，位于胫骨近端后面。

①股四头肌：很强大，位于股骨的前方和两侧，被股阔筋膜张肌覆盖。有四个肌头，即直头、内侧头、外侧头和中间头。直头起于髂骨体，其余三头分别起于股骨的外侧、内侧及前面，向下共同止于髌骨，它有伸膝关节的作用。

②腘肌：较小，位于胫骨近端后面，它有屈膝关节的作用。

(3) 作用于跗关节的肌肉　有伸肌和屈肌，伸肌为腓肠肌，位于小腿后方，有两个肌腹；屈肌是位于胫骨背侧的胫前肌和第三腓骨肌。

跟键：腓肠肌腱与趾浅屈肌腱、股二头肌腱、半腱肌腱等合成的一强韧的腱索，连于跟结节上，有伸跗关节的作用。

（4）作用于趾关节的肌肉　有多块伸肌和屈肌，伸肌位于小腿背外侧；屈肌位于小腿跖侧。

实验实习与技能训练

牛的全身主要骨、关节、肌肉和骨性、肌性标志的识别

（一）目的要求　通过实习，使学生能在标本、活体上识别牛主要的骨、关节、肌肉和骨性、肌性标志。

（二）材料及设备　牛的整体骨骼标本和肌肉标本、活牛。

（三）方法步骤

1. 在牛的骨骼标本上观察、识别头部、躯干部和四肢的主要骨、骨性标志，前后肢的主要关节。

2. 在牛的肌肉标本上观察、识别牛全身的主要肌肉、肌沟。

3. 在牛活体上识别前、后肢的主要骨、关节和骨性标志，识别全身主要的肌肉和肌沟。

（四）技能考核　在牛的骨骼、肌肉标本或活体上，识别牛全身的主要骨、关节、肌肉和临床上常用的骨性、肌性标志。

复习思考题

一、名词解释：脊柱　骨膜　胸廓　下颌间隙　副鼻窦　腹股沟管

二、填空

1. 骨由＿＿＿＿、＿＿＿＿、＿＿＿＿和＿＿＿＿四部分构成，其中对骨有保护和再生作用的是＿＿＿＿。

2. 成年家畜的骨髓有＿＿＿＿和＿＿＿＿两种，其中＿＿＿＿无造血功能。

3. 关节的基本构造包括＿＿＿＿、＿＿＿＿、＿＿＿＿和＿＿＿＿四部分。

4. 牛有＿＿＿＿枚颈椎，有＿＿＿＿对肋骨。

5. 牛的前肢骨骼，由上而下，包括＿＿＿＿、＿＿＿＿、＿＿＿＿、＿＿＿＿、＿＿＿＿和＿＿＿＿。

6. 牛的后肢关节，自上而下，包括＿＿＿＿、＿＿＿＿、＿＿＿＿、＿＿＿＿和＿＿＿＿。

7. 颈静脉沟由上方的＿＿＿＿和下方的＿＿＿＿两块肌肉构成。

三、问答题

1. 骨的化学成分、物理特性随着家畜年龄的变化会发生什么样的变化？为什么泌乳性能好的母畜易发生骨软症？

2. 腹侧壁由外向内由哪些肌肉构成？其肌纤维走向如何？

第二节　被皮系统

【学习目标】掌握皮肤和蹄的构造；了解皮肤和蹄的机能。能够在皮肤和蹄的标本上识别其结构。

被皮系统包括皮肤和皮肤的衍生物。皮肤的衍生物是由皮肤演化来的特殊器官，包括毛、皮肤腺、蹄、角等。

一、皮　肤

（一）**皮肤的构造**　皮肤由表皮、真皮和皮下组织构成（图2-9）。

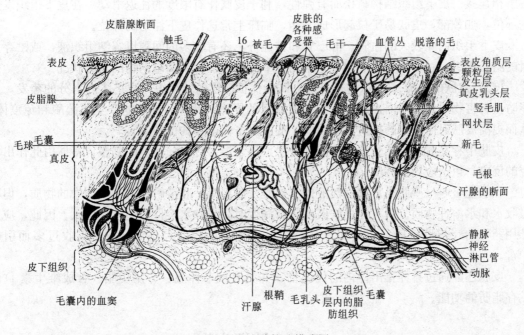

图2-9　皮肤构造模式图

1. **表皮**　位于皮肤的表层，由复层扁平上皮构成。表皮的厚薄因部位不同而不同，凡长期受摩擦的部位，表皮较厚，角化也较显著。表皮内无血管和淋巴管，但有丰富的神经末梢，皮肤的表皮由外向内分为角化层、颗粒层和生发层。

（1）角化层　由数层已角化的扁平细胞构成，细胞内充满角质蛋白。老化的角质层不断脱落，形成皮屑。

（2）颗粒层　由数层已开始角化的棱形细胞构成，细胞界限不清，胞质内含有嗜碱性的透明角质颗粒。

（3）生发层　由数层形态不同的细胞组成。其中，最深一层细胞呈立方形，能不断分裂，产生新的细胞，以补充表层脱落的细胞。生发层深部细胞间有星状的色素细胞，含有色素。色素决定皮肤的颜色，并能防止日光中的紫外线损伤深部组织。

2. 真皮 位于表皮的深面，由致密结缔组织构成，坚韧而富有弹性，是皮肤最厚的一层。皮革就是由真皮鞣制而成的。真皮分布有汗腺、皮脂腺、毛囊及丰富的血管、淋巴管和神经等。临床上所进行的皮内注射，就是把药液注入真皮层内。牛的真皮厚，绵羊的薄；老龄的厚，幼畜的薄；公畜的厚，母畜的薄；同一家畜，背部和四肢外侧的厚，腹部和四肢内侧的薄。真皮又分为乳头层和网状层，两层互相移行，无明显的界限。

（1）乳头层 紧靠表皮，由纤细的胶原纤维和弹性纤维交织而成，形成许多圆锥状乳头伸入表层的生发层内。乳头的高低与皮肤的厚薄有关，无毛或少毛的皮肤，乳头高而细；反之，乳头则小或没有。该层有丰富的毛细血管、淋巴管和感觉神经末梢，具有营养表皮和感受外界刺激的作用。

（2）网状层 位于乳头层的深面，较厚，由粗大的胶原纤维束和弹性纤维交织而成。内含有较大的血管、神经、淋巴管，并分布有汗腺、皮脂腺和毛囊。

3. 皮下组织 位于真皮下面，由疏松结缔组织构成。皮肤借皮下组织与深在的筋膜、腱膜相连接。皮下组织结构疏松而有弹性，利于皮肤作有限度的往返滑动。在皮下组织发达的部位，如颈部，皮肤易于拉起形成皱褶，临床上常选作皮下注射的部位。

皮下组织内除较大的血管、淋巴管和神经外，还有较多的间隙以容纳组织液，或贮存大量的脂肪组织，在畜牧生产实践中，常用皮下脂肪的多少来衡量动物的营养状况。

（二）皮肤的机能 皮肤包被身体，既能保护深层的软组织，防止体内水分的蒸发，又能防止有害物质侵入体内，是畜体和周围环境的屏障。此外，皮肤能产生溶菌酶和免疫体，从而提高皮肤对微生物的抵抗力。因此，皮肤是畜体重要的保护器官。

皮肤中存在着各种感受器，能够感受触、压、温、冷、痛等不同刺激，畜体由此作出相应的反应，以适应周围环境。

皮肤能吸收一些脂类、挥发性液体（如醚、酒精等）和溶解在这些液体中的物质，但不吸收水和水溶性物质。只有在皮肤破损或有病变时，水和水溶性物质才会渗入。因此，应用外用药物治疗皮肤病时，应当注意药物浓度和擦药面积的大小，以防止吸收过多而引起中毒。

皮肤还能通过排汗排出体内的代谢物，并具有调节体温、分泌皮脂、合成维生素 D 和贮存脂肪的功能。

二、皮肤衍生物

（一）毛 毛是一种角化的表皮组织，坚韧而有弹性，是热的不良导体，具有保护、保温、隔热作用。

1. 毛的形态和分布 畜体的毛可分为被毛和长毛两类。牛的被毛短而直，均匀分布；长毛粗而长，生长在特殊部位，如唇部的触毛、尾部的尾毛等。

2. 毛的构造 各种毛都斜插在皮肤里，可分为毛干和毛根两部分。露在皮肤外面的叫毛干，埋在真皮和皮下组织内的叫毛根。毛根周围有由上皮组织和结缔组织形成的管状鞘，称毛囊。在毛囊的一侧有一束斜行平滑肌，称竖毛肌，该肌收缩可使毛竖立。毛根的末端膨大部叫毛球，细胞分裂能力很强，是毛的生长点。毛球的底部凹陷，真皮的结缔组织突入其内形成毛乳头，内含丰富的血管、神经，可营养毛球。

3. **换毛** 毛有一定的寿命，生长到一定时期，就会衰老脱落，为新毛所代替，这个过程称为换毛。

换毛的方式：换毛分季节性换毛和经常性换毛。季节性换毛发生在春、秋两季，全身的被毛多以此种方式脱换；经常性换毛不受季节的限制，如随时脱换一些长毛。

(二) **皮肤腺** 包括汗腺、皮脂腺和乳腺。

1. **汗腺** 位于真皮和皮下组织内，开口于毛囊或皮肤表面。绵羊的汗腺发达，黄牛次之，水牛没有汗腺。汗腺的主要机能是分泌汗液，以散发热量调节体温。汗液中除水（98%）外，还含有盐和尿素、尿酸、氨等代谢产物。故汗腺分泌还是畜体排泄代谢产物的一个重要途径。

2. **皮脂腺** 位于真皮内毛囊附近，开口于毛囊。皮脂腺分布广泛，其分泌物称皮脂，是一种不定形的脂肪性物质，有滋润皮肤和被毛的作用。绵羊分泌的皮脂与汗液混合为脂汗，脂汗对羊毛的质量影响很大，若缺乏，则被毛粗糙、无光泽，而且易折断。

(三) **蹄** 蹄是指（趾）端着地的部分，由皮肤演化而成，具有支持体重的作用。牛和羊为偶蹄动物，每肢有四个蹄。其中，前面两个蹄较大，与地面接触，称主蹄；后面两个蹄较小，不与地面接触，称悬蹄。蹄由蹄匣和肉蹄两部分组成（图2-10）。

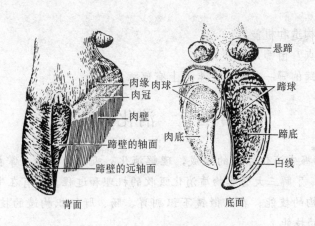

图2-10 牛蹄（一侧的蹄匣除去）

1. **蹄匣** 蹄的角质层，由蹄壁、蹄底和蹄球组成。

(1) **蹄壁** 牛站立时可见的蹄匣部分。蹄壁的上缘突起部分为蹄冠，内有冠状沟。蹄冠与皮肤相连的无毛区域为蹄缘，蹄缘的角质柔软而有弹性，可减少蹄壁对皮肤的压迫。蹄壁与地面接触的部分称蹄底缘，在蹄壁底缘上有一条浅白色的环状线，叫蹄白线，是装蹄时进钉的标志。蹄壁由三层构成，其内层由许多纵行排列的角质小叶构成，称为小叶层。小叶层的角质小叶与肉壁上的肉小叶相互嵌合，使蹄匣与肉蹄牢固结合。

(2) **蹄底** 朝向地面而略凹陷的部分，位于蹄底缘与蹄球之间。

(3) **蹄球** 位于蹄底后方的球形突起，质地柔软，有缓冲作用。

2. **肉蹄** 肉蹄位于蹄匣内，有丰富的血管和神经，呈鲜红色。肉蹄供应蹄匣营养，并有感觉作用。肉蹄的形状与蹄匣相似，可分为肉壁、肉底和肉球三部分。肉壁的表面有许多纵行排列的肉小叶，与蹄壁的角质小叶对应。

(四) **角** 角可分为角根、角体和角尖三部分。角根与额部皮肤相连，角质薄而软，并出现环状的角轮；角体是角根向角尖的延续，角质逐渐变厚；角尖由角体延续而来，角质层最厚，甚至成为实体。

角的表面有环状的隆起，称角轮。母牛角轮的出现与怀孕有关，每一次产犊之后，角根就出现新的角轮。牛的角轮仅见于角根，羊的角轮明显，几乎遍及全角。

实验实习与技能训练

<h3 style="text-align:center">皮肤、蹄形态构造的识别</h3>

（一）**目的要求**　掌握皮肤、蹄的形态和构造。
（二）**材料及设备**　牛的皮肤、蹄的标本或模型。
（三）**方法步骤**
1. 在皮肤标本或模型上，识别表皮、真皮、皮下组织和毛、皮肤腺。
2. 在牛蹄标本或模型上，识别蹄的蹄壁、蹄冠、蹄缘、蹄球、蹄小叶和蹄白线等。
（四）**技能考核**　在皮肤、蹄的标本或模型上，识别皮肤、蹄的上述构造。

复习思考题

1. 简述皮肤的构造和机能。
2. 牛蹄有何特点？由哪几部分构成？
3. 蹄白线位于蹄的哪一部位？在生产上有何意义？

第三节　消化系统

【**学习目标**】掌握牛消化系统的组成，理解消化、吸收的概念；掌握消化器官的形态、结构、位置及机能；了解三大营养物质消化吸收的机理和过程。具有在牛新鲜标本上识别主要消化器官形态结构的技能；在显微镜下识别胃、肠、肝组织构造的技能；在活体上识别胃、肠的体表投影的技能。

一、概　　述

（一）**消化系统的组成**　消化系统包括消化管和消化腺两部分。消化管为食物通过的通道，起于口腔，经咽、食管、胃、小肠和大肠，止于肛门；消化腺为分泌消化液的腺体，包括唾液腺、胃腺、肠腺、肝脏和胰脏。其中，胃腺和肠腺分别位于胃壁和肠壁内，称为壁内腺；而唾液腺、肝和胰则在消化管外形成独立的腺体，由腺管连通消化管，称壁外腺（图2-11）。

（二）**消化管的一般构造**　消化管各段虽然在形态、机能上各有特点，但其管壁的基本构造都是一样的，由内向外可分为黏膜层、黏膜下层、肌层和外膜四层（图2-12）。

1. **黏膜层**　消化管的最内层，柔软而湿润，色泽淡红，富有伸展性。当管腔空虚时，常形成皱襞。黏膜层具有保护、吸收和分泌等功能，可分为以下三层：

（1）**上皮**　消化管执行机能活动的主要部分。在口腔、食管、前胃和肛门为复层扁平上

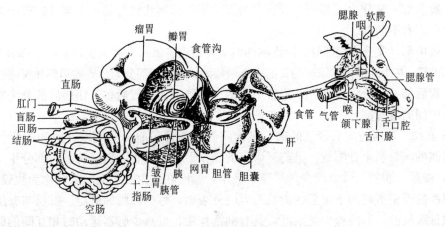

图 2-11 牛消化系统半模式图

皮，有保护作用。其余各部均为单层柱状上皮，以利于食物的消化吸收。

（2）固有膜 由结缔组织构成，内含有丰富的血管、神经、淋巴管、淋巴组织和腺体等。

（3）黏膜肌层 固有膜下的一薄层平滑肌，收缩时可使黏膜形成皱褶，有利于物质的吸收、血液的流动和腺体分泌物的排出。

2. 黏膜下层 位于黏膜和肌层之间的一层疏松结缔组织，内含有较大的血管、淋巴管、神经丛和腺体（食管腺和十二指肠腺）。

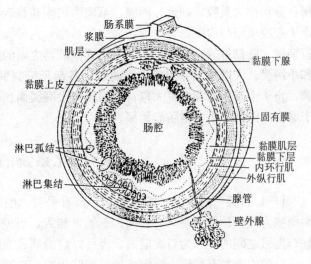

图 2-12 消化管构造模式图

3. 肌层 除口腔、咽、食管和肛门的管壁为横纹肌外，其余各段的肌层均为平滑肌。肌层一般可分为内层的环形肌和外层的纵行肌，两层之间有结缔组织和神经丛。

4. 外膜 位于管壁的最表面，是富有弹性纤维的结缔组织膜。在胃、肠的表面，外膜表面尚有一层间皮覆盖，称为浆膜。浆膜表面光滑湿润，有减少摩擦的作用。

（三）腹腔与骨盆腔

1. 腹腔 体内最大的腔，其前壁为膈，后通骨盆腔，两侧与底壁为腹肌和腱膜，顶壁主要为腰椎和腰肌。绝大多数内脏器官都位于腹腔内。为了便于说明各器官在腹腔中的位置，常把腹腔划分为十个区域（图 2-13），其划分方法为：通过两侧最后肋骨后缘突出点和髋结节前缘作两个横断面，将腹腔划分为腹前部、腹中部和腹后部。

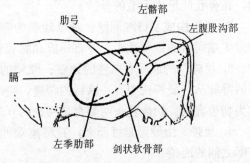

图 2-13 腹腔各部划分模式图（左侧）

(1) 腹前部　又分为三部分。以肋弓为界，下部为剑状软骨部；上部又以正中矢状面为界，分为左、右季肋部。

(2) 腹中部　又分为四部分。沿腰椎两侧横突顶点各做一个侧矢面，将腹中部分为左、右髂部和中间部；在中间部再沿第一肋骨的中点做额面，将中间部分为背侧的腰部和腹侧的脐部。

(3) 腹后部　又分为三部分。把腹中部的两个侧矢面平行后移，使腹后部分为左、右腹股沟部和中间的耻骨部。

2. 骨盆腔　为腹腔向后延续的部分。由背侧的荐骨和前4个尾椎、两侧的髂骨和荐坐韧带、腹侧的耻骨和坐骨围成，呈前宽后窄的圆锥形。内有直肠、膀胱和大部分生殖器官。

(四) **腹膜**　腹腔与骨盆腔内的浆膜。其中，紧贴在腔内壁表面的部分称为腹膜的壁层；壁层从腹腔的顶壁折转而下覆盖在内脏器官的外表面，称为腹膜的脏层。脏层与壁层之间形成的空隙称腹膜腔，腔内有少量浆液，具有润滑作用，可减少脏器运动时相互间的摩擦。

腹膜从腹腔、骨盆腔内壁移行到脏器，或从某一脏器移行到另一脏器，形成了许多皱褶，分别称为系膜、韧带、网膜。系膜为腹膜在腹腔顶壁向内脏器官表面折转时的浆膜褶，连于腹腔顶壁与内脏器官之间，如空肠系膜；韧带为脏器与脏器之间短而窄的浆膜褶，如回盲韧带、肝韧带等；网膜是连于胃与其他脏器之间的浆膜褶，呈网状，称为网膜，如大网膜和小网膜。大网膜又分为深、浅两层，各起于瘤胃的左、右纵沟，向下绕过瘤胃和前段肠管，止于十二指肠和皱胃大弯；小网膜比大网膜面积小，起于肝的脏面，包过瓣胃外侧，止于皱胃幽门部和十二指肠起始部。

二、消化系统的构造

(一) **口腔**　消化器官的起始部，具有采食、咀嚼、味觉和吞咽等功能。其前壁为唇，两侧壁为颊，顶壁为硬腭，底壁为下颌骨和舌，后壁为软腭。口腔通过咽峡与咽相通。唇、颊与齿弓之间的腔隙为口腔前庭，齿弓以内的部分为固有口腔。

口腔内面衬有黏膜，在唇缘处与皮肤相接。口腔黏膜较厚，富有血管，呈粉红色，常含有色素。黏膜上皮为复层扁平上皮，细胞不断脱落、更新，脱落的上皮细胞混入唾液中。

1. **唇**　分上、下两部分，上、下唇的游离缘共同围成口裂。唇以口轮匝肌为基础，内衬黏膜，外被皮肤。唇黏膜内有唇腺。

牛唇坚实，短而厚，不灵活。上唇中部和两鼻孔之间有一无毛区，称鼻唇镜。鼻唇镜表面有鼻唇腺分泌的液体，故其表面常湿润而温度较低。羊唇薄而灵活，上唇中间有明显的纵沟，在鼻孔间形成无毛的鼻镜。

2. **颊**　构成了口腔侧壁。颊以颊肌为基础，内衬黏膜，外被皮肤。牛羊的颊黏膜上有许多尖端向后的锥状乳头，并有颊腺和腮腺管的开口。

3. **硬腭**　构成固有口腔的顶壁。硬腭的黏膜厚而坚硬，上皮高度角质化，黏膜下有丰富的静脉丛。硬腭正中有一纵行的腭缝，腭缝的两侧为横行的腭褶。硬腭的前端有一突起，称为切齿乳头。切齿乳头两侧有鼻腭管的开口，鼻腭管的另一端通鼻腔。

4. **软腭**　由硬腭延续而来，其游离端伸向后下方，与舌根之间形成咽峡。咽峡是口腔与咽之间的通道。

5. **舌**　附着于舌骨上，占据固有口腔的绝大部分。舌分为舌根、舌体和舌尖三部分。

舌尖向前呈游离状态,舌尖与舌体交界处的腹侧面有两条舌系带,与口腔底部相连。舌系带的两侧各有一突起,称为舌下肉阜(又称卧蚕),是颌下腺的开口处。舌根为舌体后部附着于舌骨上的部分,其背侧黏膜内含有大量的淋巴组织,称为舌扁桃体。

牛舌宽而厚,舌尖灵活,是采食的主要器官。舌背后部有一隆起,称舌圆枕。

舌主要由舌肌和表面的黏膜构成。舌肌为横纹肌;在舌背面的黏膜表面有许多大小不一的突起,称舌乳头。牛的舌乳头可分为锥状乳头、菌状乳头和轮廓乳头三种。锥状乳头为尖端向后的角质化乳头,呈圆锥形,分布于舌尖和舌体的背面;菌状乳头呈大头针帽状,数量较多,散布于舌背和舌尖的边缘;轮廓乳头排列于舌背和舌尖的两侧,每侧有 8~17 个。锥状乳头不含味蕾,菌状乳头、轮廓乳头的黏膜上皮内分布有味蕾,为味觉器官。

6. 齿 咀嚼和采食的器官,由坚硬的骨组织构成。齿镶嵌于上、下颌骨的齿槽内,因其排列成弓形,所以又分别称为上齿弓和下齿弓。每一侧的齿弓由前向后排列为切齿、犬齿和臼齿。其中,切齿由内向外又分别称为门齿、内中间齿、外中间齿和隅齿;臼齿可分为前臼齿和后臼齿。齿在牛出生后逐个长出。除臼齿外,其余齿到一定年龄均按一定顺序进行脱换。脱换前的齿称为乳齿,一般个体较小、颜色乳白,磨损较快;脱换后的齿称恒齿或永久齿,相对较大,坚硬,颜色较白。

牛无上切齿和犬齿,上切齿被坚硬的齿板代替。齿的位置和数目可用齿式表示:

$$2\left[\begin{array}{cccc}切齿 & 犬齿 & 前臼齿 & 后臼齿 \\ 切齿 & 犬齿 & 前臼齿 & 后臼齿\end{array}\right]$$

牛的恒齿式为:

$$2\left[\begin{array}{cccc}0 & 0 & 3 & 3 \\ 4 & 0 & 3 & 3\end{array}\right]=32$$

齿在外形上可分三部分,埋于齿槽内的部分称齿根,露于齿龈外的部分称齿冠,介于两者之间被齿龈覆盖的部分称为齿颈。上、下齿冠相对的咬合面称咀嚼面。齿龈为包围在齿颈外一层厚而坚韧的黏膜,呈淡红色,有固定齿的作用。

齿由齿质、釉质和齿骨质构成。齿质位于内层,呈淡黄色,是构成齿的主体。在齿冠部,齿质的外面包以光滑、坚硬、乳白色的釉质,它是体内最坚硬的组织。在齿根部,齿质的外面则被以略黄色的齿骨质。齿的中心部为齿髓腔,腔内有富含血管、神经的齿髓,对齿有营养作用。

在生产上,可根据齿的生长、咀嚼面磨损程度来判断牛的年龄。

7. 唾液腺 能分泌唾液的腺体,主要有腮腺、颌下腺和舌下腺 3 对。另外,还有一些小的壁内腺,如唇腺、颊腺和舌腺。

(1) 腮腺 位于耳根下方,下颌骨后缘皮下,呈狭长的三角形。其腺管开口于与第 5 上臼齿相对的颊黏膜上。

(2) 颌下腺 比腮腺大,呈淡黄色,位于下颌骨的内侧,后部被腮腺覆盖。腺管开口于舌下肉阜。

(3) 舌下腺 位于舌体和下颌骨之间的黏膜下,腺体分散,腺管较多,分别开口于口腔底部黏膜上。

(二) 咽 咽位于口腔、鼻腔的后方,喉和气管的前上方,是消化和呼吸的共同通道。

咽有7个孔与周围邻近器官相通：前上方经两个鼻后孔通鼻腔；前下方经咽峡通口腔；后背侧经食管口通食管；后腹侧经喉口通气管；两侧壁各有一咽鼓管口通中耳。

咽峡是软腭和舌根构成的咽与口腔之间的通道，其侧壁黏膜上有扁桃体窦，窦壁内有腭扁桃体。

（三）食管　食管是将食物由咽运送到胃的肌质管道，分颈、胸、腹三段。颈段食管开始位于喉和气管的背侧，至颈中部逐渐转向气管的左侧，经胸腔前口入胸腔；胸段食管又转向气管的背侧，继续向后延伸，穿过膈的食管裂孔进入腹腔；腹段食管很短，与胃的贲门相接。

食管具有消化管的一般结构，分为黏膜层、黏膜下层、肌层和外膜层。其中，黏膜上皮为复层扁平上皮，肌层全为横纹肌。

（四）胃　胃位于腹腔内，是消化管的膨大部分，前以贲门接食管，后以幽门通十二指肠。牛、羊的胃为多室胃，由瘤胃、网胃、瓣胃和皱胃四个胃室组成。其中，前三个胃无消化腺，主要起贮存和发酵、分解饲料的作用，称前胃；第四个胃有消化腺分布，能分泌胃液，进行化学性消化，故又称真胃。

1. 瘤胃　容积最大，约占四个胃总容积的80%。瘤胃呈前后稍长、左右略扁的椭球形，占据整个腹腔左半部及右半部的一部分，前端与第7~8肋间隙相对，后端达骨盆腔前口。左面与脾、膈和腹壁相邻，称为壁面；右面与瓣胃、皱胃、肠、肝、胰等器官相邻，称为脏面。

瘤胃的前端和后端可见到较深的前沟和后沟，两条沟分别沿瘤胃的左、右侧延伸，形成了较浅的左纵沟和右纵沟。瘤胃的内壁上有与上述各沟相对应的光滑肉柱。沟和肉柱共同围成环状，把瘤胃分成背囊和腹囊两大部分。较深的瘤胃前、后沟又把背囊和腹囊分成前背盲囊、后背盲囊、前腹盲囊和后腹盲囊（图2-14、图2-15）。在后背盲囊和后腹盲囊之前，分别有后背冠状沟和后腹冠状沟。

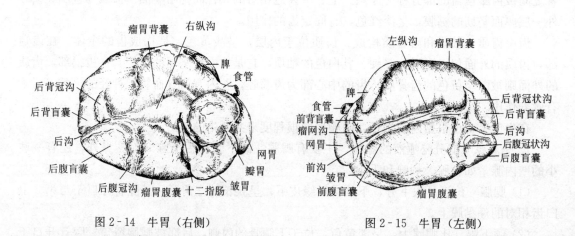

图2-14　牛胃（右侧）　　　　图2-15　牛胃（左侧）

瘤胃与网胃间的连通口较大，称瘤网胃口，其背侧形成一个穹隆，称为瘤胃前庭。前庭顶壁有贲门，与食管相接。

瘤胃黏膜呈棕黑色或棕黄色，无腺体，表面有无数密集的乳头，内含丰富的毛细血管。肉柱上无乳头，颜色较淡（图2-16）。

第二章 牛(羊)的解剖生理

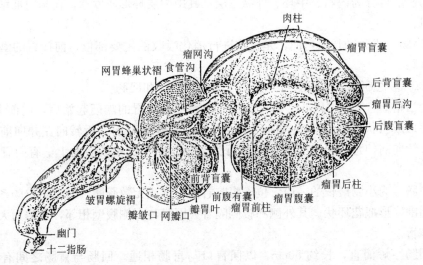

图 2-16 牛胃内腔面（示黏膜）

2. **网胃** 容积最小，约占四个胃总容积的 5%。网胃呈梨状，前后稍扁，位于季肋部的正中矢状面上，瘤胃背囊的前下方，约与 6~8 肋相对。网胃的后上方有较大的瘤网胃口与瘤胃背囊相通；右下方有网瓣胃口与瓣胃相通。网胃与心包之间仅以膈相隔，距离很近，当牛吞食的尖锐物体停留在网胃时，常可穿透胃壁和膈而刺破心包，引起创伤性心包炎。

网胃的黏膜形成许多网格状的皱褶，呈蜂巢状，故又称蜂巢胃。皱褶上密布角质乳头。

自瘤胃贲门至网瓣胃口之间有一条螺旋状的沟，称为食管沟。沟两侧有隆起的黏膜褶，称食管沟唇。犊牛的食管沟唇很发达，可闭合成管，乳汁可由贲门经食管沟和瓣胃沟直达皱胃；成年牛的食管沟闭合不严。

3. **瓣胃** 瓣胃约占四个胃总容积的 7%~8%，呈两侧稍扁的球形，很坚实。位于右季肋部，约与第 7~11 肋相对，肩关节水平线通过瓣胃中线。

瓣胃的黏膜形成百余片大小、宽窄不同的叶片，故又称"百叶胃或百叶肚"。瓣叶上有许多角质化的乳头。在瓣胃底部有一瓣胃沟，前接网瓣胃口与食管沟相连，后接瓣皱胃口与皱胃相通，液态饲料可经此沟直接进入皱胃。

4. **皱胃** 皱胃容积约占四个胃总容积的 7%~8%，呈长囊状。前端粗大称为胃底部，与瓣胃相连；后端狭窄称幽门部，与十二指肠相连。位于右季肋部和剑状软骨部，左邻网胃和瘤胃的腹囊，下贴腹腔底壁，约与第 8~12 肋相对。

皱胃胃壁的黏膜光滑、柔软，有 12~14 条螺旋形的皱褶，表面形成许多凹陷，称胃小凹，是胃腺的开口。根据其位置、颜色和腺体的不同，可分为贲门腺区、胃底腺区和幽门腺区。

胃底腺区：腺区最大，位于胃底部，是分泌胃液的主要部位。在其黏膜层的固有膜内有大量的胃腺。胃腺主要由三种腺细胞构成：主细胞，数量较多，个体较小，可分泌胃蛋白酶原和胃脂肪酶，犊牛还能分泌凝乳酶；壁细胞，数量较少，个体较大，能分泌盐酸；颈黏液细胞，成群分布在腺体的颈部，分泌黏液，保护胃黏膜。

贲门腺区和幽门腺区：较小，黏膜内的腺体主要由黏液细胞构成，能分泌碱性黏液，保护胃黏膜。

皱胃的肌层可分为内斜、中环、外纵三层，其中中层环形肌发达，在幽门部增厚，形成幽门括约肌。

（五）小肠　小肠细长而弯曲，是食物进行消化吸收的主要部位，前接胃的幽门，后以回盲口通盲肠。

1. 小肠的形态和位置　小肠可分为十二指肠、空肠和回肠。

（1）十二指肠　长约1m，位于右季肋部和腰部。从胃的幽门起始后，向前上方伸延，在肝的脏面形成乙状弯曲。然后再向后上方伸延，到髋结节前方折转向左并向前形成一后曲。由此继续向前伸延，至右肾腹侧，移行为空肠。在十二指肠后曲上，有胆管和胰管的开口。

（2）空肠　为小肠最长的一段，位于腹腔右侧，形成无数肠圈，以短的空肠系膜悬挂于结肠圆盘周围，形似花环状。其外侧和腹侧隔着大网膜与右侧腹壁相邻，背侧为大肠，前方为瓣胃和皱胃。

（3）回肠　短而直，长约50cm，以回盲口与盲肠相通。回肠与盲肠之间有回盲韧带相连。

2. 小肠的组织构造　小肠的构造与消化管一般构造相似，其管壁也分为黏膜层、黏膜下层、肌层和浆膜四层。

（1）黏膜层　小肠黏膜由内向外又分为上皮、固有层和黏膜肌层三层。小肠黏膜形成许多环形的皱褶，表面有许多指状突起，称为肠绒毛，皱褶和肠绒毛增加了肠黏膜的表面积（图2-17）。

①上皮：为单层柱状上皮，上皮之间夹杂着杯状细胞。柱状细胞的游离面有明显的纹状缘，它是由细胞的微小突起（即微绒毛）密集排列形成，这种结构大大增加了每个细胞的吸收面积。

②固有层：由疏松缔组织构成，含有大量的肠腺。结缔组织突入肠绒毛内形成绒毛中心。在固有层内，常有淋巴组织构成的淋巴小结。

③黏膜肌层：由内环、外纵两层平滑肌构成。部分内层平滑肌纤维随同固有层伸入肠绒毛和肠腺之间，收缩时有助于肠绒毛对营养物质的吸收和肠腺分泌物的排出。

④肠绒毛：由上皮和固有膜组成，上皮覆盖在绒毛的表面，固有层构成绒毛的中轴。绒毛的中央有一条贯穿绒毛全长的毛细淋巴管（绵羊的可以有两条或多条），称中央乳糜管。固有层内还有分散的、与绒毛长轴平行的平滑肌。平滑肌收缩时，绒毛缩短，使绒毛内毛细血管和中央乳糜管中所吸收的营养物质随血液、淋巴进入较大的血管和淋巴管。绒毛的这种不断延伸与收缩，促进了营养物质的吸收和运输（图2-17）。

（2）黏膜下层　由疏松结缔组织构成，内有较大的血管、淋巴管、神经丛及淋巴小结等。

（3）肌层　由内环、外纵两层平滑肌构成。

（4）浆膜　为被覆间皮的结缔组织膜，表面光滑而湿润，有减少摩擦的作用。

（六）肝

1. 肝的形态、位置　牛肝呈不规则的长方形，较厚实，为棕红色或棕黄色，位于右季肋部，紧贴膈。其前面稍隆凸称为膈面，有后腔静脉通过；后面凹陷，称为脏面，中央有肝门，门静脉、肝动脉、神经由此入肝，肝管、淋巴管由此出肝，肝门下方有胆囊。肝的背缘

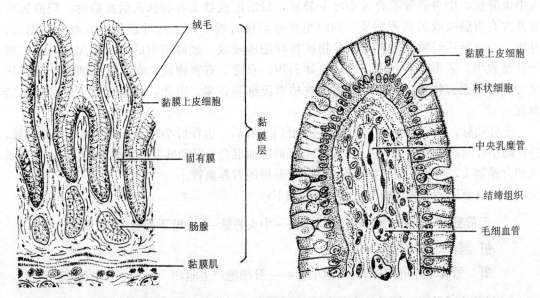

图 2-17 小肠黏膜与肠绒毛模式图

钝厚,有食管切迹;腹缘薄锐,有较深的切迹,把肝分成左、中、右三叶,其中中叶又以肝门为界,分为背侧的尾叶和腹侧的方叶。肝各叶的输出管合并在一起形成肝管,肝管在肝门处与胆囊管汇合,形成胆管,开口于十二指肠。

2. 肝的组织构造　肝的表面被覆一层浆膜,浆膜下的结缔组织进入肝的实质,把肝分成许多肝小叶。

(1) 肝小叶　肝的基本结构单位,呈不规则的多边棱柱状。其中轴贯穿一条静脉,称中央静脉。在肝小叶的横断面上,可见肝细胞排列成索状,以中央静脉为轴心,向四周呈放射状排列。肝细胞索有分支,彼此吻合成网,网眼间有窦状隙,即血窦(图 2-18)。血窦实际上是不规则膨大的毛细血管,窦壁由内皮细胞构成,窦腔内有许多形状不规则的星形细胞(又称枯否氏细胞),可吞噬细菌和异物。

从立体结构上看,肝细胞的排列并不呈索状,而是呈不规则的相互连接的板状,称为肝板。细胞之间有胆小管,它以盲端起始于中央静脉周围的肝板内,也呈放射状,并相互交织成网。肝细胞分泌的胆汁经胆小管流向位于小叶边缘的小叶间胆管,许多小叶间胆管汇合成肝管,经肝门出肝,与胆囊管汇合成胆管,开口于十二指肠。

肝细胞呈多面形,胞体较大,界限清楚。细胞核有 1~2 个,大而圆,位于细胞中央。

(2) 肝的血液循环　肝的血液供应有两个来源,其一是门静脉,其二是肝动脉。

①门静脉:由胃、肠、脾、胰的静脉汇合而成,经肝门入肝,在肝小叶间分支成小叶间静脉,与肝小叶的窦状隙相通,窦状隙的血液再汇

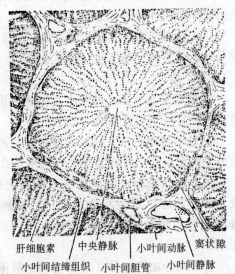

图 2-18 肝小叶的切面(低倍)

入中央静脉,中央静脉汇合成小叶下静脉,最后汇成数支肝静脉入后腔静脉。门静脉的血液含有胃肠吸收的营养物质,同时也含有消化过程中产生的毒素和进入血液的细菌、异物。当血液流经窦状隙时,营养物质被肝细胞吸收,经肝细胞的进一步加工,或贮藏于肝细胞中,或再排入血中,以供机体利用;有毒、有害物质,则可被肝细胞结合或转化为无毒、无害物质;细菌、异物可被枯否氏细胞吞噬。因此,门静脉属于肝脏的功能血管。

②肝动脉:来自于腹腔主动脉。它经肝门入肝后,也在肝小叶间分支形成小叶间动脉,并伴随小叶间静脉的分支,进入窦状隙与门静脉血混合。肝动脉来自主动脉,含有丰富的氧气和营养物质,可供肝细胞物质代谢使用,是肝的营养血管。

肝的血液循环和胆汁的排出途径简表如下:

门静脉——→小叶间静脉——→窦状隙——→中央静脉——→小叶下静脉——→肝静脉
肝动脉——→小叶间动脉
肝 管←——小叶间胆管←——胆小管←——肝细胞产生胆汁　　　　　　　后腔静脉

3. 肝的生理作用　肝是体内的一个重要器官,不仅能分泌胆汁参与消化,而且又是体内的代谢中心,体内很多代谢过程都需在肝内完成。此外,肝还具有造血、解毒、排泄和防御等许多功能。

(1) 分泌功能　肝是体内最大的腺体,肝细胞分泌的胆汁参与脂肪的消化。

(2) 代谢功能　肝细胞内可进行蛋白质、脂肪和糖的分解、合成、转化和贮存,很多代谢过程都离不开肝脏,且能贮存维生素 A、维生素 D、维生素 E、维生素 K 及大部分 B 族维生素。

(3) 解毒功能　从肠道吸收来的毒物或代谢过程中产生的有毒有害物质,以及经其他途径进入机体的毒物或药物,在肝内通过转化和结合作用变成无毒或毒性小的物质,排出体外。

(4) 防御功能　窦状隙内的枯否氏细胞,具有强大的吞噬作用,能吞噬侵入窦状隙的细菌、异物和衰老的红细胞。

(5) 造血功能　肝在胚胎时期可制造血细胞;成年动物的肝则只形成血浆内的一些重要成分,如清蛋白、球蛋白、纤维蛋白原、凝血酶原和肝素等。

(七) 胰

1. 胰的形态位置　胰为不规则的四边形,灰黄色稍带粉红,位于十二指肠弯曲中,质地柔软,有一条胰管直通十二指肠。

2. 胰的组织构造　胰的外面包有一薄层结缔组织被膜,结缔组织伸入腺体实质,将实质分为许多小叶。胰的实质可分为外分泌部和内分泌部。

(1) 外分泌部　属消化腺,由腺泡和导管组成,占腺体绝大部分。腺泡呈球状或管状,腺腔很小,均由腺细胞组成。细胞合成的分泌物,先排入腺腔内,再由各级导管排出胰脏。腺泡的分泌物称胰液,一昼夜可分泌 6～7L,经胰管注入十二指肠,有消化作用。

(2) 内分泌部　位于外分泌部的腺泡之间,由大小不等的细胞群组成,形似小岛,故名胰岛。胰岛细胞呈不规则的索状排列,且互相吻合成网,网眼内有丰富的毛细血管和血窦。胰岛细胞分泌胰岛素和胰高血糖素，经毛细血管直接进入血液，有调节血糖代谢的作用。

（八）大肠 大肠包括盲肠、结肠和直肠三段，前接回肠，后通肛门。大肠的结构与小肠基本相似，但肠腔宽大，黏膜表面平滑，无肠绒毛。黏膜内有排列整齐的大肠腺，但大肠腺的分泌物中不含消化酶。

1. 盲肠 呈直筒状，位于右髂部，起自回盲口，盲端向后伸达骨盆前口（羊的可伸入到骨盆腔内），并呈游离状态，可以移动。

2. 结肠 可分为初袢、旋袢、终袢三段。初袢为结肠前段，呈乙状弯曲，大部分位于右髂部；旋袢为结肠中段，较长，盘曲成平面的圆盘状，称结肠圆盘，位于瘤胃的右侧；终袢是结肠的末段，向后伸达骨盆前口，移行为直肠（图 2-19）。

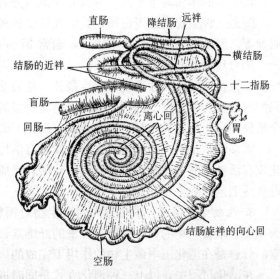

图 2-19 牛的肠管模式图

3. 直肠 短而直，位于骨盆腔内，前连接肠，后端以肛门与外界相通。直肠以直肠系膜连于骨盆腔顶壁。

（九）肛门 肛门是消化管末端，外为皮肤，内为黏膜。黏膜衬以复层扁平上皮。皮肤与黏膜之间有平滑肌形成的内括约肌和横纹肌形成的外括约肌，控制肛门的开闭。

三、消化生理

（一）消化、吸收的概念 有机体在进行新陈代谢的过程中，必须不断从外界摄取营养物质，以满足各种生命活动的需要。营养物质存在于家畜的饲料中，如蛋白质、脂肪、糖类、维生素、水和无机盐等。其中，水、无机盐和维生素可以被直接吸收利用，而蛋白质、脂肪和糖类都是高分子化合物，必须先在消化管内经过物理的、化学的和生物的作用，分解为结构简单的小分子物质，才能被机体吸收利用。饲料在消化管内被分解为可吸收的小分子物质的过程，称为消化。饲料经消化后，它的产物透过消化管黏膜上皮进入血液和淋巴的过程，称为吸收。

（二）消化方式

1. 机械性消化 通过消化器官的运动，改变饲料物理性状的一种消化方式，因此又称为物理性消化，如咀嚼、蠕动等。有磨碎饲料、混合消化液促进内容物后移和营养物质吸收的作用。

2. 化学性消化 在消化液中"酶"的作用下进行的消化。它能改变营养物质的化学结构，使其成为能被吸收的小分子物质。

酶是体内细胞产生的一种具有催化作用的特殊蛋白质，通常称为生物催化剂。具有消化作用的酶称为消化酶，由消化腺产生，多数存在于消化液中，少数存在于肠黏膜脱落细胞或肠黏膜内。消化酶多为水解酶，具有高度的特异性，即一种酶只能影响一种营养物质的分解过程，对其他物质无作用。如淀粉酶只能加快淀粉的分解，而对蛋白质、脂肪及双糖都无作用。根据酶的作用对象不同，将其分为蛋白分解酶、脂肪分解酶和糖分解酶三种类型。

酶是一种生物活性蛋白质，其活性易受各种因素的影响，如温度、酸碱度、激动剂和抑制剂等。温度对酶的活性影响很大，通常37～40℃是消化酶的最适温度，这时酶的活性最强。酶对环境的酸碱度也非常敏感，每一种酶因其所处的环境不同，对酸碱度的要求也不一样，如胃蛋白酶在酸性环境中活性最佳，唾液淀粉酶则在中性环境中最活跃。有些物质能增强酶的活性，称为激动剂，如氯离子是淀粉酶的激动剂；有些物质能使酶的活性降低甚至完全消失，称为酶的抑制剂，如重金属（Ag、Cu、Hg、Zn等）离子。

大多数消化酶在刚分泌出来的时候没有活性，称为酶原。酶原必须在一定条件下才能转化成有活性的酶，这一转化过程称酶致活，完成这一致活过程的物质叫致活剂，如胃蛋白酶的致活剂是盐酸。

3. 生物学性消化　消化道内的微生物对饲料进行的消化。这种消化方式对草食动物尤为重要。草食动物的饲料中含有大量的纤维素，而其体内并不能分泌分解纤维素的酶，纤维素的分解是在消化道内微生物的作用下完成的。牛的生物学消化主要在瘤胃和大肠内进行。

在消化过程中，以上三种消化方式是同时进行且互相协调的。

（三）消化道各部的消化作用

1. 口腔的消化

（1）采食　牛依靠视觉和嗅觉去寻找、选择食物，靠舌来摄取食物。

（2）咀嚼　咀嚼是在齿、舌、颊、唇的协同作用下完成的。它一方面磨碎食物，混合唾液；另一方面，还可刺激口腔内的各种感受器，反射性地引起各种消化液的分泌和胃肠运动，为食物的进一步消化作好准备。牛在采食过程中咀嚼不充分，在反刍时才充分咀嚼。

（3）唾液的作用　唾液是由唾液腺分泌的一种无色、略带黏性的液体。牛的唾液呈碱性，pH为8.2，一昼夜的分泌量为100～200L。由水（99.4%）和少量的有机物、无机物组成。有机物主要是黏蛋白，无机物主要是钾、钠、钙、镁的氯化物、磷酸盐和碳酸氢盐。唾液的主要作用为：浸润饲料，便于吞咽，唾液中的黏液能将嚼碎的饲料黏合成食团，并增加光滑度，便于吞咽；溶解饲料中的可溶性物质，刺激舌的味觉感受器，引起食欲，促进各种消化液的分泌；帮助清除口腔中的一些饲料残渣和异物，清洁口腔；唾液呈碱性，有中和瘤胃内微生物发酵所产生的有机酸的作用；水牛等汗腺不发达的动物，可借唾液中水分的蒸发来调节散热。

2. 咽和食管的消化　咽和食管均是食物通过的管道。食物在此不停留，不进行消化，只是借肌肉的运动向后推移。

3. 胃的消化

（1）前胃的消化　前胃主要进行生物学消化，而瘤胃则是进行生物学消化的主要部位。饲料中约70%～85%的可消化干物质和约50%的粗纤维都在瘤胃内被消化。网胃相当于一个"中转站"，一方面将粗硬的饲料返送回瘤胃，另一方面将较稀软的饲料运送到瓣胃。瓣胃相当于一个"滤器"，收缩时把饲料中较稀软的部分运送到皱胃，而把粗糙部分留在叶片间揉搓研磨，以有利于下一步的继续消化。

①瘤胃的生物学消化：瘤胃内有大量的有机物和水，pH接近中性（7.2），温度适宜

（39~41℃），特别适合微生物的生长、繁殖。瘤胃内的微生物主要是细菌和纤毛虫。据测定，1g瘤胃内容物中约含细菌150亿~250亿，纤毛虫60万~180万，总体积约占瘤胃容积的3.6%，其中细菌和纤毛虫各占一半。在这些微生物的作用下，瘤胃内的饲料可发生下列复杂的消化过程：

纤维素的分解和利用：纤维素是反刍动物能量的主要来源，反刍动物本身不含纤维素分解酶，而细菌、纤毛虫含有纤维素分解酶，因此饲料的纤维素大部分在瘤胃内微生物发酵下分解，产生挥发性脂肪酸（VFA），即乙酸、丙酸和丁酸。牛一昼夜产生的VFA，约可提供25.08~50.16MJ的能量，占机体所需能量的60%~70%。

其他糖类的分解与合成：瘤胃内的微生物也可分解淀粉、葡萄糖等糖类，产生挥发性脂肪酸、二氧化碳和甲烷等。同时，这些微生物能利用饲料分解产生的单糖合成糖原，贮存于微生物体内。当微生物进入小肠被消化后，这些糖原又被消化分解为葡萄糖，成为反刍动物体内葡萄糖的重要来源。

蛋白质的分解与合成：反刍动物的瘤胃微生物，对饲料中的蛋白质有强烈的分解作用。一般约50%~70%的蛋白质可在瘤胃微生物蛋白分解酶的作用下，分解为氨基酸。氨基酸又在微生物脱氨酶的作用下，很快脱去氨基而生成氨、二氧化碳和有机酸，从而降低了饲料蛋白的利用率。

瘤胃内微生物在对蛋白质进行分解的同时，还可利用氨基酸、氨和其他非蛋白氮（如尿素等）合成菌体蛋白和虫体蛋白。这些微生物进入小肠后被消化吸收，成为体内蛋白质的重要来源。有人曾试用尿素喂牛，可提高饲料的含氮量，降低饲养成本。

脂类的消化：饲料中的脂肪能被瘤胃中微生物水解，生成甘油和脂肪酸，其中甘油又被转变成丙酸，而脂肪酸由不饱合脂肪酸转变成饱合脂肪酸。

维生素的合成：瘤胃内的微生物能合成B族维生素和维生素K。因此，一般日粮中缺乏这些维生素，也不致影响成年反刍动物的健康。

②前胃的运动：前胃的运动是互相密切配合的，其运动的顺序是：网胃→瘤胃→瓣胃。

网胃的运动：网胃的收缩由连续两次收缩组成，第一次收缩力量较弱，使胃容积缩小一半；第二次收缩力量较强，使胃腔几乎全部消失。收缩的结果是使胃内容物一部分返回瘤胃，一部分进入瓣胃。这种收缩一般30~60s重复1次。当反刍时，在第一次收缩前还附加一次收缩，称附加收缩，将胃内容物逆呕至口腔。

瘤胃的运动：瘤胃的收缩紧接网胃的第二次收缩。收缩的方式有两种：第一种称A波，收缩方向为瘤胃前庭→背囊→腹囊，接着又沿腹囊由后向前，这种收缩使瘤胃内容物按收缩的顺序和方向进行移动、混合，并把一部分内容物推向瘤胃前庭和网胃；有时瘤胃还可发生一次单独收缩，称为B波，收缩方向为后腹盲囊→后背盲囊→前背盲囊→主腹囊，这次收缩与反刍及嗳气有关，而与网胃的收缩没有直接联系。

瓣胃的运动：瓣胃的收缩缓慢有力，并与网胃的收缩相配合。当网胃收缩时，瓣胃舒张，网瓣胃口开放，使一部分食糜从网胃进入瓣胃。其中的液体部分经瓣胃沟直接进入皱胃，较粗糙的部分则进入瓣胃叶片之间，进行研磨后再送入皱胃。

③食管沟的作用：食管沟是连于贲门与网瓣胃口之间的沟。犊牛和羔羊在吸吮乳汁或饮水时，能反射地引起食管沟唇闭合成管状，使乳汁或水直接从食管沟到达网瓣网口，经瓣胃沟进入皱胃。若用桶给犊牛喂奶，由于缺乏吸吮刺激，食管沟有可能闭合不全，部分乳汁进

入瘤胃和网胃,引起异常发酵,导致腹泻。食管沟随着年龄的增长而逐渐失去作用。

④反刍:反刍动物采食时,往往不经充分咀嚼就匆匆吞咽。饲料进入瘤胃后,经浸泡和软化,在休息时又被逆呕回口腔进行仔细咀嚼,并混入唾液再行咽下,这一过程称为反刍。经反刍的食物进入瘤胃前庭,其中较细的部分进入网胃,较粗的部分仍与瘤胃内容物混合。

犊牛大约在出生后3~4周左右出现反刍,其出现时间早晚与采食粗饲料的早晚有关。成年动物一般在饲喂后0.5~1h出现反刍,每次反刍平均为40~50min,然后间隔一定时间再开始第二次反刍。牛一昼夜约进行6~8次(幼畜可达16次)反刍,每天用于反刍的时间约为7~8h。

反刍是反刍动物最重要的生理机能,其生理意义是:充分咀嚼,帮助消化;混合唾液,中和胃内容物发酵时产生的有机酸;排出瘤胃内发酵产生的气体;促进食糜向后部消化管的推进。动物患病和过度疲劳,都可能引起反刍的减少或停止。

⑤嗳气:瘤胃内由于微生物的强烈发酵,不断产生大量的气体(体重500kg的牛,每分钟可产生1L左右的气体),主要是CO_2和CH_4,间有少量的H_2、O_2、N_2、H_2S等,这些气体约有1/4被吸收入血经肺排出,一部分被瘤胃微生物利用,大部分通过食管排出。我们把通过食管排出气体的过程,称为嗳气。牛一般每小时嗳气17~20次。

(2)皱胃的消化 皱胃能分泌胃液,主要进行化学性消化。

①胃液的消化作用:胃液是由胃腺分泌的无色透明的酸性液体,由水、盐酸、消化酶、黏蛋白和无机盐构成。

盐酸:由胃腺的壁细胞产生。其作用是:致活胃蛋白酶原,并为胃蛋白酶提供所需要的酸性环境;使蛋白质膨胀变性,有利于胃蛋白酶的消化;杀死进入皱胃的细菌和纤毛虫,有利于菌体蛋白和虫体蛋白的消化吸收;进入小肠,促进胆汁和胰液的分泌,并有助于铁、钙等矿物质的吸收。

消化酶:胃液中的消化酶主要有胃蛋白酶和凝乳酶。胃蛋白酶刚分泌出来时为没有活性的胃蛋白酶原,在盐酸的作用下变成有活性的胃蛋白酶。凝乳酶主要存在于犊牛的胃中,它能使乳汁凝固,延长乳汁在胃内停留的时间,以利于充分消化。

黏蛋白:呈弱碱性,覆盖于胃黏膜表面,有保护作用:一是保护胃黏膜不受食物中坚硬物质的损伤;二是可防止酸和酶对黏膜的侵蚀。

②皱胃的运动:皱胃主要进行紧张性收缩和蠕动,有混合胃内容物、增加胃内的压力和推动食糜后移的作用。其中,蠕动是从胃底部朝向幽门部呈波浪式推进,尤其在幽门部特别明显,将胃内食糜不断地被送入十二指肠。

4. 小肠的消化 经胃消化后的液体食糜进入小肠,经过小肠运动的机械性消化作用和胰液、胆汁、小肠液的化学性消化作用,大部分营养物质被消化分解,并在小肠内被吸收。因此说,小肠是重要的消化吸收部位。

(1)小肠的运动 食糜进入小肠,刺激小肠壁的感受器,引起小肠运动。小肠运动是靠肠壁平滑肌的舒缩来实现的,有蠕动、分节运动和钟摆运动三种形式。其生理作用是:使食糜与消化液充分混合,便于消化;使食糜紧贴肠黏膜,便于吸收;此外,蠕动还有向后推进食糜的作用;为防止食糜过快地进入大肠,有时还出现逆蠕动。

(2)胰液 胰脏腺泡分泌的无色透明的碱性液体,pH约为7.8~8.4。由水、消化酶和少量无机盐组成。胰液中的消化酶包括胰蛋白分解酶、胰脂肪酶和胰淀粉酶。它们刚分泌出来时都是不具活性的酶原，遇到相应激活剂或致活剂才能变成具有活性的酶。

①胰蛋白分解酶：主要包括胰蛋白酶、糜蛋白酶和羧肽酶。胰蛋白酶经肠激酶致活，糜蛋白酶和羧肽酶都被胰蛋白酶所致活。胰蛋白酶和糜蛋白酶共同作用，分解蛋白质为多肽，而羧肽酶将多肽分解为氨基酸。

②胰脂肪酶：在胆盐的作用下被致活，能将脂肪分解为脂肪酸和甘油，是胃肠内消化脂肪的主要酶。

③胰淀粉酶：在氯离子和其他无机离子的作用下被致活，可将淀粉和糖元分解为麦芽糖。胰液中还有一部分麦芽糖酶、蔗糖酶、乳糖酶等双糖酶，能将双糖分解为单糖。

（3）胆汁　由肝细胞分泌的具有强烈苦味的碱性液体，呈暗绿色。胆汁分泌出来后贮存于胆囊中，需要时胆囊收缩，将胆汁经胆囊管排入十二指肠。胆汁由水、胆酸盐、胆色素、胆固醇、卵磷脂和无机盐等组成，其中有消化作用的是胆酸盐。

胆酸盐的作用：致活胰脂肪酶原，增强胰脂肪酶的活性；降低脂肪滴的表面张力，将脂肪乳化为微滴，有利于脂肪的消化；与脂肪酸结合成水溶性复合物，促进脂肪酸的吸收；促进脂溶性维生素（维生素 A、维生素 D、维生素 E、维生素 K）的吸收。因此，胆汁能帮助脂肪的消化吸收，对脂肪的消化具有极其重要的意义。另外，胆汁还有中和胃酸的作用。

（4）小肠液　小肠液是小肠黏膜内各种腺体的混合分泌物。一般呈无色或灰黄色，混浊，呈弱碱性。小肠液含有多种消化酶，如肠激酶、肠肽酶、肠脂肪酶和双糖分解酶（包括蔗糖酶、麦芽糖酶和乳糖酶）。这些消化酶的主要作用是，对经前部消化器官初步分解过的营养物质进行彻底的消化。如肠肽酶能把多肽分解为氨基酸，肠脂肪酶能把脂肪分解为甘油和脂肪酸，肠双糖分解酶能将双糖分解为葡萄糖。

5. 大肠的消化　食糜经小肠消化吸收后，剩余部分进入大肠。由于大肠腺只能分泌少量碱性黏稠的消化液，不含消化酶，所以大肠的消化除依靠随食糜而来的小肠消化酶继续作用外，主要靠微生物进行生物学消化。

大肠由于蠕动缓慢，食糜停留时间较长，水分充足，温度和酸度适宜，有大量的微生物在此生长、繁殖，如大肠杆菌、乳酸杆菌等。这些微生物能发酵分解纤维素，产生大量的低级脂肪酸（乙酸、丙酸和丁酸）和气体。低级脂肪酸被大肠吸收，作为能量物质利用，气体则经肛门排出体外。另外，大肠内的微生物还能合成B族维生素和维生素K。

反刍动物对纤维素的消化、分解，主要在瘤胃内进行。大肠内的生物学消化作用远不如瘤胃，只能消化少量的纤维素，作为瘤胃消化的补充。

（四）消化道各部的消化作用　饲料经过复杂的消化过程，分解为简单物质。这些简单物质以及矿物质和水分，经过消化道黏膜上皮进入血液和淋巴液的过程，称为吸收。

1. 吸收部位　消化道的不同部位，对物质的吸收的程度是不同的。这主要取决于该部消化管的组织结构、食物的消化程度以及食物在该部停留的时间。口腔和食管，基本不吸收；前胃可吸收大量的挥发性脂肪酸；皱胃可吸收少量的水和醇类；小肠可吸收大量的营养物质和水；大肠可吸收水、挥发性脂肪酸和其他少量营养物质。

小肠是吸收的主要部位。小肠具有适于吸收各种物质的结构，小肠很长，盘曲很多，黏膜具有环状皱褶，并拥有大量指状的肠绒毛，具有很大的吸收面积；食物在小肠内停留的时间也长，且已被消化到适于吸收的状态，易于被吸收。

2. 吸收的机理　营养物质在消化道的吸收，大致可分为被动转运和主动转运两种方式。

(1) 被动转运 主要包括滤过、弥散和渗透等作用。肠黏膜上皮是一层薄的通透性膜，允许小分子物质通过。当肠腔内压力超过毛细血管和毛细淋巴管内压时，水和其他一些物质可以滤入血液和淋巴液，这一过程叫滤过作用；当肠黏膜两侧压力相等，但浓度不同时，溶质分子可从高浓度侧向低浓度侧扩散，这一过程叫弥散作用；当黏膜两侧的渗透压不同时，水则从低渗透压一侧进入高渗透压一侧，直至两侧溶液渗透压相等，这一过程叫渗透作用。

(2) 主动转运 某些物质在肠黏膜上皮细胞膜上载体的帮助下，由低浓度一侧向高浓度一侧转运的过程。所谓载体，是一种运载营养物质进出上皮细胞膜的膜蛋白。营养物质转运时，在上皮细胞的肠腔侧，载体与营养物质结合成复合物。复合物穿过上皮细胞膜进入细胞内，营养物质与载体分离被释放入细胞中，进而进入血液中，而载体则又返回到细胞膜肠腔侧。这样循环往复，主动吸收各营养物质，如单糖、氨基酸、钠离子和钾离子等。

3. 各种营养物质的吸收

(1) 糖的吸收 可溶性糖（主要是淀粉）在胰淀粉酶和肠双糖分解酶的作用下，分解为单糖（葡萄糖、果糖、半乳糖）被吸收。纤维素在微生物的作用下，分解成挥发性脂肪酸被吸收。单糖和挥发性脂肪酸被吸收后进入毛细血管，经门静脉入肝。

(2) 蛋白质的吸收 蛋白质在胃蛋白酶、胰蛋白酶、羧肽酶和肠肽酶的作用下，分解为各种氨基酸。氨基酸被肠黏膜吸收入血，经门静脉入肝。

(3) 脂肪的吸收 脂肪在胃脂肪酶、胰脂肪酶和肠脂肪酶的作用下，分解为甘油和脂肪酸。甘油和脂肪酸被吸收进入肠黏膜上皮细胞后，少部分直接进入血液，经肝门入肝；大部分在细胞内重新合成中性脂肪，经中央乳糜管进入淋巴液。

(4) 水和盐的吸收 水的吸收主要在小肠（约占80%），少部分在大肠（约占20%）。盐类主要以溶解状态在小肠被吸收（约占75%）。不同的盐被吸收的难易程度不相同。氯化钠、氯化钾最易被吸收，其次是氯化钙和氯化镁，最难吸收的是磷酸盐和硫酸盐。

(五) 粪便的形成和排粪 食糜经消化吸收后，其中的残余部分进入大肠后段，由于水分被大量吸收而逐渐浓缩，形成粪便。

排粪是一种复杂的反射活动。当直肠粪便不多时，肛门括约肌处于收缩状态，粪便停留在直肠内。当粪便积聚到一定数量时，引起肠壁感受器兴奋，经传入神经（盆神经）传到腰荐部脊髓的低级排粪中枢，并由此继续上传至高级中枢（位于延髓和大脑皮层）。然后从高级中枢发出神经冲动到低级中枢，并继续沿盆神经传到大肠后段，引起肛门内括约肌舒张，直肠壁肌肉收缩，同时腹肌也收缩以增大腹压进行排粪。因此，腰荐部脊髓和脑部损伤，会导致排粪失禁。

实验实习与技能训练

一、牛消化器官形态、构造的识别

(一) **目的要求** 通过学习，使学生能准确识别牛、羊消化器官的形态、构造和位置。

(二) **材料及设备** 牛消化器官标本、羊的新鲜尸体、牛消化系统录像带。

(三) **方法步骤** 先观看牛消化系统解剖录像，再观察消化器官标本或羊的新鲜尸体标本，识别口腔、食管、瘤胃、网胃、瓣胃、皱胃、小肠、大肠、肝、胰的形态、结构和位置。

（四）技能考核 在牛的标本或羊新鲜尸体上，识别瘤胃、网胃、瓣胃、皱胃、小肠、大肠、肝、胰的形态、结构和位置。

二、牛真胃、小肠、肝组织构造的识别

（一）目的要求 识别真胃、小肠和肝的组织构造。

（二）材料及设备 显微镜，真胃胃底部、空肠、肝的组织切片。

（三）方法步骤 在教师的指导下，观察真胃、小肠和肝的组织构造。

1. 真胃的组织构造　先用低倍镜观察胃壁的四层结构和胃小凹，再换高倍镜观察黏膜上皮和胃腺。

2. 小肠的组织构造　先用低倍镜观察小肠壁的四层结构和肠绒毛，再换高倍镜观察黏膜上皮、肠腺和肠绒毛的构造。

3. 肝的组织构造　先用低倍镜观察肝小叶的形态、结构，再换高倍镜观察肝细胞和枯否氏细胞。

（四）技能考核 在显微镜下识别真胃、小肠、肝的组织构造，并能叙述其构造特点。

三、胃肠体表投影位置识别及其蠕动音的听取

（一）目的要求 通过实习，能在牛身上准确指出瘤胃、网胃、瓣胃、皱胃和小肠的体表投影，并准确听取其蠕动音。

（二）材料及设备 牛、听诊器、六柱栏、保定器械。

（三）方法步骤

1. 将牛保定。

2. 在教师的指导下，识别瘤胃、网胃、瓣胃、皱胃和小肠的体表投影。

3. 准确听取瘤胃、瓣胃和小肠的蠕动音。

（四）技能考核 在牛体上，指出瘤胃、网胃、瓣胃、皱胃和小肠的体表投影，正确听取瘤胃、瓣胃和小肠的蠕动音。

四、小肠吸收实验

（一）目的要求 通过实验，使学生理解压力、渗透压对吸收的影响，并理解小肠对物质吸收的选择性。

（二）材料及设备 家兔，小动物手术台，乙醚，手术器械，生理盐水、注射用水、5％的葡萄糖、10％葡萄糖、10％盐水、25％硫酸镁各20ml。

（三）方法步骤

1. 将家兔固定，用乙醚麻醉，从腹中线处剖开腹腔，拉出肠管。

2. 将空肠分数段结扎，每段长5cm左右，在各段肠管中分别注入等量的生理盐水、注射用水、5％的葡萄糖、10％葡萄糖、10％盐水、25％硫酸镁溶液，在10～20min内观察其吸收状况，并做好记录，作比较、分析。

（四）作业 记录实验结果，并说明其机理。

复习思考题

一、名词解释： 消化　吸收　酶　鼻唇镜　系膜　肠绒毛　肝小叶　反刍

二、填空

1. 消化管由_____、_____、_____和_____构成，胃肠腺主要位于消化管的_____层内。

2. 牛主要用_____采食。

3. 牛齿的特点是_____。

4. 指出下列消化器官的位置：瘤胃_____。瓣胃_____。小肠_____。肝脏_____。

5. 胆汁能帮助脂肪的消化吸收，具体表现在_____、_____、_____。

三、问答题

1. 简述消化系统的组成。
2. 简述牛四个胃的黏膜特点。
3. 简述牛的四个胃在消化中的作用。
4. 为什么牛易得创伤性网胃炎和创伤性心包炎？
5. 纤维素、脂肪、蛋白质在消化道内是如何被消化吸收的？
6. 为什么说小肠是消化吸收的主要部位？

第四节　呼吸系统

【学习目标】了解呼吸系统的组成；掌握肺、喉、气管的形态、位置和构造；了解呼吸运动、呼吸频率、气体交换和气体运输等基本的呼吸生理知识。能在牛体上找出肺的体表投影，在显微镜下识别肺的组织构造。

家畜在生命活动过程中，必须不断从外界吸入氧气，也必须随时从体内呼出二氧化碳。机体与外界进行气体交换的过程叫呼吸。呼吸主要靠呼吸系统来完成。

一、呼吸系统的构造

呼吸系统由鼻腔、咽、喉、气管、支气管和肺构成。鼻腔、咽、喉、气管、支气管是气体出入肺的通道，称为呼吸道。肺是呼吸的核心器官，是进行气体交换的场所。呼吸道和肺在辅助器官协助下共同完成呼吸功能。

（一）**鼻腔**　鼻腔是呼吸的起始部，是气体出入的通道，又是嗅觉器官。它是以面骨为支架，内衬黏膜构成的长管状腔洞。鼻腔被鼻中隔分为左、右两半，每侧鼻腔都分为鼻孔、鼻前庭和固有鼻腔三部分。

1. **鼻孔**　鼻腔的入口，由内外侧鼻翼围成。鼻翼为包有软骨和肌肉的皮肤褶，有一定

的弹性和活动性。牛鼻翼厚实，鼻孔与上唇间形成鼻唇镜，羊的两鼻翼间形成鼻镜。

2. 鼻前庭　为鼻腔前部衬有皮肤的部分，相当于鼻翼所围成的空间。前庭区的皮肤由面部皮肤折转而来，着生鼻毛，可滤过空气。

3. 固有鼻腔　固有鼻腔位于鼻前庭之后，由骨性鼻腔覆以黏膜构成。鼻腔侧壁上有上、下鼻甲骨，将每侧鼻腔分为上、中、下三个鼻道。上鼻道较窄，位于鼻腔顶壁与上鼻甲之间，通嗅区；中鼻道位于上、下鼻甲骨之间，通鼻旁窦；下鼻道最宽大，位于下鼻甲与鼻腔底壁之间，经鼻后孔通咽部。鼻中隔两侧面与鼻甲骨之间的腔隙，称为总鼻道。

固有鼻腔内表面衬有黏膜，因其结构与功能不同，可分为呼吸区和嗅区。呼吸区位于鼻腔中部，黏膜内含有丰富的血管和腺体，可净化、湿润和温暖吸入的空气；嗅区位于鼻腔后上部，内有大量的嗅觉细胞，具有嗅觉功能。

鼻旁窦：在鼻腔周围的头骨内，有些含气的空腔，称鼻旁窦。鼻旁窦经狭窄的裂隙与鼻腔相通，窦黏膜与鼻黏膜相连。牛的鼻旁窦主要是额窦和上颌窦，其中额窦较大，与角突的腔相通。旁鼻窦有减轻头骨重量、温暖和湿润空气及共鸣作用。

（二）咽　见消化系统。

（三）喉　喉是呼吸通道，也是发音器官。喉位于下颌间隙的后方，头颈交界的腹侧，前方通咽和鼻腔，后接气管。喉由喉软骨、喉肌和喉黏膜构成。

1. 喉软骨　包括环状软骨、甲状软骨、会厌软骨和1对勺状软骨，构成喉的支架。会厌软骨与勺状软骨位于喉前部，共同围成喉口并与咽相通（图2-20）。喉口与背侧的食管口相邻。会厌软骨前端游离且向舌根翻转，吞咽时可盖住喉口，防止食物误咽入喉和气管。

2. 喉肌　为横纹肌，附着于喉软骨的外侧，收缩时可改变喉的形状，引起吞咽、呼吸及发音等活动。

3. 喉黏膜　喉的内腔叫喉腔，喉腔内表面衬以黏膜，由上皮和固有膜构成。喉腔中部的黏膜形成1对皱褶，叫声带。两侧声带间的狭隙叫声门裂，气流通过时振动声带便可发声。喉黏膜有丰富的感觉神经末梢，受到刺激会引起咳嗽，将异物咳出。

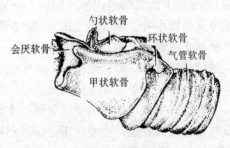

图2-20　喉软骨

牛的声带较短，声门裂宽大。

（四）气管和支气管　气管位于颈、胸椎腹侧。前端接喉，后端进入胸腔中，在心基上方分为左、右支气管和右尖叶支气管，分别进入左、右两肺中，并继续分支形成支气管树。

气管呈圆筒状，由一连串U形气管软骨环连接而成，其朝上的缺口间连有富含平滑肌的弹性纤维膜。

气管壁自内向外分为黏膜、黏膜下层和外膜三层。

1. 黏膜　包括黏膜上皮和固有膜。黏膜上皮是夹有杯状细胞的假复层柱状毛上皮，杯状细胞可分泌黏液。黏液可黏附气流中的尘粒和细菌，纤毛则向喉部摆动，将黏液排向喉腔，经咳嗽排出。

2. 黏膜下层　为疏松结缔组织，内含气管腺、血管和神经，其中气管腺可分泌黏液。

3. **外膜** 由气管软骨环和环间结缔组织构成。

支气管壁的结构与气管壁大致相似。

(五) 肺

1. **肺的位置、形态** 肺在胸内纵隔两侧的左右胸腔内。右肺通常大于左肺，两肺占据胸腔的大部分。

健康的肺呈粉红色，海绵状，质地轻而柔软，富有弹性。

肺有肋面、纵隔面和膈面三个面。肋面在外侧，略凸，与胸腔侧壁接触，有肋压迹；纵隔面在内侧，与纵隔接触，前部有心压迹，后上方有肺门，是支气管、肺血管、淋巴管和神经出入肺的门户；膈面在后下方，较凹，与膈肌接触。

肺有背缘、后缘和腹缘三个缘。背缘钝而圆，位于肋椎沟中；后缘较薄锐，位于外侧壁和纵膈间的沟中；腹缘位于心包外侧，具有心切迹和其他叶间切迹，使肺出现分叶。

肺的分叶：左肺分三叶，由前向后依次分为尖叶、心叶和膈叶；右肺分四叶，由前向后依次为尖叶、心叶、膈叶和副叶。其中，右尖叶又可分为前、后两部分，并与右尖叶支气管相连（图2-21）。

由于家畜左肺小，左心压迹深而宽，使心脏在纵隔中向左偏移，左侧心包较多地外露于肺并与左胸壁接触。兽医临床常将左肺心切迹作为心脏听诊部位，其体表投影近似长方形，约与第3～6肋区间对应，上界约在肩关节水平线稍下方。

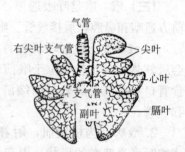

图2-21 牛肺的分叶模式图

2. **肺的组织结构** 肺表面覆盖光滑湿润的浆膜（肺胸膜），浆膜下的结缔组织伸入肺内，将肺实质分隔成众多肉眼可见的肺小叶。肺小叶是以细支气管为轴心，由更细的呼吸细支气管和所属肺泡管、肺泡囊、肺泡构成的相对独立的肺结构体，一般呈锥体形，锥底朝肺表面，锥尖朝肺门（图2-22）。家畜小叶性肺炎，即肺以肺小叶为单位发生的病变。

在肺实质中，从肺内支气管到终末细支气管的各级管道，主要作用是保障和控制肺通气，并无气体交换机能，故称为肺的导气部；从呼吸性细支气管开始到肺泡管、肺泡囊和肺泡，具有气体交换机能，故称为肺的呼吸部。

(1) **肺的导气部** 气体出入的通道，包括各级小支气管、细支气管和终末细支气管。其管壁由黏膜、黏膜下层和外膜构成，随管径逐渐变小，管壁逐渐变薄，组织结构逐渐简化。

①各级小支气管：管壁仍分为黏膜、黏膜下层和外膜三层。上皮为假复层柱状纤毛上皮，但逐渐变薄，杯状细胞减少。

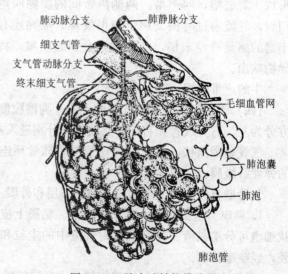

图2-22 肺小叶结构模式图

固有层的平滑肌逐渐增多,故黏膜逐渐出现皱襞;黏膜下层的气管腺逐渐减少;外膜的软骨呈片状,且逐渐减少。

②细支气管:上皮由假复层柱状纤毛上皮逐渐过渡为单层柱状上皮。杯状细胞、腺体和软骨片逐渐减少几乎消失,环行平滑肌相对增多,黏膜呈现明显的皱襞。由于细支气管壁无软骨片支撑,当某些病因引起管壁平滑肌痉挛时,管腔发生闭塞,气体无法进入到呼吸部,就会出现呼吸困难。

③终末细支气管:管壁变得更薄。上皮为单层柱状上皮,杯状细胞、腺体和软骨片均消失。环行平滑肌由多变少,皱襞消失。

(2)肺的呼吸部 包括呼吸性细支气管、肺泡管、肺泡囊和肺泡。

①呼吸性细支气管:管壁上有肺泡开口,开始具有气体交换作用。其上皮由单层柱状纤毛上皮逐渐移行为单层立方上皮,固有层极薄,内有不完整的平滑肌束。

②肺泡管:管壁上有许多肺泡开口,末端与肺泡囊相通。管壁不完整,在相邻肺泡开口之间,固有层内有少量平滑肌束,上皮为单层立方上皮或扁平上皮。

③肺泡囊:数个肺泡共同开口的通道,即由数个肺泡围成的公共腔体,囊壁就是肺泡壁。

④肺泡:呈半球形,开口于肺泡囊、肺泡管和呼吸性细支气管,是气体交换的场所。肺泡壁薄,由一层扁平的Ⅰ型肺泡细胞和立方形的Ⅱ型肺泡细胞构成。相邻肺泡的肺泡壁相贴,形成肺泡隔。

Ⅰ型细胞:呈扁平形,无核的部位菲薄,便于气体交换。

Ⅱ型细胞:呈立方形,位于Ⅰ型细胞之间。该细胞可分泌表面活性物质,涂布在肺泡腔内表面,降低肺泡表面张力,稳定肺泡直径,使肺泡不致因表面张力而塌陷。

肺泡隔:位于相邻肺泡壁之间的薄层结缔组织,隔内有丰富的毛细血管网、大量的弹性纤维,这样的结构有利于肺泡与血液之间发生气体交换,也使肺泡具有良好的弹性,吸气时能扩张,呼气时能回缩。肺泡隔内还有一种巨噬细胞,这种细胞可进入肺泡腔内,吞噬肺泡内灰尘、病菌、异物和渗出的红细胞。吞噬有大量尘粒的巨噬细胞,又称为尘细胞(图2-23)。肺实质包括肺内各级支气管和肺泡管、肺泡囊和肺泡。

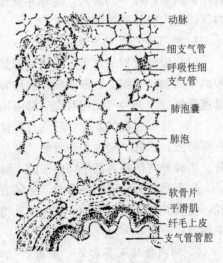

图2-23 肺的组织结构模式图

(六)胸腔、胸膜和纵隔

1. 胸腔 以胸廓为框架并附着胸壁肌和皮肤的截顶圆锥状体腔,该腔在胸壁肌群的帮助下可扩大和缩小。

2. 胸膜 胸膜属于浆膜,可分为壁层和脏层。脏层紧贴在肺的表面,称肺胸膜。壁层按所在部位,可分为肋胸膜,衬贴在肋及肋间肌内面;膈胸膜,贴在膈肌上;纵隔胸膜,贴在纵隔两侧。

胸膜腔是胸膜壁层与胸膜脏层之间的腔。胸膜腔左、右各一，互不相通，内有少量浆液，有润滑作用。

3. 纵隔　两侧的纵隔胸膜及其之间器官和组织的总称。纵隔内夹有胸腺、心包、心脏、气管、食管和大血管等。纵隔位于胸腔正中，将胸腔分为左右两个互不相通的腔（图2-24）。

二、呼吸生理

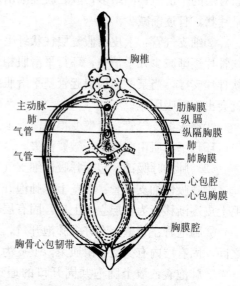

图2-24　胸腔横断面模式图

呼吸是家畜生命活动的重要特征，呼吸过程包括以下三个环节：①外呼吸，即气体（氧气和二氧化碳）在肺泡和血液间的交换，因是在肺内进行故又称肺呼吸；②气体运输，血液流经肺部时获得氧，并通过循环带给全身组织，同时把组织产生的二氧化碳运至肺部排出体外；③内呼吸，即血液与组织液之间的气体交换，因是在组织内进行，故又称组织呼吸。

（一）呼吸运动　因呼吸肌群的交替舒缩，而引起胸腔和肺节律性扩大或缩小的活动。其中，胸腔和肺一同扩大，使外界空气流入肺泡的过程叫吸气；胸腔和肺一同缩小，将肺泡内气体逼出体外的过程叫呼气。

1. 吸气和呼气的发生

（1）吸气过程的发生　吸气过程是一个主动过程。当肋间外肌和膈肌收缩时，便引起胸腔两壁的肋骨开张、后壁的膈顶后移和底壁的胸骨稍降，肺会随之发生扩张，肺泡内气压会迅速降低。当外界气压相对高于肺内压时，空气便从外界经呼吸道流入肺泡。

（2）呼气过程的发生　呼气过程是一个被动过程。吸气过程一停止，肋间外肌和膈肌便立即舒张，肋骨、膈顶和胸骨便"宽息回位"，使胸腔和肺得以收缩，肺泡内气压会迅速上升。当外界气压相对低于肺内压时，肺泡气体便经呼吸道呼出体外。

家畜剧烈运动或不安静时，伴随着肋间外肌和膈肌的舒张，肋间内肌和腹壁肌也参与呼气，使胸腔和肺缩得更小，肺内压升得更高，于是呼气也比平时更快更多，此时呼气也变为主动过程。

2. 胸内负压及其意义　家畜吸气时，肺能随胸腔一同扩张的根本原因在于胸内负压。胸内负压是指胸膜腔内的压力，因其总是略低于外界大气压，故称为胸内负压。这种负压是胎儿出生后发展起来的。胎儿时期，肺为不含气的器官。出生后，胸腔因首次吸气运动而扩大，外界空气经呼吸道进入肺泡，大气压便通过肺胞壁间接作用于胸膜腔的壁层。扩张状态的肺具有一定的弹性回缩力，使胸腔的脏层能抵销一部分大气压后与胸膜腔壁层分离，不含气体的胸膜腔便出现了负压现象。胸内负压可用下列公式表示：

$$胸内负压 = 大气压 - 肺弹性回缩力$$

胸内负压的存在，使胸膜腔的壁层与脏层浆膜之间产生两者相吸的倾向，从而确保了肺能跟随胸腔做相应的扩张，也使肺泡内能经常保留一定量的余气，这有利于连续发生肺换气。另外,胸内负压还有利于静脉血和淋巴向心区回流,有利于牛、羊反刍时胃内容物逆呕到口腔。当家畜因胸膜壁穿透伤或肺结核穿孔造成胸膜腔破裂时,胸内负压便随着胸膜腔进气(称为气胸)而消失。此时,即使胸腔运动仍在发生,由于肺自身因弹性回缩而塌陷,不能随之扩大和缩小,肺通气便不再继续发生。

3. 呼吸式、呼吸频率和呼吸音

(1) 呼吸式　家畜的呼吸运动表现有胸式、腹式和胸腹式三种。呼吸时以肋间肌活动为主,胸廓起伏明显者叫胸式呼吸;以腹活动为主,腹部起伏动作明显者叫腹式呼吸;肋间肌和膈肌运动程度相当,胸廓和腹部起伏程度接近一致者叫胸腹式呼吸。健康家畜的呼吸,常表现为胸腹式呼吸。

呼吸式常因家畜生理状况和疾病而发生改变。当家畜怀孕后期或腹部脏器发生病变时,常表现胸式呼吸。当胸部脏器发生病变时,常表现腹式呼吸。注意观察呼吸式,对诊断疾病和妊娠有实际意义。

(2) 呼吸频率　家畜每分钟的呼吸次数叫呼吸频率。健康牛的呼吸频率为 10～30 次/min,羊的呼吸频率为 10～20 次/min。

呼吸频率可因个体生理状况、外界环境和疾病等因素不同而改变,诊断中应综合考虑并加以区别。

(3) 呼吸音　家畜呼吸时,气体通过呼吸道及出入肺泡的声音叫呼吸音。在胸廓表面和颈部气管附近,可听到下列三种呼吸音:

肺泡音:类似 V 的延长音,是肺泡扩张所产生的呼吸音。

支气管音:类似 Ch 延长音,是气流通过声门裂引起旋涡产生的声音。

支气管肺泡音:肺泡音和支气管音混合在一起产生的一种不定性呼吸音,仅在疾患引起肺泡音或支气管音减弱时出现。

当肺部发生病变时,会出现各种病理性呼吸音。

(二) 气体交换　实验证明,在家畜吸入的气体和呼出的气体中,氧和二氧化碳含量有显著的变化。即吸入气中氧的含量较呼出气多,而呼出气中二氧化碳的含量较吸入气多。这就可以说明,家畜在呼吸过程中进行了气体交换。气体的交换发生在肺和全身组织,交换的动力是气体分压差,交换的先决条件是气体通透膜的通透性。

气体分压是指在混合气体中,某种气体成分在总压中所占的压力分额。在混合气体中某种气体的浓度越高,其气体分压也越高,反之则越低。根据气体分子扩散原理,在通透膜两侧,若某种气体的分压值不相等,则该气体分子可透过通透膜,由气体分压较高的一侧扩散到较低的一侧。

1. 肺换气(肺呼吸)　气体在肺泡与血液之间的交换。肺换气之所以能够进行,是由于具备了以下两个条件:一是呼吸膜很薄,气体分子可以自由通过;二是在呼吸膜两侧存在气体分压差,气体分子可以由分压高的一侧向分压低的一侧扩散。据测定,在呼吸膜肺泡一侧的氧分压相对较高,在毛细血管一侧的二氧化碳分压相对较高。因此,肺泡与肺泡壁外毛细血管之间发生以下气体交换:

$$肺泡腔 \underset{CO_2}{\overset{O_2}{\rightleftharpoons}} 毛细血管腔$$

肺换气的主要结果是肺泡壁毛细血管血液发生了气体成分改变,即血液中氧气增多,二氧化碳减少，静脉血变成了动脉血。

2. 组织换气（组织呼吸） 血液与组织间的气体交换。组织换气之所以能够进行，一是由于毛细血管壁很薄，具有良好的气体通透性，气体分子可以自由通过；二是由于组织细胞在代谢过程中不断消耗氧，产生二氧化碳，因而组织中氧的分压较低，而二氧化碳分压较高，在毛细血管壁两侧存在气体分压差。因此，毛细血管与组织液之间发生以下气体交换：

$$毛细血管血液 \underset{CO_2}{\overset{O_2}{\rightleftharpoons}} 组织液$$

毛细血管中的血液与组织间发生气体交换后，血液中氧含量减少，而二氧化碳含量增多，动脉血转变为静脉血。

（三）气体的运输 在呼吸过程中，血液担任气体的运输任务，不断把氧从肺运到组织中，又不断把二氧化碳从组织细胞运输到肺部。

1. 氧的运输 氧进入血液后，以下面两种方式运输：

（1）直接溶解于血液中 随血液运输到各组织细胞利用。此种方式运输的氧占少数，约占 0.8%～1.5%。

（2）与血红蛋白（Hb）结合 氧与血红蛋白结合成氧合血红蛋白（HbO_2）而运输。此种方式运输的氧占大多数，约占 98.5%～99.2%。

血红蛋白存在于红细胞内，由一分子的珠蛋白和四分子的亚铁血红素结合而成，它与氧的结合受氧分压的影响，而且是可逆的。在肺部，由于氧分压高，Hb 与氧结合成 HbO_2，此时血液由静脉血变成动脉血，呈鲜红色。在组织内，由于组织细胞不断消耗氧，氧分压降低，此时 Hb 与氧分离，并扩散到组织中，此时血液由动脉血变成静脉血。

$$Hb + O_2 \underset{PO_2 \text{低}}{\overset{PO_2 \text{高}}{\rightleftharpoons}} HbO_2$$

2. 二氧化碳的运输 二氧化碳在血液中的运输形式有三种：

（1）直接溶解于血液中 随血液运输。此种方式运输的二氧化碳占少数，约有 2.7% 的二氧化碳直接溶解于血液中。

（2）与血红蛋白结合 约有 20% 的二氧化碳与血红蛋白结合成氨基甲酸血红蛋白（HbNHCOOH）。二氧化碳与血红蛋白的结合也是可逆的。在组织毛细血管处，二氧化碳与血红蛋白结合成氨基甲酸血红蛋白；在肺毛细血管处，二氧化碳与血红蛋白分离，释放出的二氧化碳扩散到肺泡中，最后被呼出体外。

$$Hb + CO_2 \underset{PO_2 \text{低}}{\overset{PO_2 \text{高}}{\rightleftharpoons}} HbNHCOOH$$

（3）以碳酸氢盐的形式运输 70% 的 CO_2 以碳酸氢盐的形式运输。经组织换气，CO_2 扩散进入血液，先部分地溶解于血浆，并与水结合成碳酸。

$$CO_2 + H_2O \rightleftharpoons H_2CO_3$$

在红细胞内生成的碳酸又迅速电解，成为 H^+ 和 HCO_3^-。

$$H_2CO_3 \rightleftharpoons H^+ + HCO_3^-$$

血液中的 HCO_3^- 遇到 Na^+ 或 K^+ 时，生成 $NaHCO_3$ 或 $KHCO_3$。

$$Na^+（或 K^+）+ HCO_3^- \rightleftharpoons NaHCO_3（或 KHCO_3）$$

以上各项反应是可逆的，当碳酸氢盐随血液循环到肺毛细血管时，因二氧化碳分压较低，以上反应向相反的方向进行，CO_2 解离出来，经扩散进入肺泡中，随动物的呼气排出体外。

从氧和二氧化碳的运输形式可以看出,血红蛋白在运输过程中起着重要的作用。当血红蛋白因中毒而丧失运输氧和二氧化碳的功能时,就会引起机体缺氧。

实验实习与技能训练

一、呼吸器官形态构造的识别

（一）**目的要求** 通过学习,识别呼吸器官的形态、位置和构造。

（二）**材料与设备** 牛（羊）的新鲜尸体或呼吸系统标本、解剖刀、剪。

（三）**方法步骤** 在牛（羊）的新鲜尸体或标本上,识别下列器官：喉、气管、支气管和肺,重点识别肺的形状、位置、颜色、质地和分叶。

（四）**技能考核** 在牛（羊）新鲜器官或标本上,识别上述呼吸器官。

二、肺组织构造的识别

（一）**目的要求** 通过学习,识别肺的组织构造。

（二）**材料及设备** 显微镜、牛或羊的肺组织切片。

（三）**方法步骤** 教师先利用投影、幻灯,向学生讲解肺的组织结构。
学生在教师的指导下,利用显微镜观察、识别肺的组织构造,重点识别肺内的各级支气管、肺泡管、肺泡囊和肺泡。

（四）**技能考核** 能利用显微镜,识别肺的组织构造。

复习思考题

一、**名词解释**：呼吸　肺小叶　纵隔　气体分压　呼吸频率　肺换气

二、**填空**

1. 呼吸的三个环节是_____、_____和_____。
2. 肺进行气体交换的最基本结构是_____,肺内具噬能力的细胞是_____。
3. 牛的呼吸式有_____、_____和_____三种,其中_____是正常的呼吸方式。
4. 牛的呼吸音有_____、_____和_____三种,其中_____是非正常呼吸音,仅在肺部有疾病时出现。

三、**问答题**

1. 简述牛呼吸系统的组成。
2. 简述肺的组织构造。
3. 何为胸内负压？胸内负压的存在有何生理意义？
4. 肺换气和组织换气发生在何处？气体进行了怎样的交换？
5. 氧气和二氧化碳在血液中是如何运输的？

第五节　泌尿系统

【**学习目标**】了解泌尿系统的组成；理解尿生成的机理及影响尿生成的因素；掌握肾、

膀胱的位置、形态、构造和机能。能在显微镜下识别肾的组织构造。

动物在新陈代谢过程中产生的各种代谢产物和多余的水分，必须及时排出体外，才能维持正常的生命活动。这些代谢产物主要由皮肤、呼吸器官、消化器官和泌尿器官排出体外。其中，泌尿器官是机体最主要的排泄途径。

一、泌尿系统的构造

泌尿系统由肾、输尿管、膀胱和尿道构成。其中，肾是生成尿的器官，输尿管、膀胱和尿道则分别是输尿、贮尿和排尿的器官。

(一) 肾

1. 肾的形态和位置

（1）牛肾　呈红褐色，左、右肾不对称。右肾呈长椭圆形，位于最后肋骨上端至前2～3腰椎横突的腹面；左肾呈厚三棱形，位于第2～5腰椎横突的腹面，往往随瘤胃充满程度的不同而左右移动。

肾的周围包有脂肪，称为肾脂肪囊，具有保护和固定肾的作用。肾的表面紧贴一层白色坚韧的纤维膜，此膜在正常情况下很容易剥离。

肾的内侧缘中部凹陷处称为肾门，是肾动脉、肾静脉、输尿管、神经和淋巴管出入的地方。肾门向肾的深部扩大成空隙，叫肾窦。肾窦内有输尿管的起始部、肾盏、血管、淋巴管和神经等。

牛肾表面深浅不一的叶间沟，将肾分为16～20个大小不等的肾叶。每个肾叶由位于浅部的皮质和位于深部的髓质构成。皮质位于浅层，呈红褐色；髓质位于深部，颜色较浅。髓质由许多呈圆锥形的肾锥体构成。肾锥体的锥底朝向皮质与皮质相连；锥尖朝向肾窦，呈乳头状，称为肾乳头。肾乳头突入肾窦内，与相应的肾小盏相连。几个肾小盏汇合，形成肾大盏。肾大盏进一步汇合形成两条集收管，接输尿管（图2-25）。

由于牛肾的表面有叶间沟，髓质部有大量的肾乳头，故牛肾属于有沟多乳头肾。

（2）羊肾　羊肾的位置与牛相似，但在形态结构上有很大差别。羊肾呈豆形，表面平滑，肾乳头合并成一个肾总乳头，与肾盂相接。故羊肾属于平滑单乳头肾。

2. 肾的组织构造　肾的实质是由肾单位和集合管组成。

（1）肾单位　肾脏基本的结构和功能单位。每个肾单位由肾小体和肾小管两部分构成（图2-26）。

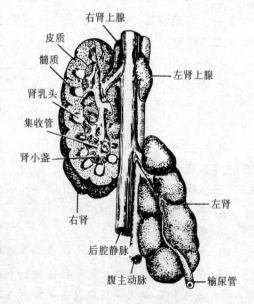

图2-25　牛肾（腹面）

①肾小体：位于皮质内，由肾小球和肾小囊两部分组成。

肾小球：一团毛细血管，位于肾小囊中。进入肾小体的血管叫入球小动脉，离开肾小球的血管叫出球小动脉。入球小动脉较粗，出球小动脉较细。

肾小囊：肾小管起始部盲端膨大凹陷形成的杯状囊，分为脏层和壁层。脏层上皮细胞为多突起的细胞，又称足细胞。足细胞紧贴在肾小球毛细血管外面，参与构成滤过屏障；壁层细胞为单层扁平上皮。脏层与壁层之间的腔隙叫肾小囊腔，与肾小管腔直接连通。

②肾小管：一条细长而弯曲的小管，起始于肾小囊腔，顺次可分为近曲小管、髓袢和远曲小管。

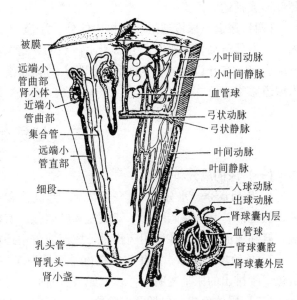

图 2-26 肾叶结构模式图

近曲小管：肾小管中长而弯曲的部分，位于肾小体附近。管壁由单层锥体形细胞构成，腔面有刷状缘。

髓袢：从皮质进入髓质，又从髓质返回皮质的 U 形小管，前接近曲小管，后接远曲小管。髓袢可分为降支和升支，降支较粗，其构造与近曲小管相似；升支较细，管壁由单层扁平上皮细胞构成。

远曲小管：位于皮质内，比近曲小管短而且弯曲少，管壁由单层立方上皮构成。其末端汇入集合管。

(2) **集合管** 许多远曲小管末端汇合形成较粗的集合管系，包括弓形集合小管、直集合小管和乳头管。乳头管在肾乳头上开口于肾盏。

3. **肾血液循环的主要特点** 肾动脉直接来自腹主动脉，口径粗，行程短，血流量大；入球小动脉短而粗，出球小动脉长而细，因而肾小球内的血压较高；动脉在肾内两次形成毛细血管网，即血管球和球后毛细血管网。第二次形成的毛细血管血压很低，便于物质的吸收。

(二) **输尿管** 输尿管是一条输送尿液到膀胱的细长管道。它起于集合管或肾盂，出肾门后，沿腹腔顶壁向后伸延，开口于膀胱颈部。输尿管末端突入膀胱内，这种结构有利于防止尿液倒流。输尿管壁由黏膜、肌层和外膜三层构成。

(三) **膀胱** 膀胱是暂时贮存尿液的器官，呈梨形。其前端钝圆叫膀胱顶，中部膨大叫膀胱体，后端狭窄叫膀胱颈。公牛膀胱背侧是直肠，母牛膀胱背侧是子宫和阴道。

膀胱由黏膜、黏膜下层、肌层和浆膜构成。黏膜上皮为变移上皮，空虚时有许多皱褶。膀胱肌层较厚，在膀胱

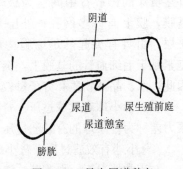

图 2-27 母牛尿道憩室位置示意图

颈部形成括约肌。

（四）尿道 尿液通过尿道排出体外。尿道起于膀胱颈的尿道内口，后段并行于生殖道内。公牛尿道细长而弯曲，开口于阴茎头的尿道突上。母牛尿道比较宽短，开口于尿道前庭前端底壁，在开口处的腹侧面有一凹陷，称尿道憩室（图2-27）。导尿时切忌将导尿管误插入尿道憩室。

二、泌尿生理

（一）尿的成分和性状

1. 尿的成分 水分占96%～97%，无机物和有机物占3%～4%。无机物主要是氯化钠、氯化钾，其次是碳酸盐、硫酸盐和磷酸盐。有机物主要是尿素，其次是尿酸、肌酐、肌酸、氨和尿胆素等。在使用药物时，尿液成分中还会出现药物的残余排泄物。

2. 尿的理化特性 成年牛每昼夜排尿量为6～8L，羊为1～1.5L。尿液一般呈碱性，淡黄色。刚排出的尿呈透明水样，但如放置时间较长，则因尿中碳酸钙逐渐沉淀而变得混浊。

（二）尿的生成 包括两个阶段：一是肾小球的滤过作用，生成原尿；二是肾小管和集合管的重吸收、分泌和排泄作用，生成终尿。

1. 肾小球的滤过作用 血液流经肾小球毛细血管时，由于血压较高，除了血细胞和蛋白质外，血浆中的水和其他物质（如葡萄糖、氯化物、无机磷酸盐、尿素和肌酐等）都能通过滤过膜滤过到肾小囊腔内，这种滤出液叫原尿。原尿的生成取决于两个条件：一是肾小球滤过膜的通透性；二是肾小球有效滤过压。前者是原尿产生的前提条件，后者是原尿滤过的必要动力。

（1）肾小球滤过膜的通透性 肾小球滤过膜由三层构成：内层是肾小球毛细血管的内皮细胞，极薄，内皮之间有许多贯穿的微孔；中间层为极薄的内皮基膜，膜上有许多网孔；外层是肾小囊脏层，由具有突起的足细胞构成。足细胞紧贴于毛细血管的基膜上，突起间有许多缝隙。这些结构决定了滤过膜有良好的通透性。因此，水、晶体物质和分子量较小的部分清蛋白，均可从血浆滤过到肾小囊腔中。

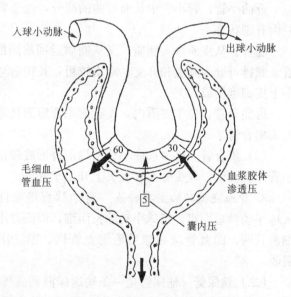

图2-28 有效滤过压示意图

（2）肾小球有效滤过压 肾小球滤过作用的发生，其动力是滤过膜两侧的压力差。这种压力差称为肾小球的有效滤过压（图2-28）。肾小球的有效滤过压可用下列公式表示：

肾小球有效滤过压＝肾小球毛细血管血压－（血浆胶体渗透压力＋肾小囊内压）

在正常情况下，血浆胶体渗透压与肾小囊内压之和（阻止滤过）小于肾小球入球小动脉端的血压（促进滤过），肾小球有效滤过压为正值，从而保证了原尿生成。

2. 肾小管和集合管的重吸收、分泌和排泄作用　原尿流经肾小管和集合管时,其中的许多物质被重新吸收回血液中,称为重吸收作用。肾小管和集合管的重吸收作用,具有一定的选择性。凡是对机体有用的物质,如葡萄糖、氨基酸、钠、氯、钙、重碳酸根等,几乎全部或大部分被重吸收;对机体无用或用处不大的物质,如尿素、尿酸、肌酐、硫酸根、碳酸根等,则只有少许被重吸收或完全不被重吸收。

肾小管和集合管能将血浆或肾小管上皮细胞内形成的物质,如 H^+、K^+ 和 NH_4^+ 等分泌到肾小管腔中,称为分泌作用。同时,也能将某些不易代谢的物质(如尿胆素、肌酸)或由外界进入体内的物质(如药物)排泄到管腔中,称为排泄作用。

原尿经过肾小管和集合管的重吸收、分泌与排泄作用后形成终尿。终尿由输尿管输送到膀胱贮存。膀胱内的尿液充盈到一定程度时,通过排尿反射,由尿道排出体外。

(三) 影响尿生成的因素

1. 滤过膜通透性的改变　在正常情况下,滤过膜的通透性比较稳定,但当某种原因使肾小球毛细血管或肾小管上皮受到损害时,会影响滤过膜的通透性。如机体内缺氧或中毒时,肾小球毛细血管壁通透性增加,使原尿生成量增加,同时,会引起血细胞和血浆蛋白滤过,出现血尿或蛋白尿;在发生急性肾小球肾炎时,由于肾小球内皮细胞肿胀,使滤过膜增厚,通透性减少,从而导致原尿生成减少,出现少尿。

2. 有效滤过压的改变　在正常情况下,有效滤过压比较稳定。但当决定尿生成的三个因素发生变化时,有效滤过压也随之发生变化,影响尿的生成。如当动物大量失血时,流入肾的血液量减少,肾小球毛细血管的血压下降,有效滤过压降低,从而导致原尿生成量减少,出现少尿或无尿现象;当血浆蛋白含量减少时(如静脉注射大量生理盐水引起单位容积血液中血浆蛋白含量减少),血浆胶体渗透压会降低,有效滤过压增大,原尿生成量增加,出现多尿;当输尿管结石或肿瘤压迫肾小管时,尿液流出受阻,肾小囊腔的内压增高,有效滤过压降低,原尿生成量减少,发生少尿或无尿。

3. 原尿溶质浓度过高　当原尿中溶质的量超过肾小管重吸收限度时,会有部分溶质不能被重吸收。这些溶质使原尿的渗透压升高,阻碍水分的重吸收,引起多尿,这称渗透性利尿。如静脉注射大量高渗葡萄糖溶液后会引起多尿。

4. 激素　影响尿生成的激素,主要有抗利尿素和醛固酮。抗利尿激素的作用是增加远曲小管对水的通透性,促进水的重吸收,从而使排尿量减少。醛固酮对尿生成的调节是促进远曲小管重吸收 Na^+,同时促进 K^+ 排出,即醛固酮有保 Na^+ 排 K^+ 作用。

实验实习与技能训练

一、泌尿器官的识别

(一) **目的要求**　通过学习,使学生识别牛、羊的肾和膀胱的形态、位置、构造。
(二) **材料设备**　牛肾模型、牛尸体或肾及膀胱离体标本、解剖刀、手术剪、镊子。
(三) **方法步骤**

1. 在尸体上识别肾、输尿管、膀胱等器官的位置、形态和构造。
2. 在新鲜肾或肾标本的横断面上,识别肾叶、皮质、髓质、肾乳头和肾小盏等构造。

(四) **技能考核**　识别肾的形态、构造。

二、肾组织结构的识别

（一）目的要求 识别肾单位和集合管的组织构造，进一步理解尿的生成过程。
（二）材料及设备 生物显微镜、牛肾脏组织切片、幻灯机、牛肾组织幻灯片。
（三）方法步骤 教师先用幻灯片演示并讲解牛肾的组织构造。
学生在显微镜下，识别肾的下列结构：肾小球、肾小囊、肾小囊腔和肾小管。
（四）技能考核 在显微镜下识别牛肾的组织构造。

三、影响尿生成因素的观察

（一）目的要求 了解一些生理因素对尿生成的影响。
（二）材料及设备 兔，注射器，手术台，手术器械，膀胱套管，生理多用仪（或记滴器、电磁标、感应），保护电极，2%戊巴比妥钠溶液，20%葡萄糖溶液，肾上腺素，垂体后叶素，生理盐水，烧杯。
（三）方法步骤
1. 实验准备 家兔在实验前给予足够的饮水。以2%的戊巴比妥钠溶液静脉注射麻醉后，再固定于手术台上。
尿液的收集可选取用膀胱套管法：切开腹腔，在耻骨联合前找到膀胱，在其腹面正中作一荷包缝合，再在中心剪一小口，插入膀胱套管，收紧缝线，固定膀胱套管，并在膀胱套管及所连橡皮管和直套管内充满生理盐水，将直套管下端连于记滴装置（对雌性动物，为防止尿液经尿道排出，影响实验结果，可在膀胱颈部结扎）。
2. 实验项目
（1）记录正常情况下每分钟尿分泌的滴数。可连续计数5~10min，求其平均数并观察动态变化。
（2）耳静脉注射38℃的生理盐水20ml，记录每分钟尿分泌的滴数。
（3）耳静脉注射38℃的葡萄糖溶液10ml，记录每分钟尿分泌的滴数。
（4）耳静脉注射0.1%肾上腺素0.5~1ml，记录每分钟尿分泌的滴数。
（5）耳静脉注射垂体后叶素1~2U，记录每分钟尿分泌的滴数。
注意：在进行每一项实验步骤时，必须保持尿量基本恢复或者相对稳定后才开始，而且在每项实验前后，都要有对照记录。
（四）技能考核 记录各项实验的结果，并能对结果做出正确解释。

复习思考题

一、名词解释： 肾脂肪囊　肾包膜　肾单位　肾小球　肾小体　有效滤过压
二、填空
1. 泌尿系统由_____、_____、_____和_____组成。
2. 牛的右肾呈_____形，位于_____腰椎横突腹侧。
3. 从形态结构上看，牛肾为_____，羊肾为_____。
4. 肾小球的入球小动脉比出球小动脉_____。
5. 肾小球旁细胞位于_____，有分泌_____的作用。

三、问答题

1. 肾小体由哪几部分构成？
2. 从肾乳头渗出的尿液属于原尿还是终尿？试说明其来源和去路。
3. 机体出现少尿、多尿和蛋白尿的原因有哪些？试说明其发生机理。
4. 说明家畜大量饮水、大剂量注射生理盐水和注射高渗葡萄糖溶液后出现多尿的原因。

第六节　生殖系统

【学习目标】掌握公、母牛生殖系统的组成；掌握睾丸、卵巢、子宫、阴囊的位置、形态、构造和机能；掌握性成熟、发情周期、受精、泌乳等生殖生理知识；掌握精液的组成，了解精子的构造。

生殖系统是家畜繁殖后代，保证种族延续的一个系统，它能产生生殖细胞，分泌性激素，并与神经系统与脑垂体一起共同调节生殖器官的功能活动。

一、生殖系统的构造

（一）**公牛生殖系统的构造**　公牛生殖器官包括睾丸、附睾、输精管、尿生殖道、副性腺、阴茎及其附属器官（精索、阴囊、包皮）等（图2-29）。

1. 睾丸

（1）睾丸的形态位置　睾丸是成对的实质器官，位于阴囊内，呈长椭圆形，一侧与附睾相连，称为附睾缘；另一侧游离，称为游离缘。睾丸分头、体、尾三部分。牛的睾丸呈垂直方向，睾丸头朝向上方，睾丸尾朝向下方。

睾丸在胚胎时期位于腹腔内，当胎儿发育到一定程度，睾丸和附睾经腹股沟管下降至阴囊内。家畜出生后，如果一侧或两侧睾丸仍留在腹腔内，称为隐睾，这种家畜没有生殖能力，不能作种用。

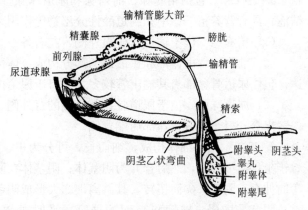

图2-29　公牛生殖系统模式图

（2）睾丸的组织构造　睾丸具有产生精子和分泌雄性激素的功能，其结构包括被膜和实质两部分。

①被膜：由浆膜和白膜构成。浆膜即固有鞘膜，被覆在睾丸的表面，浆膜深面为由致密结缔组织构成的白膜。白膜在睾丸头处伸入到睾丸实质内，形成睾丸纵隔。自睾丸纵隔上分出许多呈放射状排列的结缔组织隔，称为睾丸小隔，将睾丸实质分成100～300个锥形的睾丸小叶。

②实质：由曲细精管、睾丸网和间质细胞构成。

在每个睾丸小叶内有2～3条弯曲的曲细精管。曲细精管以盲端起始于小叶边缘，向纵隔迂回伸延，在接近纵隔处变直，称为直细精管。直细精管进入睾丸纵隔内，相互吻合成网状，称为睾丸网。睾丸网在睾丸头处汇成10～30条睾丸输出管，输出睾丸。

曲细精管是产生精子的地方，由基膜和多层生殖上皮细胞构成。生殖上皮包括两类细胞：一类是处于不同发育阶段的生精细胞，包括精原细胞、初级精母细胞、次级精母细胞、精细胞和精子；另一类叫支持细胞，起支持、营养和分泌等作用。各级生精细胞散布在支持细胞之间，并镶嵌在其侧面。精子成熟后，脱离支持细胞进入管腔。

间质是睾丸小梁伸入睾丸小叶内的结缔组织，位于曲细精管之间，内有丰富的血管、神经和间质细胞。间质细胞在性成熟后能分泌雄性激素。

2. 附睾 附着在睾丸的后面，可分为头、体、尾三部分。睾丸输出小管穿过睾丸后形成附睾头，并汇合成一条附睾管，附睾管高度盘曲形成附睾体和附睾尾。

附睾尾借附睾韧带与睾丸尾相连。附睾韧带由附睾尾延续到阴囊的部分，称为阴囊韧带。附睾具有贮存精子和使精子进一步成熟的作用。

3. 输精管 为运送精子的细长管道，起始于附睾尾，经腹股沟管入腹腔，再向后进入骨盆腔，末端开口于尿生殖道起始部背侧壁的精阜两侧。输精管在膀胱背侧的尿生殖褶内膨大形成输精管膨大部，称为输精管壶腹。壶腹部黏膜内有腺体，称壶腹腺，其分泌物有稀释、营养精子的作用。

4. 尿生殖道 可分为骨盆部和阴茎部。骨盆部指膀胱颈到坐骨弓的一段，位于骨盆腔内。在起始部的背侧黏膜上有一圆隆起，称为精阜，是输精管和精囊腺输出管开口的地方。阴茎部指坐骨弓至阴茎头的一段，位于阴茎海绵体腹侧尿道沟内，构成阴茎的一部分。尿生殖道具有排尿和输送精液等功能。

5. 副性腺 包括精囊腺、前列腺和尿道球腺。它们的分泌物叫精清，与精子混合构成精液，具有营养精子、中和阴道酸性分泌物等作用。

（1）精囊腺 位于输精管壶腹外侧，左右各一，导管开口于精阜。

（2）前列腺 由体部和扩散部两部分构成。体部小，位于尿道起始部的背侧；扩散部发达，包住尿道骨盆部。其输出管较多，开口于尿道内。羊的前列腺只有扩散部。

（3）尿道球腺 位于尿道骨盆部后端的背外侧，左右各一，略呈半球形。每侧腺体以一条输出管开口于尿道骨盆部后端背侧。

6. 阴茎 由海绵体构成，细而长，可分为根、体和头三部分。阴茎根以两个阴茎脚附着于坐骨结节腹面，然后合并为阴茎体；阴茎体在阴囊的后方形成乙状弯曲，勃起时，乙状弯曲伸直；阴茎头尖而扭转，其游离端膨大形成阴茎头帽。

阴茎是排尿、排精和交配的器官，平时柔软，隐藏于包皮之内，交配时海绵体血窦内充满血液，阴茎变硬和伸长，便于交配。

7. 附属器官 包括精索、阴囊和包皮。

（1）精索 起于附睾尾，止于腹股沟管内环，呈索状，内有血管、淋巴管、神经、输精管和睾内提肌等，外包有固有鞘膜。去势时，要牢固结扎精索，以防术后大出血。

（2）阴囊 阴囊是一个袋状皮肤囊，位于两股之间，耻骨的前方。由外向内依次分为皮肤、肉膜、

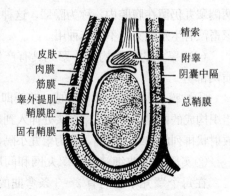

图2-30 阴囊结构模式图

阴囊筋膜和总鞘膜（图 2-30）。

①皮肤：薄而柔软，其表面正中线上有阴囊缝，通常用于手术切口的定位。

②肉膜：紧贴在阴囊皮肤内面，由弹性纤维和平滑肌构成。肉膜在阴囊正中形成阴囊中隔，将阴囊分为左右两个腔。天冷时，肉膜收缩，可使阴囊皮肤起皱；天热时，肉膜松弛，阴囊下垂，以调节阴囊内的温度。

③阴囊筋膜：位于肉膜深面，是一层结缔组织膜。筋膜的深面是睾外提肌。它们的作用与肉膜相同。

④总鞘膜：当睾丸和附睾通过腹股沟管下降到阴囊时，腹膜也随着到阴囊，形成阴囊的最内层，称为总鞘膜。总鞘膜在靠近阴囊中隔处折转为覆盖于睾丸、附睾和精索外面的固有鞘膜，折转处的浆膜褶，称为睾丸系膜。总鞘膜与固有鞘膜之间的空隙称鞘膜腔。鞘膜腔上段变得窄细称为鞘膜管。鞘膜管借腹股沟管与腹腔相通。若腹股沟管过大，腹腔的内容物（主要是小肠）容易落入阴囊而形成阴囊疝。

(3) 包皮　由皮肤转折而成的管状鞘，具有容纳和保护阴茎的作用。

(二) 母牛生殖系统的构造　母牛生殖器官包括卵巢、输卵管、子宫、阴道、尿生殖前庭和阴门（图 2-31）。

1. 卵巢　牛的卵巢呈椭圆形，左右各一，分别以卵巢系膜悬挂于腰椎下面。因有成熟卵泡和黄体突出于表面而凹凸不平，直肠检查时可以感觉到。卵巢由被膜和实质构成。

(1) 被膜　包括生殖上皮和白膜。生殖上皮位于卵巢的表面，上皮细胞在幼年时呈柱状或立方形，以后呈扁平状；白膜位于生殖上皮的下面，由致密结缔组织构成。

(2) 实质　卵巢的实质分为皮质和髓质两部分。皮质在外，内含有许多不同发育阶段的卵泡，又称为卵泡区；髓质位于卵巢内部，由结缔组织构成，含有丰富的血管、神经和淋巴管等，又称为血管区。

卵泡由中央的卵母细胞和周围的卵泡细胞构成。根据发育程度不同，可分为原始卵泡、初级卵泡、次级卵泡和成熟卵泡。

①原始卵泡：由初级卵母细胞及周围一层扁平的卵泡细胞组成，体积小，数量多，位于皮质浅层。

图 2-31　母牛生殖器官模式图

②初级卵泡：卵泡细胞不断分裂增殖，由单层变为多层。卵母细胞周围出现透明带。卵泡周围的结缔组织逐渐分化形成卵泡膜。

③次级卵泡：卵泡内出现卵泡腔，内有卵泡液。卵母细胞及周围的卵泡细胞被卵泡液挤到卵泡腔一侧，形成卵丘。另一部分卵泡细胞被挤到卵泡腔的周边构成卵泡壁，称为颗粒层。紧靠透明带表面的颗粒细胞，增大变成柱状，呈放射状排列，称为放射冠。

④成熟卵泡：体积增大，并突出于卵巢表面。卵泡壁变薄，卵泡腔增大。一般成熟卵泡的直径为12～19mm，羊的约为5～8mm。

排卵时，由于成熟卵泡破裂，同时会伴随出血，血液进入原来卵泡腔内，称红体。随着周围血管伸入卵泡，逐渐将血液吸收，同时卵泡中的颗粒细胞发育成粒性黄体细胞，颜色变黄，称为黄体。黄体可分泌孕激素。一般成熟黄体直径为20～25mm，羊的约为9～15mm。如果卵细胞受精，黄体继续增大，称为妊娠黄体；如没有受精，则称为周期性黄体，可存在2周左右。黄体逐渐被结缔组织取代，颜色变白称为白体。

在一般情况下，卵巢内绝大多数卵泡不能发育成熟，而在各发育阶段中逐渐萎缩，称为闭锁卵泡。

2. 输卵管　位于卵巢与子宫角之间的一条细长而弯曲的管道，是输送卵细胞和受精的场所。

输卵管的前端为一膨大的漏斗，称输卵管漏斗。漏斗的边缘为不规则的皱褶，称输卵管伞。漏斗中央的深处有一口，通腹腔，为输卵管腹腔口。输卵管的后端开口于子宫角的前端，为输卵管子宫口。

输卵管的管壁从内至外由黏膜、肌层和浆膜构成。黏膜上皮为单层柱状上皮，表面有纤毛；肌层主要是环行肌；浆膜包裹在输卵管的外面，并形成输卵管系膜。

3. 子宫

(1) 子宫的位置和形态　子宫是中空的肌质器官，富有伸展性，借子宫阔韧带悬于腰下。由于瘤胃的影响，成年母牛的子宫大部分位于腹腔的右侧后部，小部分位于骨盆腔内。子宫背侧为直肠，腹侧为膀胱，前接输卵管，后接阴道，两侧为骨盆腔侧壁。

牛的子宫为双角子宫，呈绵羊角形，可分为子宫角、子宫体和子宫颈三部分。

①子宫角：1对，为子宫的前部，全部位于腹腔内，呈弯曲的绵羊角状。子宫角的前部是分开的，每侧子宫角向前下方偏外侧盘旋蜷曲，并逐渐变细，与输卵管相接。左、右子宫角的后部因有肌肉组织及结缔组织相连，表面包以腹膜，很像子宫体，又称为伪子宫体。

②子宫体：很短，呈短的直筒状。

③子宫颈：子宫体向后延续的部分，全部位于骨盆腔内。子宫颈呈直的管状，壁很厚，其黏膜突起嵌合成螺旋状。子宫颈外口呈菊花状，有明显的子宫颈阴道部。

子宫体和子宫角的黏膜上形成一些特殊的突起，称为子宫肉阜（也称子宫子叶），这是妊娠时子宫壁与胎膜相结合的部位。牛的子宫肉阜呈卵圆形，表面隆起；羊的子宫阜呈纽扣状，中央凹陷。

(2) 子宫的组织结构　子宫壁由黏膜、肌层和浆膜三层构成。

①黏膜：又称为子宫内膜。粉红色，内有子宫腺，分泌物能为早期胚胎提供一定营养。

②肌层：又称为子宫肌。由厚的内环行肌和薄的外纵行肌构成，两层肌肉间有一血管层，含丰富的血管和神经。子宫颈的环肌层特别发达，形成子宫颈括约肌，平时紧闭，分娩时开张。

③浆膜：又称子宫外膜。由腹膜延续而来，被覆于子宫的表面，浆膜在子宫角背侧和子宫体两侧形成浆膜褶，称为子宫阔韧带，将子宫悬吊于腰下部。子宫阔韧带内有卵巢和子宫的血管通过，其中动脉由前向后依次是子宫卵巢动脉、子宫中动脉和子宫后动脉。这些动脉在怀孕时即增粗，其粗细和脉搏性质的变化，可通过直肠检查感觉到，常用于妊娠诊断。

子宫的主要功能是为胚胎提供生长发育的适宜场所，并参与胎儿的分娩。另外，在交配时子宫的收缩还有助于精子向输卵管运行。

4. 阴道、尿生殖前庭和阴门

（1）阴道　母牛交配器官，也是产道。位于骨盆腔内，直肠与膀胱之间，前接子宫，后为尿生殖前庭。阴道壁可分为黏膜、肌层和浆膜三层。黏膜层有许多纵褶。

（2）尿生殖前庭　前接阴道，后部以阴门与外界相通。在与阴道交界处腹侧形成一横走的小黏膜褶，称为阴道瓣。阴道瓣的后方有尿道外口。在尿道外口的腹侧面有一黏膜凹陷形成的盲囊，称尿道憩室。在给母牛导尿时，应注意导尿管不要误插入憩室内。

（3）阴门　位于肛门下方，以会阴与肛门隔开。阴门的两侧为阴唇，两阴唇之间的裂缝叫阴门裂，阴门裂的底壁有一突出物叫阴蒂。

二、生殖生理

（一）性成熟与性季节

1. 性成熟　哺乳动物生长发育到一定时期，生殖器官已基本发育完全，具备了繁殖子代的能力，叫做性成熟。此时母牛能产生卵子，有发情症状；公牛能产生精子，有性欲要求。

2. 体成熟　家畜达到性成熟时，身体仍在发育，直到具有成年动物固有的形态结构和生理特点，称为体成熟。因此，家畜开始配种的年龄要比性成熟晚些，一般相当于体成熟或在体成熟之后。牛、羊性成熟年龄见表2-1。

表2-1　牛、羊性成熟年龄

性成熟		黄牛	水牛	山羊
		1~1.5岁	1.5~2岁	5~8个月
初配年龄	公	2.5~3岁	2.5~3岁	1~1.5岁
	母	2~2.5岁	2~2.5岁	

3. 性季节　发情季节。母牛在一年中除了妊娠期外都可能周期性反复出现发情现象。而羊的发情具有明显的季节性，仅在一定的季节才表现多次发情。两次性季节之间的无发情时期，称为乏情期。公牛（羊）的性活动没有季节性。

（二）雄性生殖生理

1. 性反射　高等动物的精子进入雌性生殖道，是通过性活动（如交配等）来实现的。性活动是复杂的神经反射活动，包括勃起反射、爬跨反射、抽动反射和射精反射，并且这些反射在交配活动中按一定的顺序出现。

2. 精液　由精子和精清组成，黏稠不透明，呈弱碱性，有特殊臭味。牛的副性腺分泌物少，精液量小，精子浓度较大。一般公牛一次交配的射精量约2~10ml，公羊为1ml左右。

（1）精清　副性腺、附睾和输精管的混合性分泌物，呈弱碱性，其内含有果糖、蛋白质、磷脂化合物、无机盐和各种酶等。主要作用为稀释精子，便于精子运行；为精子提供能量保持精液正常的pH和渗透压；刺激子宫、输卵管平滑肌的活动，有利于精子运行。

(2) 精子 高度特异化的浓缩细胞，呈蝌蚪状，分为头、颈、尾三部分。头部呈扁圆形，内有 1 个核，核的前面为顶体，核的主要成分是脱氧核糖核酸（DNA）和蛋白质；颈部很短，内含供能物质；尾部很长，在精子运行中起重要作用。

精子活动性是评定精子生命力的重要标志。精子的运动形式有直线前进运动、原地转圈运动和原地颤动三种。只有呈直线前进运动的精子，才具有受精能力。

离体后精子的活力容易受外界因素的影响，甚至造成死亡。如在 0℃下，精子呈不活动状态；阳光直射、温度 40℃以上、偏酸或偏碱环境、低渗或高渗环境及消毒液的残余等，都会造成精子迅速死亡。在处理精液时，要注意避免不良因素的影响。在畜牧生产实践中，常在低温环境下（如液氮中）保存精子。

（三）雌性生殖生理

1. 性周期 母畜性成熟以后，卵巢中就规律性地出现卵泡成熟和排卵过程。哺乳动物的排卵是周期性发生的。伴随每次排卵，母畜的机体特别是生殖器官，发生一系列形态和生理性变化。我们把家畜从这一次发情开始到下次发情开始的间隔时间，叫做周期（发情周期）。掌握性周期的规律有重大的实践意义，如能够在畜牧业生产中有计划地繁殖家畜，调节分娩时间和畜群的产乳量，防止畜群的不孕或空怀等。根据母牛生殖器官所发生的变化，一般可把发情周期分为发情前期、发情期、发情后期和休情期。牛、羊正常的发情周期、发情期和排卵时间见表 2-2。

表 2-2 牛、羊正常的发情周期、发情期和排卵时间参考数值

畜别	发情周期	发情期	排卵时间
乳牛	21~22d	18~19h	发情结束后 10~11h
黄牛	20~21d	1~2d	发情结束后 10~12h
水牛	20~21d	1~3d	发情结束后 10~12h
绵羊	16~17d	24~36h	发情开始后 24~30h
山羊	19~21d	33~40h	发情开始后 30~36h

(1) 发情前期 这是发情周期的准备阶段和性活动的开始时期。在这期间，卵巢上有一个或两个以上的卵泡迅速发育生长，充满卵泡液，体积增大，并突出于卵巢表面。此时，生殖器官开始出现一系列的生理变化，如子宫角的蠕动加强，子宫黏膜内的血管大量增生，阴道上皮组织增生加厚，整个生殖道的腺体活动加强。但还看不到阴道流出黏液，没有交配欲的表现。

(2) 发情期 性周期的高潮时期。这时卵巢中出现排卵，整个机体和其他生殖器官表现一系列的形态和生理变化。如兴奋不安，有交配欲；子宫水肿，血管大量增生；输卵管和子宫发生蠕动，腺体大量分泌；子宫颈口开张，外阴部肿胀、潮红并流出黏液等。这些变化均有利于卵子和精子的运行与受精。

(3) 发情后期 发情结束后的一段时期。这时期母牛变得比较安静，不让公牛接近。生殖器官的主要变化是：卵巢中出现黄体，黄体分泌孕激素（孕酮）。在孕酮作用下，子宫内膜增厚，腺体增生，为接受胚胎附植作准备。如已妊娠，发情周期结束，进入妊娠阶段，直到分娩后再重新出现性周期。如未受精，即进入休情期。

(4) 休情期 发情后期之后的相对静止期。这个时期的特点是：生殖器官没有任何显著

的性活动过程，卵巢内的卵泡逐渐发育，黄体逐渐萎缩。卵巢、子宫、阴道等都从性活动生理状态过渡到静止的生理状态，随着卵泡的发育，准备进入下一个发情周期。

2. 排卵　成熟卵泡破裂，卵细胞（卵子）和卵泡液一同排出的过程叫排卵。排卵可在卵巢任何部分的表面发生，排出的卵细胞经输卵管伞进入输卵管。

3. 受精　精子和卵子的结合过程叫受精，受精后的卵细胞称为受精卵，也称为合子。

（1）精子的运行　受精部位在输卵管上1/3处。卵子自卵巢排出后，随输卵管上皮细胞纤毛的摆动和平滑肌的收缩进入输卵管，并被送到输卵管受精部位。进入阴道的精子，靠它本身的运动、生殖道平滑肌的收缩和上皮细胞纤毛的运动，运行到输卵管的受精部位。

刚进入母牛生殖道的精子不具备受精能力，必须经历一定时间，经过形态和生理上的一系列变化之后，才具有穿过卵子透明带和使卵子受精的能力，这一过程叫做精子的获能。公牛精子的获能时间为5～6h，羊的为1.5h。

（2）卵子保持受精能力的时间　卵子在输卵管内保持受精能力的时间，就是卵子运行至输卵管峡部以前的时间，牛8～12h，绵羊16～24h。卵子受精能力的消失也是逐渐的。卵子排出后如未遇到精子，则沿输卵管继续下行，并逐渐衰老，包上一层输卵管分泌物，精子不能进入，即失去受精能力。

（3）受精过程　包括以下几个阶段：

第一阶段：精子溶解卵子的放射冠阶段。卵子的外围包有一层放射冠，当卵子与精子接触时，精子释放的透明质酸酶溶解放射冠，把卵细胞从放射冠中释放出来。

第二阶段：精子穿过卵子的透明带阶段。精子靠本身的活力和释放出蛋白水解酶的作用穿过透明带。当第一个精子进入透明带之后，透明带即发生结构上的变化，阻止后来的精子再进入透明带，防止多个精子受精，这种变化叫做透明带反应。

第三阶段：精子穿过卵黄膜进入卵内阶段。精子进入卵子内，卵黄膜即发生变化，阻止其他精子进入，这一作用叫卵黄膜封阻作用。

第四阶段：生成合子的阶段。进入卵子内的精子头部与其他部分分离，随后精子的核和卵子的核相互融合，来自父系和母系的两组染色体合并成一组染色体，从而形成受精卵。

4. 妊娠　受精卵在母体子宫体内生长发育为成熟胎儿的过程叫做妊娠。妊娠期间所发生的生理变化为：

（1）卵裂和胚泡附植　受精卵（合子）沿输卵管向子宫移动的同时，进行细胞分裂，叫做卵裂。约3d，即变成16～32个细胞的桑葚胚。约4d，桑葚胚即进入子宫，继续分裂，体积扩大，中央形成含有少量液体的空腔，此时的胚胎叫做囊胚。囊胚逐渐埋入子宫内膜而被固定，叫做附植。此时，胚胎与母体建立起了密切的联系，开始由母体供应养料和排出代谢产物。

从受精到附植牢固所需的时间：牛约为45～75d，羊为16～20d。

（2）胎膜　胚胎在发育过程中逐渐形成的一个暂时性器官，在胎儿出生后，即被弃掉。胎膜由羊膜、尿囊膜和绒毛膜组成。

①羊膜：包围着胎儿，形成羊膜囊，囊内充满羊水，胎儿浮于羊水中。羊水有保护胎儿和分娩时润滑产道的作用。

②尿囊膜：在羊膜的外面，分内外两层，围成尿囊腔，囊腔内有尿囊液，贮存胎儿的代谢产物。

③绒毛膜：位于最外层，紧贴在尿囊膜上，表面有绒毛。牛、羊的绒毛在绒毛膜的表面聚集成许多丛，叫绒毛叶。除绒毛叶外，绒毛膜的其他部分平整光滑，无绒毛。

（3）胎盘　胎盘是胎儿的绒毛膜和母体的子宫内膜共同构成的。牛、羊的胎盘是由绒毛叶与子宫肉阜互相嵌合形成的，为绒毛叶胎盘或子叶型胎盘。

胎儿出生前，主要靠胎盘系统与母体有选择性地进行物质交换。由于胎儿与母体之间血液并不直接流通，所以它们之间的物质交换是通过渗透弥散作用来实现的。胎盘的渗透和弥散作用具有选择性，既保证胎儿获得有益的物质，又能防止一些有害物质（如细菌、寄生虫等）进入胎儿体内。此外，胎盘还具有内分泌功能，它分泌雌激素、孕激素和促性腺激素，对妊娠期母体和胎儿有重要意义。

（4）妊娠时母畜的变化　母畜妊娠后，为了适应胎儿的成长发育，各器官生理机能都要发生一系列的变化。首先是妊娠黄体分泌大量孕酮，除了促进种植、抑制排卵和降低子宫平滑肌的兴奋性外，还与雌激素协同作用，刺激乳腺腺泡生长，使乳腺发育完全，为泌乳做好准备。

随着胎儿的生长发育，子宫体积和重量也逐渐增加，腹部内脏受子宫挤压向前移动，这就引起消化、循环、呼吸和排泄等一系列变化。如呈现胸式呼吸，呼吸浅而快，肺活量降低；血浆容量增加，血液凝固能力提高，血沉加快。到妊娠末期，血中碱储减少，出现酮体，形成生理性酮血症；心脏因工作负担增加，出现代偿性心肌肥大；排尿排粪次数增加，尿中出现蛋白质等。母体为适应胎儿发育的特殊需要，甲状腺、甲状旁腺、肾上腺和脑垂体表现为妊娠性增大和机能亢进；母畜代谢增强，食欲旺盛，对饲料的利用率增加，显得肥壮，被毛光亮平直。妊娠后期，由于胎儿迅速生长，母体需要养料较多，如饲料和饲养管理条件稍差，就会逐渐消瘦。

（5）妊娠期　妊娠期从卵受精开始，到胎儿出生为止。牛、羊的妊娠期见表2-3。

表2-3　牛、羊的妊娠期（d）

动物种类	平均妊娠期	变动范围
黄牛	282	240～311
水牛	310	300～327
羊	152	140～169

5. 分娩　分娩是发育成熟的胎儿从生殖道排出的过程。母牛临近分娩时有分娩预兆，主要表现为阴唇肿胀，有透明条状黏液自阴道流出；乳房红肿，并有乳汁排出；臀部肌肉塌陷等。

分娩的动力主要来自子宫肌、腹肌和膈的收缩。子宫肌肉的收缩呈阵发性，称为阵缩，是分娩的主要动力，其意义在于使胎儿和胎盘的血液循环不致因子宫肌长期收缩而发生障碍，导致胎儿窒息或死亡。腹肌和膈的收缩称为努责，具有协同作用。

分娩的过程一般分为三个阶段：第一阶段是开口期，此时子宫颈口开大，开始出现阵缩；第二阶段为胎儿产出期，此时阵缩更加频繁，持久有力，同时伴有努责，直至胎儿产出；第三阶段是胎衣排出期，此时停止努责，子宫仍继续收缩数小时，使胎衣与子宫壁分离，并排出体外，胎衣排出后，子宫的收缩可压迫血管裂口，阻止产后出血。此后，母牛进入产后期，生殖系统逐渐恢复到妊娠前的状态。

(四) 乳腺与泌乳

1. 乳腺 乳腺为哺乳动物所特有。母畜的乳腺，在家畜繁殖过程中具有哺乳仔畜的功能。乳腺虽雌雄都有，但只有雌性家畜才能发育并具有泌乳的能力。

(1) 乳腺的形态、位置　牛的乳腺位于耻骨区，两股之间呈倒圆锥形。乳腺被纵沟分为左右两半，每一半又被横沟分为前后两部，使整个乳腺分为前、后、左、右四个乳区。在每个乳区的最下方各有1个乳头。乳头呈圆柱状，顶端有乳头管的开口。

羊的乳腺位于两后腿之间，有1对乳头。

(2) 乳腺的构造　乳腺由皮肤、筋膜和实质构成。

皮肤：薄而柔软，长有稀疏的细毛。乳房后部至阴门裂之间，有明显的带有线状毛流的皮肤褶，称乳镜。乳镜越大，乳房愈能舒展，含乳量就愈多。因此，乳镜在鉴定产乳能力方面有重要作用。

①筋膜：位于皮肤深层，分为浅筋膜和深筋膜。筋膜含有丰富的弹性纤维，在两侧乳房中间形成乳房悬韧带，有固定乳房的作用。筋膜的结缔组织伸入到实质中，形成小叶间结缔组织，把乳房实质分成很多腺小叶，小叶由腺泡构成。

②实质：乳房的实质是腺泡和导管。腺泡呈管状或泡状，其上皮为单层立方上皮。腺泡分泌乳汁，经导管（包括小叶内导管、小叶间导管、较大的输乳管）进入乳池。每个乳头上有1个乳头管与乳池相通，其开口处有括约肌控制。乳汁经乳池、乳头管排出。

(3) 乳腺的生长发育　母畜的乳腺随着机体的生长而逐渐发育。性成熟前，主要是结缔组织和脂肪组织增生；性成熟后，在雌激素的作用下导管系统开始发育；妊娠后，乳腺组织生长迅速，不仅导管系统增生，而且每个导管的末端开始形成没有分泌腔的腺泡。妊娠中期，导管末端发育成为有分泌腔的腺泡，此时乳腺的脂肪组织和结缔组织逐渐被腺体组织代替。妊娠后期，腺泡的分泌上皮开始分泌初乳。分娩后，乳腺开始正常的泌乳活动。

2. 泌乳　乳腺组织的分泌细胞从血液中摄取营养物质生成乳汁后，分泌入腺泡腔内，这一过程叫做泌乳。乳的生成过程是在乳腺腺泡和细小输乳管的分泌上皮细胞内进行的。生成乳汁的各种原料都来自血液，其中乳汁的球蛋白、酶、激素、维生素和无机盐等均由血液直接进入乳中，是腺乳分泌上皮对血浆选择性吸收和浓缩的结果；而乳中的酪蛋白、乳白蛋白、乳脂和乳糖等则是上皮细胞利用血液中的原料，经过的复杂的生物合成而来的。乳汁中含有仔畜生长发育所必需的一切营养物质，是仔畜理想的营养物。黄牛和水牛的泌乳期约90～120d，而经人工选育的乳用牛，泌乳期长达300d左右。

乳可分为初乳和常乳两种：

(1) 初乳　在分娩期或分娩后最初3～5d内，乳腺产生的乳叫初乳，初乳较黏稠、浅黄，如花生油样，稍有咸味和臭味，煮沸时凝固。

初乳内含有丰富的蛋白质、无机盐（主要是镁盐）和免疫物质。初乳中的蛋白质可被消化道迅速吸收入血液，以补充仔畜血浆蛋白质的不足；镁盐具有轻泻作用，可促进胎粪的排出；免疫物质被吸收后，使新生幼畜产生被动免疫，以增加抵抗疾病的能力。因此，初乳是初生仔畜不可替代的食物。喂给初生动物以初乳，对保证初生仔畜的健康成长，具有重要的意义。

(2) 常乳　初乳期过后，乳腺所分泌的乳汁叫做常乳。各种动物的常乳，均含有水、蛋白质、脂肪、糖、无机盐、酶和维生素等。蛋白质主要是酪蛋白，其次是白蛋白和球蛋白。

当乳变酸时（pH4.7），酪蛋白与钙离子结合而沉淀，致使乳汁凝固。

（3）排乳 在仔畜吮乳或挤奶之前，乳腺泡的上皮细胞生成的乳汁，连续地分泌到腺泡腔内。当哺乳或挤乳时，引起乳房容纳系统紧张度改变，使贮积在腺泡和乳导管系统内的乳汁迅速流向乳池，这一过程叫做排乳。

排乳是一种复杂的反射过程。由于哺乳或挤乳时，刺激了母畜乳头的感受器，反射性地引起腺泡和细小输乳管周围的肌上皮收缩，于是腺泡乳就流入导管系统，接着乳道或乳池的平滑肌强烈收缩，乳池内压迅速升高，乳头括约肌弛缓，乳汁就排出体外。在挤乳期间，乳池内压力保持较高水平，并在一定范围内波动，方可保证乳汁不断流出。最先排出的乳是乳池内的乳，之后排出的是从乳腺腺泡及乳导管所获得的乳，叫做反射乳。哺乳或挤乳刺激乳房不到1min，就可引起牛的排乳反射。

排乳反射能建立条件反射。挤乳的地点、时间、各种挤乳设备、挤乳操作和挤乳人员的出现，等等，都能作为条件刺激物形成条件反射。在固定的时间、地点、挤乳设备和熟悉的挤乳人员以及按操作规程进行挤乳，可提高产乳量；反之，不正规挤乳、不断地更换挤乳人员、吵杂环境均可抑制排乳，降低产乳量。因此，在畜牧业生产中必须根据生理学原理，进行合理的挤乳才能获取高产效益。

实验实习与技能训练

一、牛生殖器官的识别

（一）**目的要求** 识别公、母牛生殖系统各器官的形态、位置和构造，并了解它们的相互关系。

（二）**材料及设备** 牛（羊）的新鲜尸体或生殖器官标本，解剖刀、剪。

（三）**方法步骤**

1. 在牛或羊的尸体上，识别生殖系统各器官的位置及其相互之间的关系。

2. 在公牛（羊）尸体或生殖器官标本上，识别睾丸、附睾、精索、输精管、尿生殖道、副性腺、阴茎、包皮及阴囊的形态、构造。

3. 在母牛（羊）尸体或生殖器官标本上，识别卵巢、输卵管、子宫、阴道、尿生殖前庭和阴门的形态、构造。

（四）**技能考核** 在牛（羊）尸体或标本上，识别公、母牛的生殖器官的形态位置和构造。

二、睾丸和卵巢组织构造的识别

（一）**目的要求** 识别睾丸和卵巢的组织结构。

（二）**材料及设备** 牛睾丸、卵巢的组织切片，生物显微镜。

（三）**方法步骤**

1. 睾丸组织构造的识别 先用低倍镜观察睾丸的被膜、睾丸纵隔、曲细精管的结构，再换用高倍镜，识别构成曲细精管的生殖细胞。

2. 卵巢组织构造的识别 先用低倍镜观察卵巢的生殖上皮、白膜、皮质、髓质、黄体和各种发育程度不同的卵泡，再换用高倍镜，识别生长卵泡的构造。

（四）**技能考核** 在显微镜下识别睾丸和卵巢的上述构造。

复习思考题

一、名词解释：性成熟 体成熟 性季节 发情周期 排卵 受精 妊娠 分娩 胎盘

二、填空

1. 精子是睾丸的_____产生的，分泌雄性激素的细胞是_____。
2. 阴囊壁由外向内分为_____、_____、_____和_____四层。
3. 牛的子宫可分为_____、_____和_____三部分。
4. 卵泡是由位于中央的_____和围绕在其周围的_____组成。
5. 正常的发情周期可分为_____、_____、_____和_____四个时期。
6. 牛的妊娠期平均为_____d，羊的为_____d。
7. 性成熟的标志是母牛能产生_____，并出现_____症状；公牛能产生_____，并有性欲要求。
8. 精液由_____和_____两部分构成，只有_____运动的精子才具有受精能力。
9. 牛的副性腺包括_____、_____和_____。

三、问答题

1. 简述公、母牛生殖系统的组成。
2. 受精过程可分哪几个阶段？
3. 母牛妊娠后有哪些生理变化？分娩前有哪些预兆？
4. 什么叫初乳？为什么说初乳是新生犊牛不可替代的食物？

第七节 心血管系统

【学习目标】掌握牛心脏的形态、结构、位置和机能；掌握心肌的生理特性、心动周期、血压、脉搏等概念。了解血液的组成和血细胞的形态结构和机能；了解血液的理化特性和血凝的机理。能在标本或模型上识别牛心脏各部分的结构；在活体上找出心脏的体表投影位置和常用的静脉注射、脉搏检查部位；能正确地进行心音听诊和脉搏检查。

心血管系统由心脏、血管和血液组成。其中，心脏是动力器官，血管是循环通道。心脏在神经、体液的调节下活动，推动血液在血管内周而复始的流动，将营养物质和氧气运到全身各组织细胞，供其生理活动需要，同时把组织细胞产生的代谢产物，运送到排泄器官排出体外。

一、心血管系统的构造

(一) 心脏

1. 心脏的形态和位置

(1) 形态 心脏为中空的倒圆锥形肌质器官，其前缘稍凸，后缘平而直。前上部宽大为

心基，位置固定，有大血管进出；下部小且游离，称为心尖。靠近心基处有环绕心脏的冠状沟，把心脏分为上部的心房和下部的心室。从冠状沟向左下方延伸出左纵沟，向右下方延伸出右纵沟，两沟的右前方为右心室，构成心脏的前缘；左后方为左心室，构成心脏的后缘。在冠状沟和左、右纵沟内，有营养心脏的血管和脂肪（图2-32）。

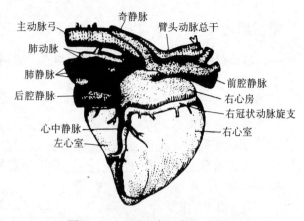

图2-32 心及基部血管（右侧面）

（2）位置 心脏位于胸腔纵隔内，与3~6肋骨相对，夹于两肺之间，略偏左并稍向前倾。心基位于肩关节水平线上，心尖在第六肋骨下端，距膈约2~5cm。

2. 心脏的内部构造

（1）心腔的构造 心脏的内腔被房中隔和室中隔分为互不相通的左右两部分，每一部分又分为上部的心房和下部的心室，同侧心房与心室之间以房室口相通。因此，心脏可分为右心房、右心室、左心房和左心室四个腔。

右心房构成心基的前上部，由静脉窦和心耳两部分构成。心耳是心房侧壁突出的锥形盲囊；静脉窦为静脉的入口部，其上部有前腔静脉、后腔静脉和奇静脉开口。右心房下部有右房室口，通右心室。右房室口有3片三角形的瓣膜，称为三尖瓣。瓣膜的游离缘朝向心室，并有腱索连接到心室壁的乳头肌上，有防止血液倒流的作用。右心室的出口为肺动脉口，在肺动脉口有3个袋口朝向肺动脉的半月状瓣膜，称为半月瓣。

左心房位于心基的左后部，其构造与右心房相似。在静脉窦的上部有7~8条肺静脉的入口，下部有左房室口与左心室相通。左房室口有2片强大的瓣膜，称为二尖瓣。瓣膜的游离缘朝向心室，并有腱索与心室壁的乳头肌相连。左心室的出口为主动脉，位于心室的前上方，其周围亦有3个半月状的瓣膜（图2-33）。

（2）心壁的构造 心壁分三层，由外向内分别为心外膜、心肌和心内膜。心外膜表面光滑、湿润，紧贴于心肌表面；心内膜薄而光滑，紧贴于心肌内面，与血管内膜相延续，在左、右室口和动脉口处折叠成瓣膜；心肌由心肌细胞构成，呈红褐色。心房肌与心室肌是两个独立的肌系，且心房肌薄，心室肌厚。

（3）心脏的血管 心脏本身的血管是营养性血管，包括冠状动脉和心静脉。冠状动脉由主动脉基部分出，行走于冠状沟和室间沟，并分支于心房和心室壁内，在心肌内形成丰富的毛细血管网，最后汇集成心静脉返回右心房。

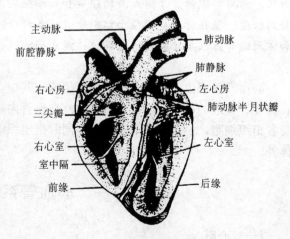

图2-33 心脏纵切面（通过肺动脉）

(4) 心脏的传导系统 心脏中除具有收缩机能的心肌细胞外，尚有一些特殊分化的细胞，可自动地产生兴奋，并进行传导，称为自律细胞。这些自律细胞，组成了心脏的传导系统。传导系统包括窦房结、结间束、房室结、房室束和浦金野氏纤维。其中，窦房结细胞的自动节律性最高，为心脏的正常起搏点。正常情况下，心脏的兴奋总是从窦房结开始，沿传导系统依次传播至心房、心室，从而引起心脏有节律地收缩和舒张（图2-34）。

3. 心包 心包是包围心脏的纤维浆膜囊，分为脏层和壁层。脏层即心外膜，在心基处向外折转形成壁层。两者之间的密闭腔隙称心包腔，内有少量滑液，称心包液，有润滑作用。

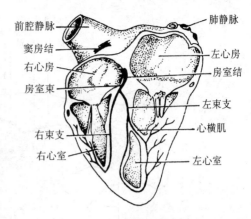

图2-34 心脏传导系统示意图

(二) 血管

1. 血管的种类和构造 血管是血液流通的管道，根据其结构和机能，可分为动脉、静脉和毛细血管三种。

(1) 动脉 动脉是引导血液出心脏，并向全身输送血液的管道。管壁厚而富有弹性，空虚时不塌陷，出血时呈喷射状。动脉管壁分为三层：外层由结缔组织构成，称外膜；中层由平滑肌、胶原纤维和弹性纤维组成，称中膜；内层由内皮细胞、薄层原质纤维和弹性纤维组成，称内膜。按其管径大小，动脉可分为大、中、小三类。离心脏愈近，则管径愈大，管壁愈厚，所含弹性纤维愈多。离心脏远的动脉，其弹性纤维逐渐减少，平滑肌纤维逐渐增加，到小动脉时则以平滑肌为主。故大动脉又称为弹性动脉，小动脉又称为肌性动脉。

(2) 静脉 引导血液回心脏的血管，多与动脉伴行。其管壁构造与动脉相似，也分三层，但中膜很薄，弹性纤维不发达。静脉管腔大，管壁薄，弹性差，易塌陷，出血时呈流水状。四肢部、颈部的静脉，内有折叠成对的游离缘朝向心脏方向的半月状瓣膜，称为静脉瓣，可防止血液逆流。

(3) 毛细血管 连接动脉与静脉之间的微细血管。毛细血管短而细，互相交织成网。其管壁非常薄，仅由一层内皮细胞构成，具有很大的通透性，是血液与组织液之间进行物质交换的主要场所。另外，位于肝、脾、骨髓等处的毛细血管，形成不规则的膨大部，称为血窦。血窦内血流缓慢，有利于进行物质交换和发挥巨噬细胞的吞噬作用。

2. 全身血管的分布 家畜全身的血管，可分为体循环血管和肺循环血管。

(1) 体循环血管的分布 体循环又称为大循环，主要是把含有氧气的血液从左心室运出，经主动脉而达全身各组织器官，再将含有二氧化碳的血液经腔静脉运回右心房。其循环途径为：左心室→主动脉→体毛细血管→腔静脉→右心房（图2-35）。

①体循环的动脉：大循环的主干血管是主动脉，起自左心室的主动脉口，其根部膨大，由此分出的冠状动脉分布于心脏。从主动脉根部向前分出臂头动脉总干，进一步分支到两前肢、颈部和头部。主动脉主干伸向后上方形成主动脉弓。向后延续成为胸主动脉，分出支气管食管动脉、肋间动脉等侧支后，主干继续后行，穿过膈进入腹腔，移行为腹主动脉。腹主动脉分支到腹腔、腹壁、骨盆腔和两后肢的组织器官。

A. 主动脉弓及分支 主动脉弓为主动脉的第一段，在起始部分出左、右冠状动脉后，

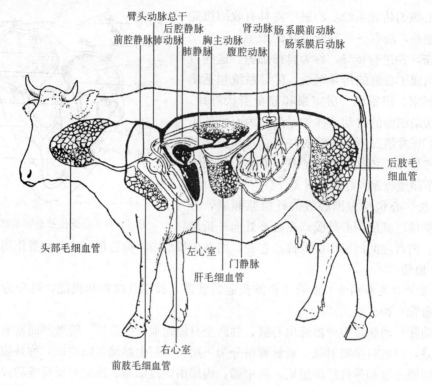

图 2-35 牛血液循环模式图

向前分出一支臂头动脉总干和胸主动脉。

臂头动脉总干：分布于头颈、前肢及胸前部的动脉主干，沿气管腹侧向前上方伸延至第 3 肋处，分出左锁骨下动脉，主干延续为臂头动脉。臂头动脉在气管腹侧继续前行至第 1 肋附近，分出一支颈动脉总干，主干向右移行为右锁骨下动脉。左、右锁骨下动脉分出一些分支后分别绕过第 1 肋出胸腔，移行为腋动脉。

颈动脉总干：很短，在胸前口处分为左、右颈总动脉，分别沿左、右颈静脉沟深层向前伸延，至环枕关节处分为枕动脉、颈内动脉（仅犊牛存在，成年牛退化）和颈外动脉。枕动脉向上伸延通过枕骨大孔入颅腔，主要分布于脑脊髓和脑膜上。颈外动脉向前上伸至下颌关节处延续为颌内动脉，分布于头部大部分器官及肌肉皮肤上。它在下颌支内侧分出一支颌外动脉，绕过下颌骨血管切迹转至面部，移行为面动脉。

前肢动脉：由锁骨下动脉延伸而来，在肩关节内侧称为腋动脉，在臂部称为臂动脉，在前臂部位于前臂内侧的正中沟内，称为正中动脉，在掌部称为指总动脉，指总动脉分为指内、外侧动脉，分别沿指间下行至指端。前肢动脉干各段均有分支分布于相应部位的肌肉、皮肤和骨骼等处。

B. 胸主动脉及分支　胸主动脉是主动脉弓向后的直接延续，其分支有肋间动脉和支气管食管动脉。肋间动脉有 13 对，前 3 对由左锁骨下动脉和臂头动脉的分支分出，后 10 对均由胸主动脉分出，主要分布于胸部脊柱附近的肌肉和皮肤。支气管食管动脉在第 6 胸椎处以一主干起自于胸主动脉腹侧，然后分为支气管动脉和食管动脉，分别分布于肺组织和食管。

C. 腹主动脉及分支　腹主动脉为腰腹部的动脉主干，其分支可分为壁支和脏支。壁支主要为腰动脉，有 6 对，分布于腰部肌肉、皮肤及脊髓脊膜等处；脏支主要分布于腹腔、盆腔的器官上，由前向后依次为腹腔动脉、肠系膜前动脉、肾动脉、肠系膜后动脉和睾丸动脉（子宫卵巢动脉）。

腹腔动脉：在膈的主动脉裂孔稍后处由腹主动脉分出，主要分布于脾、胃、肝、胰及十二指肠。

肠系膜前动脉：在第1腰椎腹侧处由腹主动脉分出，主要分布于小肠、结肠、盲肠和胰脏。

肾动脉：在第2腰椎处由腹主动脉发出，成对，分布于肾。

肠系膜后动脉：在4~5腰椎处由腹主动脉发出，比较细，主要分布于结肠后段和直肠。

睾丸动脉（子宫卵巢动脉）：在肠系膜后动脉附近由腹主动脉分出。公畜称为睾丸动脉，向后下行走进入腹股沟管的精索，分支分布于睾丸、输精管、附睾和睾丸鞘膜。母畜称为子宫卵巢动脉，在子宫阔韧带中向后延伸，分支为卵巢动脉和子宫前动脉，分布于卵巢、输卵管和子宫角上。

D. 骨盆部及荐尾部动脉　分布于骨盆部及尾部的动脉为髂内动脉，在第5、第6腰椎腹侧由腹主动脉分出，沿荐骨腹侧及荐坐韧带内侧向后伸延，分布于骨盆腔器官和荐臀部、尾部的肌肉皮肤。

E. 后肢动脉　分布于后肢的动脉主干为左、右髂外动脉，它们在第5腰椎处由腹主动脉向后左、右侧分出，沿髂骨前缘和后肢内侧面下伸至趾端。在股部为股动脉，在膝关节后为腘动脉，在胫骨背侧面为胫前动脉，在趾骨背侧为趾背侧动脉，向下分为第3趾、第4趾动脉。主干沿途形成分支，分布于后肢相应部位的骨骼、肌肉和皮肤。在耻骨前缘部，髂外动脉分支出阴部腹壁动脉干，其分支为阴部动脉（在母牛为乳房动脉），分布于乳房上。

②体循环的静脉：把血液运回右心房的血管。先由毛细血管汇集成小静脉，小静脉逐渐汇集成较大的静脉，最后汇集成四条较大的静脉：前腔静脉、后腔静脉、奇静脉和门静脉。

A. 前腔静脉系：前腔静脉是汇集头颈部、前肢部和部分胸壁血液的静脉干，在胸前口处由左、右颈静脉和左、右腋静脉汇合而成，位于气管和臂头动脉总干的腹侧，沿纵隔内向后延伸，注入右心房。在注入右心房前还接纳了胸壁、胸椎等部位的静脉支。

前腔静脉最主要的血管是颈静脉，它沿颈静脉沟向后延伸，在胸前口处汇入前腔静脉。在临床上，颈静脉是静脉注射和采血的常用部位。

B. 后腔静脉系：后腔静脉在骨盆腔入口处由左右髂总静脉汇合而成，沿腹主动脉右侧向前伸延，穿过膈的腔静脉孔进入胸腔，注入右心房。后腔静脉收集后肢、骨盆及盆腔器官、腹壁、腹腔器官及乳房的静脉血。

乳房的静脉：乳房的静脉血大部分经阴部外静脉注入髂外静脉；一小部分经腹皮下静脉注入胸内静脉。乳房两侧的阴部外静脉、腹皮下静脉和会阴静脉在乳房基部互相吻合，形成一个大的乳房基部静脉环，当其中任何一支静脉血流受阻时，其他静脉可起代偿作用。

门静脉：位于后腔静脉的下方，是腹腔内一条大的静脉干，它收集胃、脾、胰、小肠、大肠（直肠后部除外）的静脉血，经肝门入肝，在肝内分成毛细血管网，再汇成数支肝静脉，汇入后腔静脉。作用是将从胃、肠、脾、胰吸收的营养物质，运至肝脏，进行加工、合成、贮藏和解毒。

(2) 肺循环血管的分布　肺循环又称为小循环，从右心室开始，经肺动脉进入肺，在肺内形成毛细血管网，而后汇集成肺静脉，返回左心房。

①肺动脉：起于右心室的肺动脉口，沿主动脉弓的左侧向后上方伸延，至心基的后上方分为左、右两支，分别与左、右支气管一起从肺门入肺，在肺内随支气管进行分支，最后在肺泡周围形成毛细血管网，进行气体交换。

②肺静脉：由毛细血管网汇合而成，伴随肺动脉和支气管行走，最后汇成6条肺静脉，由肺门出肺，注入左心房。

（三）血液

1. **体液和机体内环境** 体液是家畜体内水和溶于水内的物质的总称，约占体重的60%～70%。一部分存在于细胞的内部，叫细胞内液；一部分存在于细胞的周围，叫细胞外液。细胞外液包括存在于组织间隙的组织液、存在于血管内的血液和存在于淋巴管内的淋巴。它们之间的关系如下：

家畜从外界吸入的氧气和各种营养物质，都先进入血浆，然后由毛细血管扩散到组织液，以供组织细胞代谢的需要。而组织细胞所产生的代谢产物也是先到组织液中，然后扩散到血浆而排出体外。可见组织液既是组织细胞的直接生活环境，也

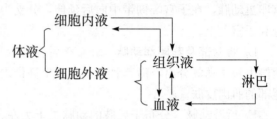

是组织细胞与外界环境进行物质交换的媒介。因此，常把组织液或细胞外液称为机体的内环境。尽管机体外环境不断发生变化，但机体内环境却在神经、体液的调节下保持相对稳定，从而保证细胞的正常生命活动。

2. **血液的成分** 正常血液为红色黏稠的液体。由液体成分血浆和有形成分共同组成，两者合起来称为全血。如果将加有抗凝剂（如草酸钾、枸橼酸钠等）的血液置于离心管中离心沉淀后，能明显地分成三层：上层淡黄色液体为血浆；下层为深红色的红细胞层；在红细胞与血浆之间有一白色薄层为白细胞和血小板。离体血液如不作抗凝处理，将很快凝固成胶冻状的血块，并析出淡黄色的透明液体，称为血清。血清与血浆的主要区别，在于血清中不含纤维蛋白原。

血液的组成：

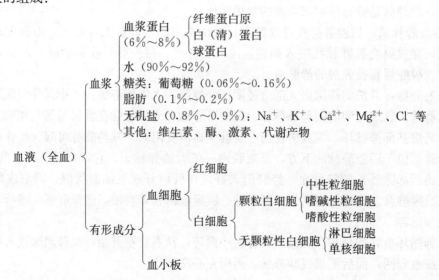

(1) 血浆　血浆是血液中的液体成分，其化学成分中水分占90%~92%，溶质占8%~10%。主要包括血浆蛋白质、血糖、血脂和其他物质等。

①血浆蛋白质：血浆蛋白约占血浆总量的6%~8%，包括白蛋白、球蛋白和纤维蛋白原三种。其中，白蛋白最多，球蛋白次之，纤维蛋白原最少。血浆蛋白可形成血浆胶体渗透压，调节血液与组织液的水平衡；可形成蛋白缓冲对，调节血液的酸碱平衡；某些球蛋白含有大量的抗体，参与体液免疫；纤维蛋白原可参与血液凝固。

②血糖：血液中所含的葡萄糖称为血糖，约占0.06%~0.16%。

③血脂：血液中脂肪称为血脂，约占0.1%~0.2%，大部分以中性脂肪的形式存在，少部分以磷酯、胆固醇等形式存在。

④无机盐：血浆中无机盐的含量约为0.8%~0.9%，均以离子状态存在于血液中，如Na^+、K^+、Ca^{2+}、Cl^-、HCO_3^-等，它们对维持血浆渗透压、酸碱平衡和神经肌肉的兴奋性有重要作用。

⑤其他物质：血浆中含有维生素、激素和酶等物质，虽然含量甚微，但对机体的代谢及生命活动却有重要的作用。

(2) 血细胞　包括红细胞和白细胞。

①红细胞：哺乳动物的成熟红细胞无核，呈双面凹的圆盘状。在血涂片标本上，中央染色较浅，周围染色较深。单个红细胞呈淡黄绿色，大量红细胞聚集在一起则呈红色。

红细胞在血细胞中数量最多，其正常数量随动物种类、品种、性别、年龄、饲养管理和环境条件而有所变化。如高产品种比低产品种多，幼龄比成年多，雄性比雌性多，高原比平原多，去势比不去势多，强健比衰弱多，饲养条件好的比差的多。

红细胞的细胞质内充满大量血红蛋白，约占红细胞成分的33%。血红蛋白的含量受品种、性别、年龄、饲养管理等因素的影响。血红蛋白含量常以每升血液中含有的克数表示（表2-4）。

表2-4　成年牛、羊红细胞数量和血红蛋白含量

动物种类	红细胞数（10^{12}/L）	血红蛋白含量（g/L）
牛	7.0 (5.0~10.0)	110 (80~150)
绵羊	10.0 (8.0~12.0)	120 (80~160)
山羊	13.0 (8.0~18.0)	110 (80~140)

红细胞具有运载氧和二氧化碳的能力，这一运载功能是由血红蛋白来完成。另外，红细胞对机体所产生的酸性或碱性物质起着缓冲作用。

红细胞主要在红骨髓生成而进入血液循环，在体内存活的时间平均为120d。最后衰老的红细胞，由脾、肝、骨髓中的巨噬细胞将其吞噬、破坏。

②白细胞：数量较少，体积较大，多呈球形，有细胞核。

中性粒细胞：白细胞中数量较多的一种。细胞呈球形，细胞质内有许多细小而分布均匀的中性颗粒，被染成紫红色。细胞核呈蓝紫色，呈分叶状。中性粒细胞有很强的吞噬能力，能吞噬进入血中的细菌、异物和衰老死亡的细胞，有保护作用。

嗜酸性粒细胞：数量较少，体积较大。细胞质内常含有粗大的嗜酸性颗粒，呈橘红色。细胞核分为2~3叶。

嗜碱性粒细胞：数量最少。细胞质内含有大小不等、分布不均匀的嗜碱性颗粒，呈蓝紫色。颗粒中含有肝素，有防止凝血的作用。

单核细胞：白细胞中体积最大的细胞。胞质较多呈弱碱性，常被染成灰蓝色。核的形状不规则，多为分叶形，着色较浅，呈淡紫色。单核细胞具有较强的吞噬能力，能吞噬较大的细菌和异物。

淋巴细胞：白细胞中比较多的一种。一般分为大、中、小三种。在血中常见的是小淋巴细胞，胞核较大，呈圆形或肾形，染成蓝紫色。胞质较少，仅围绕细胞核形成淡蓝色的一薄层。淋巴细胞参与免疫反应。

动物白细胞在正常时各占一定的百分比。在疾病状态下，白细胞的总数和各类白细胞的百分比都将发生变化。因而临床上常进行白细胞的分类计数，作为诊断疾病的依据（表2-5）。

表2-5 牛、羊白细胞数及白细胞分类百分比（%）

动物种类	白细胞总数（10^9/L）	中性粒细胞	嗜酸性粒细胞	嗜碱性粒细胞	淋巴细胞	单核细胞
牛	8.0	31.0	7.0	0.7	54.3	7.0
绵羊	8.2	37.2	4.5	0.6	54.7	3.0
山羊	9.6	42.2	3.0	0.8	50.0	4.0

白细胞大多数在骨髓产生，寿命比较短，一般能存活几天到十几天。衰老的白细胞大部分被巨噬细胞吞噬，小部分可穿过消化道和呼吸道黏膜而被排出。

（3）血小板 一种无色、呈圆形或卵圆形的小体，有细胞膜和细胞器，但无细胞核，体积比红细胞小，是由骨髓巨核细胞的胞质脱落而形成的。其主要机能为促进止血和加速血液凝固。

3. 血液的理化特性

（1）颜色 血液的颜色与红细胞中血红蛋白的含氧量有密切关系。动脉血含氧量高，呈鲜红色；静脉血含氧量低，呈暗红色。

（2）气味 血液因含有挥发性脂肪酸，故带有腥味。

（3）比重 血液的比重决定于它所含血细胞的数量和血浆蛋白的浓度。其比重比水略大，在1.046～1.052之间。血液越浓稠，比重越大。

（4）黏滞性 血液的黏滞性约为水的4～5倍，它的变化取决于红细胞的数量和血浆蛋白的浓度。当家畜大量失水而使血液浓缩时，血液黏滞性增大。

（5）悬浮稳定性 血细胞悬浮于血浆中而不易下沉的特性叫悬浮稳定性。如将血液加入抗凝剂，静置于沉降管中，许多红细胞逐渐聚合，形成串钱状的叠连而逐渐下沉，这种现象叫血沉降。

（6）渗透压 水通过半透膜向溶液中扩散的现象称为渗透。溶液促使水向半透膜另一侧溶液中渗透的力量，称为渗透压。

血浆的渗透压是相对恒定的。血液的渗透压由两部分构成，一种是由血浆中的无机盐离子和葡萄糖等晶体物质构成，称为晶体渗透压，约占总渗透压的99.5%，对维持细胞内外水平衡起重要作用；另一种是由血浆蛋白质等胶体物质构成，称为胶体渗透压，仅占总渗透压的 0.5%，对维持血浆和组织液间水平衡起重要作用。

血液渗透压与 0.9% 的氯化钠溶液或 5% 的葡萄糖溶液相等，凡与血液渗透压相等的溶液称为等渗溶液。临床上输液应以等渗溶液为主。

（7）酸碱度　动物的血液呈弱碱性，pH 在 7.35～7.45 之间。在正常情况下，血液 pH 之所以保持稳定，是因为血液中含有许多成对的既可中和酸又可中和碱的缓冲对。如 $NaHCO_3/H_2CO_3$、Na_2HPO_4/NaH_2PO_4、Na-蛋白质/H-蛋白质等，其中以 $NaHCO_3/H_2CO_3$ 最为重要。

临床上把每 100ml 血浆中含有的 $NaHCO_3$ 的量称为碱贮。在一定范围内，碱贮增加，表示机体对固定酸的缓冲能力增强。

4. 血液凝固　血液流出血管后，很快由液体状态变成固体状态，这种现象叫血液凝固。不同动物血液凝固的时间不同：牛 6.5min，羊 2.5min。

（1）血液凝固　血凝是一个复杂的连锁性生化反应过程，大体可分为三步：

第一步：凝血酶原激活物的形成。血小板解体所释放的凝血因子或组织损伤后释放出的组织因子，使血液中的凝血因子激活，形成凝血酶原激活物。

第二步：凝血酶原转变为凝血酶。凝血酶原激活物在钙离子的参与下，使血浆中的凝血酶原转变为凝血酶。

第三步：纤维蛋白原转变为纤维蛋白。在凝血酶和钙离子的作用下，血浆中可溶性的纤维蛋白原转变为纤维蛋白。纤维蛋白呈细丝状，互相交织成网，把血细胞网罗在一起，形成胶冻状的血凝块。

血液在血管内流动时一般不发生凝固，其原因为：一方面是心血管内皮光滑，上述反应不易发生；另一方面是血浆中存在一些抗凝血物质，如肝素，可抑制凝血酶原激活物的形成，阻止凝血酶原转化为凝血酶，抑制血小板黏着、聚集，影响血小板内凝血因子的释放；此外，如果血液在心血管中由于纤维蛋白的出现而产生凝血时，血浆中存在的纤维蛋白溶解酶也往往被激活，迅速将纤维蛋白溶解，使血液不再凝固，保证血液正常运行。

（2）加速和防止血液凝固的措施　在临床实践中，为了止血、输血和血液检查，常需要加速和延缓血液的凝固。

①常用抗凝或延缓血凝的方法：

低温：血液凝固主要是一系列酶促反应，而酶的活性受温度影响最大，把血液置于较低温度下，可降低酶促反应而延缓凝固。

加入抗凝剂：在凝血的三个阶段中，都有钙离子的参与。如果设法除去 Ca^{2+}，可防止血凝。如草酸盐、柠檬酸盐等可与 Ca^{2+} 结合形成沉淀，故临床上常用作抗凝剂。

将血液置于特别光滑的容器内或预先涂有石蜡的器皿内，可以减少血小板的破坏，延缓血凝。

使用肝素：肝素在体内、外都有抗凝血作用。

脱纤维：若将流入容器内的血液，迅速用玻璃棒搅拌，或容器内放置玻璃球加以摇晃，由于血小板迅速破裂等原因，加快了纤维蛋白的形成，并使形成的纤维蛋白附着在玻璃棒或玻璃球上，血液不再凝固。

②常用加速血凝的方法：

升高温度：血液凝固是一系列的酶促反应，适当升高温度能增强酶的活性，从而加速凝血。

提高创面粗糙度：可促进凝血因子的活化，促使血小板解体，释放凝血因子，最后形成凝血酶原激活物。

注射维生素K：维生素K可促使肝脏合成凝血酶原，并释放入血，还可促进某些凝血因子在肝脏合成。因此，维生素K对出血性疾病具有止血的作用。

5. 血液的总量　一般可按体重百分比计算，牛约8.0%。这些血液在安静时并不全部参加血液循环，总有一部分交替贮存于脾、肝、皮肤的毛细血管等处。这些具有贮存血液机能的器官称为血库，其贮存的血量大约为血液总量的8%～10%。在机体剧烈活动或大失血时会放出，参加血液循环。因此，家畜一次失血如果不超过10%，不会影响健康。但如果一次性失血超过20%，机体生命活动会受到影响；短时间内失血超过30%，可危及生命。

6. 血液的主要机能

（1）运输作用　可运输营养物质和氧气，同时又将代谢产物运送到排泄器官排出体外。

（2）调节作用　通过与组织液、细胞内液的不断交换与运输，维持内环境（如温度、酸碱度、渗透压、离子浓度等）的相对恒定。

（3）防御和保护作用　血液中的某些白细胞可吞噬病原体；抗体可参与免疫；凝血因子、血小板及纤维蛋白原参与血凝。

二、心血管生理

（一）心脏生理

1. 心肌的生理特性　心肌具有自动节律性、传导性、兴奋性和收缩性。

（1）自动节律性　心脏在没有神经支配的情况下，在若干时间内仍能维持自动而有节律的跳动，这一特性称为自动节律性。窦房结的自律性最高，成为心脏正常活动的起搏点，其他部位自律细胞的自律性依次逐渐降低，在正常情况下不自动产生兴奋，只起兴奋传导作用。以窦房结为起搏点的心脏节律性活动，称为窦性心律。当窦房结的功能出现障碍、兴奋传导阻滞或某些自律细胞的自律性异常升高时，潜在起搏点也可以自动发生兴奋，这种以窦房结以外的部位为起搏点的心脏活动，称为异位心律。

（2）传导性　心肌细胞的兴奋沿着细胞膜向外传播的特性。正常生理情况下，由窦房结发出的兴奋可以按一定途径传播到心脏各部，顺次引起整个心脏中的心肌细胞进入兴奋状态。兴奋在房室结的传导速度明显放慢，并有约0.07s的短暂延搁，称为房室延搁，使心房的收缩总是先于心室的收缩，从而保证心房把全部血液送入心室，使心室收缩时有充足的血液射出。

（3）兴奋性　心肌对适宜刺激发生反应的能力，称兴奋性。当心肌兴奋时，它的兴奋性也发生相应的周期性变化。

绝对不应期：心肌在受到刺激而出现一次兴奋后，一段时间内兴奋性降低到零，此时无论给予多大的刺激，心肌细胞均不发生反应，这一段时间称为绝对不应期。

相对不应期：在心肌开始舒张的一段时间内，给予较强的刺激，可引起心肌细胞产生兴奋，称为相对不应期。此期心肌的兴奋性已逐渐恢复，但仍低于正常。

超常期：在心肌舒张完毕之前的一段时间内，给予较弱的刺激，就可引起兴奋，此期称为超常期，此时兴奋性高于正常。超常期过后，心肌细胞的兴奋性恢复至正常水平。

（4）收缩性　心肌表现为收缩的特性称为收缩性。心肌收缩的最大特点是单收缩，而不像骨骼肌的强直收缩，从而使心脏保持舒缩活动交替进行，保证心脏的射血和血液的回流等功能的实现。

在心脏的相对不应期内，如果给予心脏一个较强的额外刺激，则心脏会发生一次比正常心律提前的收缩，称为额外收缩（期外收缩）；额外收缩后，往往发生一个较长的间歇期，称为代偿间歇，恰好补偿上一个额外收缩所缺的间歇期时间，以保证心脏有充足的补偿氧和营养物质的时间，而不致发生疲劳。

2. 心动周期和心率

（1）心动周期　心脏每收缩和舒张一次，称为一个心动周期。在一个心动周期中，心脏各部分的活动遵循一定的规律，又有严格的顺序性，一般分为三个时期：

①心房收缩期：心房收缩，心室处于舒张状态，房室瓣开放，血液由心房进入心室。

②心室收缩期：心室收缩，心房舒张，房室瓣关闭，动脉瓣（半月瓣）开放，血液由心室进入动脉血管，同时静脉的血液回流入心房。

③间歇期：心房、心室同处舒张状态，动脉瓣关闭，房室瓣开放。此时血液流动方向为：静脉→心房→心室。

在心动周期中，由于心房和心室收缩期都比舒张期短，所以心肌在每次收缩后能够有效地补充氧和营养物质。由于心房的舒缩对射血意义不大，所以一般都以心室的舒缩为标志，把心室的收缩期叫心缩期，而把心室的舒张期叫心舒期。

（2）心率　健康家畜单位时间内心脏搏动的次数称为心跳频率，简称心率。心率可因动物种类、年龄、性别、所处环境和地域等情况而不同。黄牛的心率为60～80次/min，水牛的心率30～50次/min，羊的心率为70～80次/min。

3. 心音　在心动周期中，由于心脏瓣膜的关闭和心肌的收缩引起的血流振荡而产生的声音称为心音。通常在胸壁的心区可以听到，它由"嗵—塔"两个心音组成，分别叫第一心音和第二心音。

（1）第一心音　为心缩音，在心脏收缩时，由于房室瓣关闭，腱索弹性震动，血液冲开主动脉瓣、肺动脉瓣及血液在动脉根部的震动以及心肌收缩心室壁的震动而产生。其特点是音调低而持续时间长。

（2）第二心音　为心舒音，在心脏的舒张期，心室内压突然下降，引起心室壁震动，主动脉瓣、肺动脉瓣关闭，动脉血回流冲击关闭的动脉瓣和心壁而产生。其特点是音调高而持续时间短。

4. 心输出量及其影响因素

（1）每搏输出量和每分输出量　心脏收缩时，从左右心室射进动脉的血量基本上是相等的。每一个心室每次收缩排出的血量叫每搏输出量，每个心室每分钟排出的血液总量称为每分输出量。一般所说的心输出量是指每分输出量，它是衡量心脏功能的一项重要指标。每分输出量大致等于每搏输出量和心率的乘积，即：

$$心输出量=每搏输出量×心率$$

正常时，心输出量是随着机体新陈代谢的强度而改变。新陈代谢增强时，心输出量也会相应增加。心脏这种能够增加心输出量来适应机体需要的能力，叫做心脏的储备力。

（2）影响心输出量的主要因素　决定心输出量的因素是每搏输出量和心率，而每搏输出量的大小，主要受静脉回流量和心室肌收缩力的影响。

①静脉回流量：当静脉回心血量增加时，心室容积相应增大，收缩力加强，每搏输出量就增多；反之，静脉回心血量减少，每搏输出量也减少。

②心室肌收缩力：在静脉回流量和心舒末期容积不变的情况下，心肌可在神经系统和各种体液因素的调节下，改变心肌的收缩力量。心肌收缩力量增强，使心缩末期的容积比正常时进一步缩小，减少心室的残余血量，从而使每搏输出量明显增加。

③心率：心率加快在一定范围内能够增加心输出量。但心率过快会使心动周期的时间缩短，特别是舒张期的时间缩短。这样就能造成心室还没有被血液完全充盈的情况下进行收缩，结果每搏输出量减少。此外，心率过快会使心脏过度消耗供能物质，从而使心肌收缩力降低。

（二）血管生理

1. 动脉血压　血压是指血液在血管内流动时对血管壁产生的侧压力，常用千帕（kPa）来表示。血压可分为动脉血压、静脉血压和毛细血管血压，通常所说的血压是指动脉血压。其中，动脉血压最高，毛细血管血压次之，静脉血压最低。

在一个心动周期中，动脉血压随心室的舒缩而不断变化。在心室收缩期，动脉血压升高，其最高值称为收缩压。在心室舒张期末，动脉血压降至最低值，称为舒张压。收缩压与舒张压的差值，称为脉搏压，它可以反映动脉管壁的弹性。动脉管壁弹性良好可使脉搏压减小，弹性下降则脉搏压上升。

动脉血压的数值主要取决于心输出量和外周阻力，因此，凡是能影响心输出量和外周阻力的各种因素，都影响动脉血压。

2. 动脉脉搏

（1）动脉脉搏的形成　每次心室收缩时，血液射向主动脉，使主动脉内压在短时间内迅速升高，富有弹性的主动脉管壁向外扩张；心室舒张时，主动脉内压下降，血管壁又发生弹性回缩而恢复原状。因此，心室的节律性收缩和舒张使主动脉壁发生同样节律扩张和回缩的振动。这种振动沿着动脉管壁以弹性压力波的形式传播，形成动脉脉搏。通常临床上所说的脉搏，就是指动脉脉搏。

（2）动脉脉搏的临床意义　由于脉搏是心搏动和动脉管壁的弹性所产生，它不但能够直接反映心率和心动周期的节律，而且能够在一定程度上通过脉搏的速度、幅度、硬度和频率等特性，反映整个循环系统的功能状态。所以，检查动脉脉搏有很重要的临床意义。

检查脉搏一般选择比较接近体表的动脉，牛在尾中动脉。

3. 静脉血压和静脉血回流　血液对静脉管壁的侧压力，称为静脉血压。右心房作为体循环的终点，血压最低，接近于零。血液在静脉内的流动，主要依赖于静脉与右心房之间的压力差。能引起这种压力差发生变化的任何因素都能影响静脉内的血流，从而改变由静脉流回右心室的血量，即静脉回心血量。影响静脉回流量最主要的因素有：

（1）血压差促使血液回流　动物躺卧时，全身各大静脉大都与心脏在同一水平，由于远心段静脉血压依次向近心段降低，所以单靠静脉系统中各段的血压差，就可以推动血液流回心脏。

（2）胸腔负压的抽吸作用　呼吸运动时胸腔内产生的负压变化，是影响静脉回流的另一因素。胸腔内压比大气压低，吸气时更低。由于静脉管壁薄而柔软，故吸气时，胸腔内的大静脉受到负压牵引而扩张，使静脉容积增大，内压下降，因而对静脉回流起抽吸的作用。

（3）骨骼肌的挤压作用　骨骼肌收缩时能挤压附近静脉，提高静脉内压力，使其中的血液推开瓣膜产生向心性流动。

4. 微循环　微循环是指小动脉和小静脉之间的微细血管中的血液循环，是完成物质交换的部位。它包括小动脉、中间小动脉、前毛细血管、真毛细血管、小静脉和动静脉吻合支（图2-36）。

微循环的血液，可以通过以下三条途径由小动脉流向小静脉：

（1）营养通路　其血液径路为小动脉→中间小动脉→前毛细血管→真毛细血管→小静脉。这条通路流程长，阻力大，血流缓慢；真毛细血管管壁薄，通透性大；管道又呈网状分布，与组织液有广泛的接触面积，是血液与组织液间进行物质交换的主要场所。

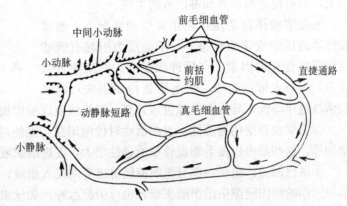

图2-36　微循环模式图

（2）直捷通路　血液经小动脉、中间小动脉和由中间小动脉分支的毛细血管回到小静脉。这一通路血流迅速，流经区域小，在物质交换上意义不大。当局部组织处于安静状态时，血液大部分经此路回流。

（3）动静脉短路　血液不经过毛细血管，直接经小动脉与小静脉的吻合支而回流到静脉。主要作用是调节血液在全身各部的循环血量，缩短循环路径，减少外周阻力，使血液尽快回流心脏，以供机体其他部位所需。这条通路常处于关闭状态，只有在需要时才开放。

5. 组织液与淋巴液　存在于组织细胞间隙中的液体，称为组织液。体内绝大部分组织液呈凝胶状态，不能自由流动，故组织液不会因重力作用而流向身体的低垂部位。

（1）组织液的生成与回流　组织液来自毛细血管血液。因毛细血管壁具有通透性，故除血细胞和大分子物质外，水和其他小分子物质都可以弥散或滤过的方式透过毛细血管壁，在血液和组织液之间进行交换。因此，组织液中各种离子成分与血浆相似，但蛋白质浓度明显低于血浆。

组织液是血浆滤过毛细血管壁形成的。液体通过毛细血管壁的滤过和重吸收取决于四个因素：即毛细血管血压、组织液胶体渗透压、组织液压和血浆胶体渗透压。其中，毛细血管血压和组织液胶体渗透压，是促使血浆由毛细血管内向血管外滤过的力量；组织液压和血浆胶体渗透压，是促使组织液从血管外重吸收入毛细血管内的力量。滤过的力量和重吸收的力量之差，称为有效滤过压。

有效滤过压 =（毛细血管血压 + 组织液胶体渗透压）-（组织液压 + 血浆胶体渗透压）

一般情况下，动脉端毛细血管血压较高，有效滤过压为正值，则血浆中的液体由毛细血管滤出，形成组织液；静脉端的毛细血管血压较低，有效滤过压为负值，则组织液回流入血液（图2-37）。组织液的生成量总是大于回渗量，一部分组织液进入毛细淋巴管内生成淋巴液，通过淋巴循环回流入血，来补充组织液回流的不足，这样组织液的生成量与组织液回流量和淋巴回流量之和相等，从而维持了血液与组织液之间的体液平衡。

（2）影响组织液和淋巴液生成的因素　组织液的生成与回流是由有效滤过压决定的，因此影响有效滤过压的因素，均可影响组织液和淋巴液的生成。

①毛细血管血压：凡能使毛细血管血压升高的因素，都可促进组织液和淋巴液的生成。

②血浆胶体渗透压：在正常生理状况下，血浆胶体渗透压的变化幅度很小，不会成为引起有效滤过压明显变化的因素。在病理状况下，如某些肾脏疾患，因有大量蛋白尿，使血浆蛋白质损失，血浆胶体渗透压降低，导致有效滤过压升高，组织液生成量增加，回流减少，可出现水肿。

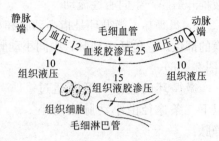

图2-37　毛细血管、组织间隙和毛细淋巴管之间液体循环示意图

③毛细血管壁的通透性：组织活动时代谢增强，能使局部温度升高，pH降低，氧消耗增加等，这些都可以使毛细血管壁通透性增大，促进组织液和淋巴液的生成。

④淋巴回流：由于一部分组织液经淋巴管回流入血液，因此，如淋巴回流受阻，在受阻部位远端的组织间隙中组织液积聚，也可引起水肿，如丝虫病引起的肢体水肿等。

实验实习与技能训练

一、心脏形态、结构的识别

（一）目的要求　通过学习，识别心脏的形态、结构。

（二）材料与设备　牛的心脏新鲜标本或模型。

（三）方法步骤　观察牛心脏的新鲜标本或模型，识别心基、心尖、冠状沟、心房、心室、房室瓣、动脉瓣和进出心脏的血管。

（四）技能考核　在牛的心脏标本或模型上，识别心脏的上述结构。

二、血细胞形状构造的识别

（一）目的要求　准确识别血液中各类血细胞的形态、构造。

（二）材料及设备　显微镜、血液涂片。

（三）方法步骤　用高倍镜或油镜观察血液涂片，识别红细胞和各种白细胞的形态、结构。

（四）技能考核　绘出各种血细胞的形态、结构图。

三、活体实习：牛心脏的体表投影与静脉注射、脉搏检查部位的识别

（一）目的要求　通过学习，能准确地识别牛心脏的体表投影和静脉注射、脉搏检查部位，正确地听诊心音和检查脉搏。

（二）材料及设备 牛、保定器械、采血针头、听诊器。

（三）方法步骤

1. 将牛驻立保定。

2. 心脏体表投影的确定：左侧，肩关节水平线下，第2～6肋间的肘窝处。用听诊器听诊心音，并分辨第一、第二心音。

3. 牛采血与静脉注射部位的确定：确定牛颈静脉沟的位置，在教师指导下，用采血针采血，确认常用的采血、静脉注射的部位。

4. 脉搏的检查：确定牛静脉检查的部位：尾中动脉。在教师指导下，检查脉搏。

（四）技能考核 在牛体上，指出心脏的体表投影、静脉注射和检查脉搏的部位，能正确地听诊心音和检查脉搏。

四、离体蛙心实验（示教）

（一）目的要求 观察蛙心的正常活动和各种因素对离体蛙心的影响。

（二）材料及设备 蛙、蛙板、蛙心套管、蛙心夹、缝针、缝线、记纹鼓、普通杠杆、滴唧、任氏液、1‰ NaCl、1‰ KCl、1‰ $CaCL_2$、0.1‰ 肾上腺素、1‰ NaH_2PO_4、1‰ NaOH。

（三）方法步骤

1. 用纱布包裹蛙心，使其头部露出，左手执蛙身，右手持剪刀插入口中将其上颌连根剪断，以破坏脑髓；取一钝探针刺入脊髓内，上、下抽动以毁坏全部脊髓。

2. 剪开腹腔，暴露心脏。在左、右主动脉下面各穿一条浸过任氏液的缝线并结扎。将心脏向前翻转，于心脏背侧找到静脉窦，并于静脉窦以外结扎一线（勿结在静脉窦上），这样就阻断了血液继续流回心脏。

3. 将心脏放回原位，用锋利的小刀在主动脉球上朝心脏的方向剪一小口，以沾有任氏液的蛙心套管的尖端，由破口插入，通过半月瓣直入心室（插管时，要小心试探插入，以免损伤心肌，如插入的深度和位置适当，则管中的液面随心脏的跳动而上升或下降）。

4. 另加一线将主动脉与套管的尖端一起结扎固定。并小心在以上各结外剪断，取出心脏。

5. 将蛙心固定于铁支架上，在蛙心夹系上一线，夹住心尖，并把线连于杠杆上。

6. 调整好笔尖与记纹鼓，然后进行下列试验：

（1）用滴管向蛙心管中注入1～3cm任氏液，使记纹鼓缓慢转动，记录离体蛙心收缩的基本曲线。

（2）向套管注入1‰NaCl数滴，观察心脏活动有何变化。

（3）用任氏液洗涤，待心脏活动恢复正常后，加入1‰$CaCl_2$数滴，观察心脏有何变化。

（4）同上处理后，加入1‰KCl数滴，观察心脏活动有何变化。

（5）同上处理后，先后加入1‰NaOH 2～3滴；1‰NaH_2PO_4 2～3滴；0.1‰肾上腺素1～2滴，分别观察心脏活动有何变化。

（四）技能考核 记录实验结果，能对实验结果进行正确分析。

1. 离体蛙心为什么能有节律性的活动？

2. 在 Na^+、K^+、Ca^{2+}、酸、碱和肾上腺素的作用下，心脏活动有何变化。

五、肠系膜血液循环的观察

（一）目的要求　了解血液在动脉、静脉和毛细血管内运行的特点。

（二）材料及设备　显微镜、蛙、有孔蛙板、纱布、生理盐水。

（三）方法步骤

1. 将破坏脑与脊髓的蛙置于有孔蛙板上，剖开腹腔拉一段小肠，展开肠系膜，置于蛙板大孔上，以大头针固定之，用生理盐水湿润。将蛙板置于显微镜的载物台上，使蛙板大孔对准物镜，然后进行下列观察。

2. 以低倍镜找出一条小动脉、一条小静脉，注意两者口径的大小，管壁的厚薄，血流的方向、速度及血液的颜色。

3. 观察毛细血管血流情况：管径大小、血流速度及血细胞流经毛细血管的特点。

（四）技能考核　描述出蛙肠系膜血液循环的特点。

复习思考题

一、名词解释：体液　机体内环境　血浆　血清　免疫球蛋白　碱贮　血压　脉搏　心率　心输出量　心动周期　血窦

二、填空

1. 心脏传导系统包括_____、_____、_____、_____、_____，其中_____的自动节律性最高，是心脏正常的起搏点。

2. 全身的静脉血，最后经_____、_____和奇静脉回流入右心房。

3. 红细胞的主要成分是_____，它有_____作用。

4. 白细胞又分为_____、_____、_____、_____和_____，其中有吞噬作用的是_____和_____，参与免疫的是_____。

三、问答题

1. 简述心脏的形态构造和位置。
2. 血管分哪几类？各有什么特点？
3. 简述血液的组成。
4. 简述血液凝固的机理，并分别例举一个促凝和抗凝的措施。
5. 什么叫等渗溶液？列出临床上常用的两种等渗溶液。

四、思考题

假如用静脉注射的办法治疗小肠的炎症，请指出药物从注射部位到达小肠的途径。

第八节　免疫系统

【学习目标】了解免疫细胞、免疫组织、免疫器官的概念及免疫系统的组成和作用；掌握牛常检淋巴结、脾脏、胸腺的形态、位置和机能。能在显微镜下识别淋巴结、脾脏的组织构造；在牛尸体上找到常检淋巴结；在活体上触摸到牛的浅表常检淋巴结。

一、免疫系统的组成与作用

（一）免疫系统的组成　免疫系统由免疫器官、免疫细胞和免疫分子构成。

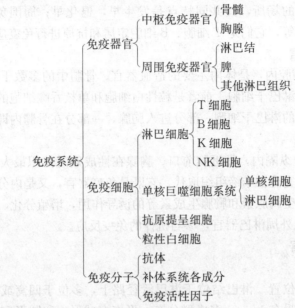

（二）免疫系统的作用

1. **免疫防御**　免疫系统可阻止病原生物侵入机体，抑制其在体内繁殖、扩散，并可清除病原微生物及其产物。这种机能降低可导致重复感染。但如过高又可导致机体过敏，产生变态反应。

2. **免疫稳定**　免疫系统可清除体内多种衰老、损伤的细胞，以保持体内各类细胞的自身稳定。

3. **免疫监视**　免疫系统能够识别、杀伤和清除体内的突变细胞。突变细胞是机体自发地或在某些病毒、化学药品等诱发下产生的一种细胞，如不能及早发现、清除，则易发展成为肿瘤。

（三）免疫方式　免疫方式有特异性免疫和非特异性免疫两种。

1. **非特异性免疫**　由先天遗传而获得，又称为先天性免疫。如皮肤、黏膜的屏障作用，吞噬细胞的吞噬作用，自然杀伤细胞的杀伤作用及多种体液成分（如补体、溶菌酶等）的免疫作用。它们能非特异地阻挡或清除入侵体内的微生物及体内突变、死亡的细胞，所以称为非特异性免疫。

2. **特异性免疫**　个体出生后，由于机体感染了某种病原微生物或接触了异种、异体抗原而获得的仅是针对某种微生物或抗原的免疫力，称为特异性免疫。这种免疫清除相应抗原的能力显著强于非特异性免疫，是进行人工免疫的基础。但是，它不能遗传，作用范围受局限。

二、免疫器官

免疫器官包括中枢免疫器官和周围免疫器官。中枢免疫器官有骨髓、胸腺,它们是免疫细胞发生、分化和成熟的场所,其共同特点是发生早,退化早;周围免疫器官有淋巴结、脾、扁桃体和血淋巴结等,它们是 T 细胞、B 细胞定居和抗原进行免疫应答的场所。

(一)中枢免疫器官

1. 骨髓　位于骨髓腔内,是体内主要的造血器官。骨髓中的多数干细胞经过增殖和分化,成为髓样干细胞和淋巴干细胞。前者是粒性白细胞和单核吞噬细胞的前身,后者是淋巴细胞的前身。哺乳动物的淋巴干细胞一部分进入胸腺,一部分在骨髓内即可分化、成熟为 B 细胞。

2. 胸腺　位于胸腔纵隔内,靠近胸前口。胸腺在性成熟时体积最大,此后停止生长并逐渐退化,到老年几乎完全被结缔组织取代。它既是免疫器官,又是内分泌器官。来自骨髓的淋巴干细胞在胸腺中受胸腺素和胸腺生成素等的诱导作用,增殖分化、成熟为具有免疫功能的 T 细胞,而后进入外周淋巴器官,参与机体的免疫反应。

(二)周围免疫器官

1. 淋巴结

(1)淋巴结的形态位置　淋巴结位于淋巴管径路上,多位于凹窝或隐藏之处,大小不一,大的几厘米,小的只有1mm,多成群分布。形态有球形、卵圆形和扁圆形等。淋巴结在活体上呈淡红色,肉尸上略呈灰白色,淋巴结的一侧凹陷为淋巴结门,是血管、神经和输出淋巴管进出的地方;另一侧凸出,有多条输入淋巴管进入淋巴结内。

(2)淋巴结的组织构造　淋巴结由被膜和实质构成(图2-38)。

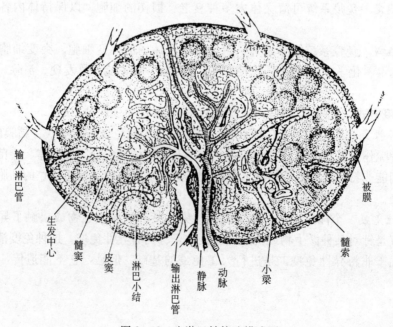

图2-38　牛淋巴结构造模式图

①被膜：为覆盖在淋巴结表面的结缔组织膜。被膜结缔组织伸入实质形成许多小梁并相互连接成网，与网状组织共同构成淋巴结的支架。进入淋巴结的血管沿小梁分布。

②实质：淋巴结的实质可分为皮质和髓质。

皮质：位于淋巴结的外周，颜色较深。由淋巴小结、副皮质区和皮质淋巴窦组成。淋巴小结位于皮质区浅层，呈圆形或椭圆形，可分为中央区和周围区。中央区着色淡，除网状细胞外，主要有B淋巴细胞、巨噬细胞、少量的T淋巴细胞和浆细胞等。此区的淋巴细胞增殖能力较强，称为生发中心。周围区着色较深，聚集大量的小淋巴细胞。副皮质区为弥散淋巴组织，位于淋巴小结之间和皮质、髓质的交界处，是T淋巴细胞的主要分布区。在抗原的刺激下，该区的淋巴细胞可大量繁殖，离开淋巴结，经淋巴管而进入血液。皮质淋巴窦是位于被膜下、淋巴小结与小梁之间互相通连的腔隙，是淋巴流经的部位。窦内存在着网状细胞、淋巴细胞和巨噬细胞。窦壁由内皮细胞构成，壁上有孔，淋巴细胞和淋巴液可以自由进出。

髓质：位于中央部和门部，颜色较淡。由髓索和髓质淋巴窦组成。髓索是排列呈索状的淋巴组织，彼此吻合成网状，其主要成分是B淋巴细胞，还有浆细胞和巨噬细胞。淋巴结功能活跃时，淋巴索发达，浆细胞多，产生抗体。髓质淋巴窦位于髓索之间和髓索与小梁之间，结构与皮质淋巴窦相同，接受来自皮质淋巴窦的淋巴，并将淋巴液汇入输出淋巴管。

（3）淋巴结的功能　淋巴结是免疫系统的重要器官，其主要功能是：产生淋巴细胞，参与免疫；消灭进入淋巴结的细菌和异物，对机体起保护作用。

（4）畜体的主要淋巴结　淋巴结位于淋巴管的径路上。畜体的每一个局部或器官的附近，都有一个淋巴结群，以接受该区域或器官流来的淋巴。当该区域的组织器官发病时，必然导致这些淋巴结首先出现症状，如发炎、肿胀和疼痛等。因此，在进行临床检查和动物检疫时，常通过淋巴结的变化来诊断某些疾病。淋巴结的名称一般以存在部位而命名。兽医临床和动物检疫常检的畜体淋巴结有（图2-39）：

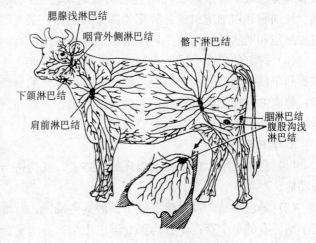

图2-39　牛浅表淋巴结分布

下颌淋巴结：呈卵圆形，位于下颌间隙中，下颌血管切迹稍后，外侧与颌下腺前端相邻。收集头腹侧、鼻腔、口腔前部及唾液腺的淋巴。

颈浅淋巴结：又称肩前淋巴结，位于肩关节前上方，臂头肌和肩胛横突肌深面。接受颈部、前肢和胸壁的淋巴，输出管汇入右气管淋巴干或胸导管。

髂内淋巴结：分布于髂内动脉和旋髂深动脉起始部附近，一般1~4个，长约1~5cm，接纳后肢、骨盆壁、盆腔器官和腰部的淋巴，输出管形成腰淋巴干。

腹股沟浅淋巴结：母畜为乳房淋巴结，位于乳房基部后上方皮下，接纳乳房前庭、阴门及股部、小腿部皮肤的淋巴。公畜则为阴囊阴茎背侧淋巴结，位于精索之后，阴囊基部阴茎两侧。

髂下淋巴结：又称股前或膝上淋巴结，位于股阔筋膜张肌前缘的膝褶中，为一个大而长的淋巴结，在体表即可触摸到。接纳腹壁、骨盆、股部、小腿部皮肤的淋巴。

腘淋巴结：位于股二头肌、半腱肌与腓肠肌外侧头之间，接纳小腿部的淋巴。

气管支气管淋巴结：位于气管分叉的附近，形状不规则。它主要接纳支气管、心肺的淋巴，汇入胸导管。

肝门淋巴结：位于肝门附近，沿门静脉、肝动脉和胆管分布，牛一般1～3个，多则10个，羊2～4个。接纳肝、胰、十二指肠和皱胃的淋巴，输出管汇入腹腔淋巴干。

肠系膜淋巴结：位于肠系膜前、后动脉附近和肠系膜中，数目很多。收集小肠、大肠各段的淋巴及其他腹腔淋巴，最后汇入肠淋巴干。

2. 脾脏

（1）脾脏的形态、位置　脾是体内最大的淋巴器官。牛的脾呈长而扁平的椭圆形，蓝紫色，质柔软，位于瘤胃背囊的左前方。羊的脾呈扁平的三角形，红紫色，位于瘤胃左侧。

（2）脾的组织构造　脾靠近瘤胃的一面，称脏面。在脏面上有血管和神经出入，称为脾门。脾的外面被覆一层结缔组织被膜，内含有丰富的弹性纤维和平滑肌。被膜伸入脾脏内部并形成脾小梁，构成脾的支架。

脾的实质叫脾髓，可分为白髓和红髓。白髓由许多脾小体构成，分散在红髓之中。脾小体呈圆形或椭圆形，主要由B淋巴细胞构成。每一脾小体中央都有一条小动脉，称中央动脉。中央动脉的周围是T细胞聚集的区域，称动脉周围淋巴鞘。红髓位于白髓周围，由脾索和脾窦组成。脾索是彼此吻合成网状的淋巴组织索，由网状细胞、B淋巴细胞、巨噬细胞、红细胞和白细胞组成。脾窦为脾索间腔隙，是毛细血管的膨大部，内充满血液。窦壁由内皮细胞和网状纤维构成，内皮细胞之间有空隙，有利于血细胞穿过。

（3）脾脏的机能　①造血功能：胚胎期，脾能产生各种血细胞，出生后，只能产生淋巴细胞和单核细胞；②贮血机能：脾能贮存一定量的血液，是体内重要的血库；③过滤血液机能：脾内的吞噬细胞可吞噬进入脾脏的细菌、异物和衰老死亡的细胞；④免疫机能：脾内的淋巴细胞能产生抗体，参与免疫反应。

3. 其他淋巴器官

（1）血淋巴结　位于血液循环的通路上，其构造与淋巴结基本相同。有一定的造血和免疫功能。

（2）淋巴小结　在黏膜上皮下面的某些部位，有淋巴细胞密集形成的淋巴组织，称为淋巴小结。有的单个存在，称为孤立淋巴小结；有的集合成群，称为集合淋巴小结。

（3）扁桃体　在咽和软腭的黏膜内分布有淋巴组织，称为扁桃体。扁桃体无淋巴管输入又处于暴露位置，故抗原可由口腔直接感染。它在抗原的刺激下，能产生淋巴细胞，参与免疫反应。

三、免疫细胞

凡参与免疫反应的细胞统称为免疫细胞，主要有以下几种。

（一）淋巴细胞　大小不一，直径5～18μm，胞核大，几乎充满整个细胞。这种细胞因随血液在全身循环，因而可以在机体的每个组织中找到。它不但能识别外来的"非我"物质，发动一系列生理机制清除入侵者，而且能辨识自己体内的成分。这种区分"己"与"非己"的能力是淋巴细胞的主要特征，也是免疫反应的基础。至今已知的淋巴细胞有以下几种：

1. T 细胞　产生于胸腺，故又称为胸腺依赖淋巴细胞。用胸腺（thymus）一词的英文字头"T"来命名。成熟 T 细胞进入血液和淋巴液参与细胞免疫，可直接攻击靶细胞。

2. B 细胞　产生于骨髓，故又称骨髓依赖淋巴细胞。用骨髓（bone marrow）一词的英文字头"B"来命名。B 细胞成熟后进入血液和淋巴液，在抗原刺激下转化为浆细胞，浆细胞产生抗体，参与体液免疫。

3. K 细胞　发现较晚的淋巴样细胞。该细胞具有非特异性杀伤功能，但不能单独杀伤靶细胞，只能杀伤与抗体结合的靶细胞。所以，这种杀伤作用称为抗体依赖性细胞介导的细胞毒作用。这种作用很强，体内只要有微量抗体与相应抗原结合，就能激活 K 细胞而发挥对靶细胞的杀伤作用。

4. NK 细胞（自然杀伤细胞）　一类不依赖抗体、不需要抗原致敏即具杀伤靶细胞能力的淋巴细胞。尤其是对肿瘤细胞及病毒感染细胞，具有明显的杀伤作用。

（二）单核巨噬细胞系统　它是指分散在许多器官和组织中的一些具有很强吞噬能力的细胞，由于这些细胞都来源于血液的单核细胞，因此这一类细胞被称为单核巨噬细胞系统。主要包括疏松结缔组织中的组织细胞、肺内的尘细胞、肝血窦中的枯否氏细胞、血液中的单核细胞、脾和淋巴结内的巨噬细胞、脑和脊髓内的小胶质细胞等。血液中的中性粒细胞虽有吞噬能力，但不是由单核细胞转变而来，且只能吞噬细胞而不能吞噬较大的异物，因此不属于单核巨噬细胞系统。

单核巨噬细胞系统的主要机能是吞噬侵入体内的细菌、异物以及衰老、死亡的细胞，并能清除病灶中坏死的组织和细胞；在炎症的恢复期参与组织的修复；肝脏中的枯否氏细胞还参与胆色素的制造等。

（三）抗原提呈细胞　在特异性免疫应答中能够摄取、处理、转递抗原给 T 细胞和 B 细胞的细胞。其作用过程称为抗原提呈。有此作用的细胞主要有巨噬细胞、B 细胞、周围淋巴器官中的树突状细胞、指状细胞及真皮层中的郎罕氏细胞等。

（四）粒性白细胞　细胞质中含有特殊颗粒的白细胞称粒性白细胞。其中，中性粒细胞除具有吞噬细菌、抗感染能力外，尚可与抗原、抗体相结合，形成中性粒细胞—抗体—抗原复合物，从而大大加强对抗原的吞噬作用，参与机体的免疫过程；嗜碱性粒细胞主要参与体内的过敏性反应和变态反应；嗜酸性粒细胞与免疫反应过程密切相关，常见于免疫反应的部位，有较强的吞噬能力，抗寄生虫的作用也较强。

四、淋　　巴

淋巴（淋巴液）是免疫系统重要的组成部分，同时又是体内主要的体液成分。淋巴液来源于组织液，组织液来源于血液，而淋巴液最后又回到了血液。所以，淋巴、血液、组织液三者密切相关，任何一方出现变化，都将对其他发生影响。

（一）淋巴的生成　淋巴是组织液透过毛细淋巴管壁进入毛细淋巴管而生成的。首先，毛细淋巴管管壁极薄，通透性极大，可允许分子较大的蛋白质及脂肪微粒直接进入淋巴管。其次，在生理条件下，组织液压力大于毛细淋巴管内的压力，故组织液可顺利地进入毛细淋巴管盲端而生成淋巴。尤其是运动时，由于血流量增大，静脉压升高，淋巴的生成速度会增快。

（二）淋巴管　淋巴管包括毛细淋巴管、淋巴管和淋巴导管。

毛细淋巴管较细，以盲端起始于组织间隙，并逐渐汇集成较大的淋巴管。淋巴管经过许多个淋巴结后，最后汇集成粗大的胸导管和右淋巴导管。胸导管主要收集后肢、胸腹壁、胸腹腔脏器和左前肢的淋巴，注入前腔静脉或左颈静脉。右淋巴导管主要收集头、颈部和右前肢的淋巴，注入右颈静脉或前腔静脉。

（三）淋巴的生理意义

1. 调节血浆和组织细胞之间的体液平衡　淋巴的回流虽然缓慢，但对组织液的生成与回流平衡却起着重要的作用。如果淋巴回流受阻，可引起组织液的淤积，出现局部肿胀症状。

2. 免疫、防御、屏障作用　淋巴在回流入血过程中，要经过免疫器官（如淋巴结等），而且液体中含有大量免疫细胞（淋巴细胞、巨噬细胞等），能有效地参与免疫反应，清除细菌、异物等抗原，产生抗体。所以，淋巴系统具有重要的免疫、防御作用。

3. 回收组织液中的蛋白质　由毛细血管动脉端滤出的血浆蛋白，很难逆浓度差从组织间隙重吸收入毛细血管，只有经过淋巴回流，才不致于在组织液中堆积。

4. 运输脂肪　由小肠黏膜上皮细胞吸收的脂肪微粒，主要经肠绒毛内毛细淋巴管回收，然后经过乳糜池—胸导管回流入血。因而胸导管内的淋巴液呈现白色乳糜状。

实验实习与技能训练

一、牛（羊）淋巴结、脾脏的形态结构和位置的识别

（一）**目的要求**　在新鲜标本上，识别主要淋巴结、脾脏。

（二）**材料及设备**　牛或羊的尸体标本、解剖器械。

（三）**方法步骤**　在牛或羊的新鲜尸体上，找到下颌淋巴结、肩前淋巴结、腋淋巴结、股前淋巴结、腹股沟深淋巴结、腹股沟浅淋巴结、淋巴结、纵隔淋巴结、肠系膜淋巴结和脾脏，并识别淋巴结门、输入、输出淋巴结等结构。

（四）**技能考核**　在牛或羊的标本上，识别上述淋巴结和脾脏。

二、牛（羊）体表浅淋巴结的触摸

（一）**目的要求**　掌握牛体浅层淋巴结的位置，为活体检疫打下基础。

（二）**材料及设备**　牛或羊、保定器械。

（三）**方法步骤**　在教师的指导下，找到牛的下颌淋巴结、肩前淋巴结、膝上淋巴结的位置，并触摸之。

（四）**技能考核**　在牛或羊体上，触摸到上述淋巴结。

三、淋巴结、脾脏组织构造的观察

（一）**目的要求**　能识别淋巴结、脾脏的组织构造。

（二）材料及设备 显微镜、淋巴结和脾的组织切片。
（三）方法步骤
1. 淋巴结组织构造的识别 在显微镜下识别淋巴结的淋巴小结、弥散淋巴组织、淋巴小梁、皮质淋巴窦、髓质淋巴窦和淋巴细胞。
2. 脾脏组织构造的识别 在显微镜下识别脾脏的白髓（脾小体）、红髓（脾索、脾髓）、脾小梁。
（四）技能考核 绘出淋巴结、脾脏的组织结构图。

复习思考题

一、名词解释：免疫 免疫检测 先天性免疫 获得性免疫

二、问答题

1. 免疫器官主要由哪些器官组成？简述其各自的形态、位置、结构和机能。
2. 兽医临床和卫生检疫常检的淋巴结主要有哪些？
3. 为什么检查淋巴结可以判断动物是否有疾病？
4. 什么叫单核巨噬细胞系统？它由哪些细胞组成？

第九节 神经系统与感觉器官

【学习目标】了解神经系统的组成及功能，掌握植物性神经的结构与功能特点；理解条件反射的概念、形成机理；了解眼球的构造及辅助装置。能识别脑、脊髓的形态结构。

一、神经系统的构造

神经系统是畜体的调节系统，它既调节畜体内各器官系统的活动，使之协调成为统一整体，又能使畜体适应外界环境的变化，保证畜体与环境间的相对平衡。神经系统主要分为：

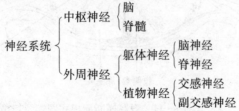

神经系统由神经细胞和神经胶质细胞组成，神经细胞是神经系统结构和功能的基本单位，又称神经元。神经元包括胞体和突起两部分。神经元胞体大部分位于中枢内，构成脑和脊髓的灰质；小部分形成外周神经节。突起即神经纤维，在中枢形成脑、脊髓的白质，在外周形成神经。

（一）中枢神经

1. 脊髓 神经系统较低级的中枢。
（1）脊髓形态位置 位于脊椎管内，呈背腹稍扁的圆柱状，前端经枕骨大孔与延髓相连，后端至荐骨中部。脊髓分为颈、胸、腰和荐四部分，有两个膨大部位：颈、胸交界处形

成颈膨大，由此发出支配前肢的神经；腰、荐交界处形成腰膨大，由此发出支配后肢的神经。腰膨大之后则逐渐缩小呈圆锥状，称脊髓圆锥，向后伸出细丝，叫终丝。终丝与其左右两侧的神经根聚集成马尾状，合称马尾（图2-40）。

脊髓背侧有一背正中沟，腹侧有一正中裂。脊髓两侧发出成对的脊神经根，每一脊神经根又分为背根和腹根。较粗的背根上有一膨大部，称脊神经节，是感觉神经元的胞体所在处，在此发出感觉神经纤维，专管感觉，又称感觉根；腹根是由腹角运动神经元发出运动神经纤维，专管运动，称为运动根。背根和腹根在椎间孔处合并为脊神经出椎间孔。

（2）脊髓的结构 脊髓由中央的灰质和外周的白质构成（图2-41）。灰质呈蝶形，中央有一纵贯脊髓全长的脊髓中央管，向前与第四脑室相通。白质由许多神经纤维束组成。

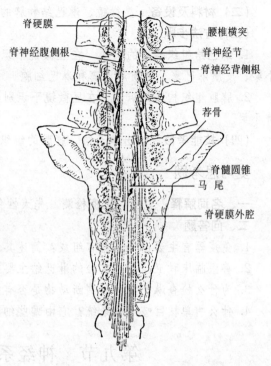

图2-40 脊髓后段模式图（椎弓的背侧部已剥除，脊硬膜已切开）

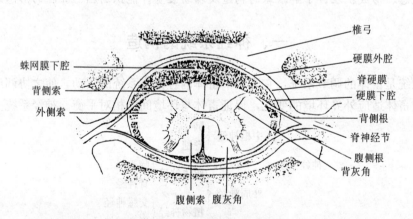

图2-41 脊髓横断面模式图

2. 脑 脑是神经系统的高级中枢，也是由灰质和白质构成。与脊髓不同的是，灰质在外，白质在内。脑可分为大脑、小脑和脑干三部分。大脑在前，脑干位于大脑与脊髓之间，小脑位于脑干背侧（图2-42）。

（1）脑干 位于大脑和脊髓之间，由延髓、脑桥、中脑和间脑四部分构成（图2-43）。脑干后连脊髓，前接大脑，是脊髓与大脑、小脑连接的桥梁。

①延髓：脊髓向前的延续，形似脊髓。延髓中含有与唾液分泌、吞咽、呼吸、心血管活动等有关的神经中枢。

②脑桥：位于延髓前方，腹侧面为横向隆起，内含横向纤维，是连接大脑与小脑的重要

通道。

③中脑：位于脑桥前方，间脑后方。腹侧面有两条短粗的纵行纤维柱称大脑脚。背侧有四个丘形隆起，称四叠体。前方一对隆起较大，称前丘，与视觉反射有关；后方一对隆起较小，称后丘，与听觉反射有关。四叠体和大脑脚之间有中脑导水管，前接第三脑室，后通第四脑室。

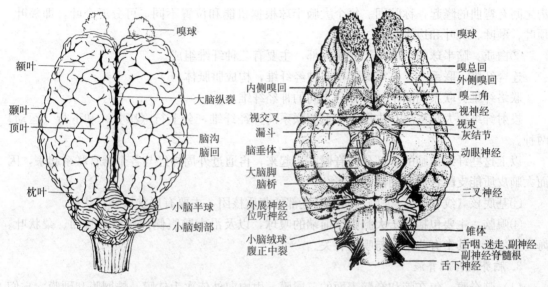

图2-42 牛脑（背侧图）　　　图2-43 牛脑（腹侧图）

④间脑：位于中脑的前方，大部分被两侧的大脑半球所覆盖，由丘脑和下丘脑组成。在丘脑的背侧后方与中脑的四叠体之间，有一椭圆形小体，叫松果体，属于内分泌腺。

脑干的背侧有一些腔隙。在延髓背侧形成第四脑室，在中脑内形成大脑导水管，在丘脑周围形成第三脑室。这些腔隙充满脑脊液，互相连通，前接侧脑室，后接脊髓中央管（图2-44）。

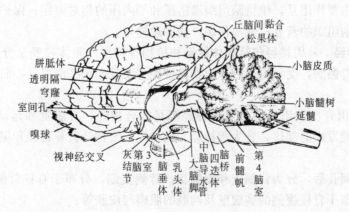

图2-44 牛脑（正中切面）

（2）小脑　位于延髓的背侧，呈球形，其表面有许多凹陷的沟和凸出的回。小脑分为中间较窄且卷曲的蚓部和两侧膨大的小脑半球。小脑灰质主要覆盖于小脑半球的表面；小脑白质在深部，呈树枝状分布。白质中有分散存在的神经核。

(3) 大脑 由左右两个完全对称的大脑半球构成，两大脑半球借胼胝体相连。每侧半球内有一个呈半环形的狭窄裂隙，称侧脑室，两侧脑室分别以室间孔与第三脑室相通。大脑半球由顶部的大脑皮质、内部的白质和基底核以及前底部的嗅脑等组成。

①皮质：大脑皮质是覆盖在大脑半球表面的灰质层，表面有很多沟状凹陷，称脑沟，脑沟之间有弯曲的隆起，称脑回。每个大脑半球根据机能和位置不同，可分五个叶，即额叶、顶叶、颞叶、枕叶和边缘叶。

②白质：脑半球的白质位于皮质深部，主要有三种纤维组成。

连合纤维：联系左、右半球的横向神经纤维，构成胼胝体。

联络纤维：联系同侧半球各部分之间的神经纤维。

投射纤维：大脑皮层与皮层下中枢相联系的神经纤维，分上行（感觉）和下行（运动）两种。

以上这些纤维把脑的各部分与脊髓联系起来，再通过外周神经与各个器官联系起来，因而大脑皮质能支配各器官的活动。

③基底核（纹状体）：大脑白质中基底部的灰质核团，主要有尾状核和豆状核。

④嗅脑：主要包括位于大脑腹侧前端的嗅球，以及沿大脑腹侧面延续的嗅回、梨状叶、海马等部分，其中有些结构与嗅觉有关。

3. 脑脊膜与脑脊液

(1) 脑脊膜 包在脑和脊髓表面的三层膜，由内向外依次为软膜、蛛网膜和硬膜。它们有保护、支持脑和脊髓的作用。

软膜紧贴于脑和脊髓表面，薄而富有血管。软膜上的毛细血管突入各脑室内形成脉络丛，可产生脑脊液。软膜与蛛网膜之间有一较阔的腔隙，称蛛网膜下腔，内有脑脊液。硬膜分脑硬膜和脊硬膜，脑硬膜紧贴颅腔壁，而脊硬膜与椎管之间有一较宽的腔隙，称硬膜外腔，腔内含有静脉和脂肪。兽医临床上进行的硬膜外麻醉，就是将麻醉药从腰荐间隙注入硬膜外腔，以麻醉脊神经根。

(2) 脑脊液 由各脑室脉络丛产生的无色透明液体，充满各脑室、脊髓中央管和蛛网膜下腔。脑脊液的主要作用是，维持脑组织渗透压和颅内压的相对恒定；保护脑和脊髓免受外力的震荡；供给脑组织的营养；参与代谢产物的运输等。

（二）外周神经 外周神经包括躯体神经和植物性神经。躯体神经又分为脊神经和脑神经，主要分布于骨骼肌，受意识支配；植物性神经主要分布于平滑肌、心肌和腺体，不受意识支配。

1. 脊神经 由脊髓发出，每一对脊神经都是混合神经，含感觉和运动两种神经纤维。脊神经按照从脊髓发出的部位，分为颈神经、胸神经、腰神经、荐神经和尾神经。牛的脊神经有 37 对。

脊神经出椎间孔后，分为背侧支和腹侧支。背侧支细，分布于脊柱背侧的肌肉和皮肤；腹侧支较粗，分布于脊柱腹侧的胸腹壁及四肢的肌肉与皮肤等。

脊神经的分支很多，分布很广，现将牛主要脊神经腹侧支的分布情况介绍如下。

(1) 躯干神经

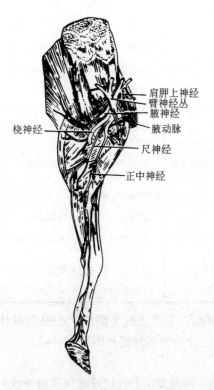 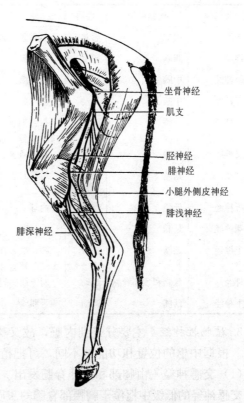

图2-45 牛的前肢神经（内侧面）　　图2-46 牛的后肢神经（外侧面，切去股二头肌）

①膈神经：由后3对颈神经的腹侧支联合而成，经胸腔前口入胸腔，分布于膈。

②肋间神经：为胸神经的腹侧支，分布于肋间肌。其中最后一对肋间神经在第一腰椎横突的末端前下缘进入腹壁，分布于腹肌和腹部皮肤。

③髂下腹神经：为第一腰神经的腹侧支。从第二、三腰椎横突之间进入腹壁肌肉，分布于腹肌和腹部皮肤。

④髂腹股沟神经：为第二腰神经的腹侧支。沿第四腰椎横突末端的外侧缘进入腹肌之间，分布于腹肌、股内侧皮肤和外生殖器。

（2）前肢神经　在前臂肩关节的内侧，有1个由数条脊神经的腹侧支构成的神经丛，称臂神经丛。由此发出肩胛上神经、肩胛下神经、腋神经、桡神经、尺神经和正中神经，分布到前肢。其中，正中神经最长，位于前臂正中沟内（图2-45）。

（3）后肢神经　在腰荐部腹侧，有1个由数条腰神经和荐神经的腹侧支构成的神经丛，称腰荐神经丛。由此发出股神经和坐骨神经，分布于后肢。其中坐骨神经是全身最长的神经，扁而宽，它除分布于臀部肌肉和皮肤外，在髋关节下方，又分为腓神经和胫神经，分布于后肢小腿部以下的肌肉和皮肤（图2-46）。

2. 脑神经　从脑干发出，共有12对。脑神经按其所含神经纤维的不同，可区分为感觉神经、运动神经和混合神经，有的脑神经还含有副交感神经纤维，如迷走神经。脑神经名称的记忆口诀：一嗅二视三动眼，四滑五叉六外展，七面八听九舌咽，十迷一副舌下全。脑神经的次序、名称、连接脑的部位及分布范围见表2-6。

表 2-6　脑神经分布简表

顺序及名称	连脑部位	性质	分布范围	机　　能
Ⅰ嗅神经	嗅球	感觉	鼻黏膜嗅区	嗅觉
Ⅱ视神经	间脑	感觉	视网膜	视觉
Ⅲ动眼神经	中脑	运动	眼球肌	眼球运动
Ⅳ滑车神经	中脑	运动	眼肌	眼球运动
Ⅴ三叉神经	脑桥	混合	头部肌肉、皮肤、泪腺结膜、口腔齿髓、舌和鼻腔等	头部皮肤、口、鼻腔、舌等感觉，咀嚼运动
Ⅵ外展神经	延髓	运动	眼球肌	眼球运动
Ⅶ面神经	延髓	混合	鼻唇肌、耳肌、眼睑肌和唾液腺等	面部感觉、运动唾液的分泌
Ⅷ位听神经	延髓	感觉	内耳	听觉和平衡觉
Ⅸ舌咽神经	延髓	混合	舌、咽	咽肌运动、味觉、舌部感觉
Ⅹ迷走神经	延髓	混合	咽、喉、食管、胸腔、腹腔内大部分器官和腺体等	咽、喉和内脏器官的感觉和运动
Ⅺ副神经	延髓和颈部脊髓	运动	斜方肌、臂头肌、胸头肌	头、颈、肩带部的运动
Ⅻ舌下神经	延髓	运动	舌肌	舌的运动

3. 植物性神经　主要分布到内脏，故又称内脏神经，主要支配平滑肌、心肌和腺体的活动。根据中枢的位置和功能的不同，可把植物性神经分为交感神经和副交感神经。

(1) 交感神经　由胸部和腰部脊髓发出。

交感神经的低级中枢位于胸腰部脊髓的灰质侧柱内，由此发出的神经纤维（节前纤维）随脊神经腹侧根至脊神经，出椎间孔后离开脊神经到达交感神经干。交感神经干位于脊柱两侧，由许多椎神经节与连接这些椎神经节的交感神经纤维（节间支）构成。交感神经干分为颈部、胸部、腰部和荐尾部。其中，颈部的交感神经干与迷走神经并行，外包结缔组织膜，称迷走交感干。交感神经节前纤维进入椎神经节后，一部分在椎神经节内交换神经元，其节后神经纤维分布到全身皮肤、血管、腺体和心、肺、食管等器官；另一部分只是通过椎神经节而到椎下神经节（位于器官壁内或器官附近）内交换神经元，其节后纤维分布到腹腔、骨盆腔内的脏器。

(2) 副交感神经　中枢位于脑干和荐部脊髓。节后神经元位于器官内或器官附近。由脑干发出的副交感神经与某些脑神经一起行走，分布到头、颈和胸腹腔器官。其中，迷走神经是体内行程最长、分布最广的混合神经。它由延髓发出，出颅腔后行，在颈部与交感神经干形成迷走交感干，经胸腔至腹腔，伴随动脉分布于胸腹腔器官。其节后纤维主要分布于咽、喉、气管、食管、胃、脾、肝、胰、小肠、盲肠及大结肠。

从荐部脊髓发出的副交感神经，形成 2～3 条盆神经，分布于膀胱、直肠和生殖器官等。

交感神经与副交感神经都是内脏运动神经，且多数是共同支配一个器官。但交感神经在外周分布范围比较广，遍及胸腹腔脏器及全身的血管和皮肤。副交感神经的分布则不如交感神经广泛，汗腺、竖毛肌、肾上腺皮质以及大部分的血管均无副交感神经分布。

二、神经生理

(一) 神经系统活动的基本形式　反射是神经系统活动的基本形式。所谓反射，是指机体感受器受到内外环境的刺激,通过神经系统的活动而发生的反应。实现反射的物质基础是反射弧,包括感受器、传入神经、中枢、传出神经和效应器五部分(图 2-47)。

感受器是感受刺激的装置,它能将机体内外各种刺激转化为神经冲动。神经冲动通过传入神经传到中枢。中枢是脑或脊髓内执行一定机能的神经细胞群,能对传入的神经冲动进行分析、综合,并发出指令(神经冲动)。中枢发出的指令通过传出神经传至效应器。效应器是发生反应的器官,如肌肉、腺体等,它根据中枢传来的指令,对刺激做出反应。

家畜的一切活动都是通过神经反射来完成的,而反射弧是保证实现反射活动的必要条件,反射弧的任何部分受到损伤或阻断,都将使反射消失。

(二)**植物性神经的机能** 植物性神经主要支配平滑肌、心肌、腺体活动。多数内脏器官受交感神经和副交感神经双重支配,这两种神经对同一内脏器官的作用是相反的,也是互相协调统一的。因为植物性

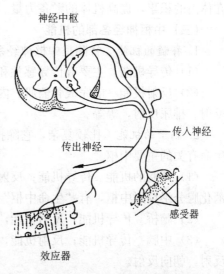

图 2-47 神经反射弧模式图

神经的中枢活动存在着交互抑制的作用。各种传入的信息,如能使交感神经中枢的活动加强,则能使副交感神经的活动减弱,反之亦然。从表面上看是彼此相反作用的调节,却不是对抗,而是彼此相互影响,使器官活动既不过分增强,也不过分减弱,保持相对稳定状态,有利于家畜的正常生活(表 2-7)。

表 2-7 植物性神经的主要机能

系　统	交　感　神　经	副　交　感　神　经
循环系统	心跳加快、加强;内脏、皮肤、脾脏血管收缩;横纹肌血管和心脏冠状动脉舒张	心跳减慢、减弱;内脏、皮肤、脾脏血管舒张;横纹肌血管和冠状动脉收缩
呼吸系统	支气管舒张,抑制支气管、气管、腺体分泌	支气管收缩,支气管、气管腺体分泌增多
消化系统	胃肠舒张和运动抑制、肛门括约肌收缩,分泌唾液减少而黏稠,胆囊舒张	胃肠紧张和运动加强;分泌大量稀薄唾液;消化腺分泌增加,促进胆囊收缩;肛门括约肌舒张
泌尿和生殖系统	肾脏血管收缩;膀胱舒张,膀胱括约肌收缩;外生殖器官血管收缩,促进子宫(孕角)收缩或舒张(空角)	肾脏血管舒张;膀胱收缩,膀胱括约肌舒张,外生殖器官血管舒张,阴茎勃起
被皮系统	竖毛肌收缩,汗腺分泌增多,皮肤血管收缩	
内分泌器官	促进肾上腺和甲状腺分泌增多	促进胰岛素分泌
感觉器官	瞳孔散大;抑制泪腺分泌	瞳孔缩小;睫状肌收缩;促进泪腺分泌
其他	促进肝糖元分解,血糖升高	抑制肝糖原分解,降低血糖

由表 2-7 看出,交感神经和副交感神经的机能活动有以下特点:

1. **交感神经的机能活动** 一般比较广泛,主要作用在于促使机体能适应环境的急骤变化。如家畜在剧烈运动、窒息和大失血时,交感神经兴奋可使心脏活动加强加快,心率加快,皮肤与腹腔内脏血管收缩,促进大量的血液流向脑、心及骨骼肌;使肺活动加强、支气管扩张和肺通气量增大;使肾上腺素分泌增加,抑制消化及泌尿系统的活动。

2. **副交感神经的机能活动** 比较局限,主要在于使机体休整,促进消化,贮存能量。

如家畜在安静状态时，副交感神经的活动相对占优势，因而心率减慢，血液循环变慢，糖类分解减少，胃肠运动增强，消化液分泌增加等。这些活动有利于营养物质的同化，增加能量在体内的积累，提高机体的贮备力量。

（三）中枢神经各部的机能

1. 脊髓的机能　脊髓是中枢神经系统的低级部分，主要有两方面的机能。

（1）传导机能　主要有传导感觉和运动冲动的机能。

（2）反射机能　能完成骨骼肌、内脏的简单的反射活动。如屈肌反射、牵张反射、排粪反射、排尿反射，等等。

2. 脑干的机能　比较复杂，它除把脑和脊髓连接起来，具有传导功能外，还有许多与生命有关的重要中枢。

（1）延髓的机能　传导机能；反射机能，包括呼吸中枢、心血管运动中枢、吞咽中枢和消化腺分泌反射中枢，有"生命中枢"之称。

（2）脑桥　传导机能；反射机能，包括角膜反射、呼吸调整中枢等。

（3）中脑　传导机能；反射机能，包括协调机体运动、视觉和听觉的低级中枢。如姿势反射，朝向反射。

（4）间脑　下丘脑调节植物性神经、水的代谢、体温、摄食行为等功能；在性行为、生殖过程及情绪反应等方面起很重要作用；分泌各种释放因子和激素，从而间接影响内脏活动，是调节内脏活动的较高级中枢。

3. 小脑的机能　小脑能调节肌紧张，维持身体平衡，并使各种随意运动准确和协调。如小脑损伤时，则出现骨骼肌紧张性降低，肌肉无力，平衡失调，站立不稳等。

4. 大脑皮层的机能　大脑皮层是主宰动物机体一切正常活动的最高级中枢。

反射活动是神经系统活动的基本方式。反射活动就其形成过程来说，可分为非条件反射和条件反射，形成条件反射是大脑皮层的特有功能。

（1）非条件反射　通过遗传而获得的先天性反射，是家畜生下来就有的，也是同种动物共有的。这种反射比较恒定，也有固定的反射弧，不易受客观条件的影响而改变，只要遇到一定强度的相应刺激，就会出现反射。其反射中枢多在皮质下中枢内。如饲料入口引起的唾液分泌反射及排粪排尿反射都属于非条件反射。

（2）条件反射　大脑皮层在非条件反射基础上所形成的特有反射形式。一般把条件反射叫高级神经活动。

①条件反射的形成：条件反射是一个复杂的过程，动物采食时，食物入口引起唾液分泌，这是非条件反射。如食物在入口之前，给予哨声刺激，最初哨声和食物没有联系，只是作为一个无关的刺激而出现，哨声并不引起唾液分泌。但如果哨声与食物总是同时出现，经过多次结合后，只给哨声刺激也可引起唾液分泌，便形成了

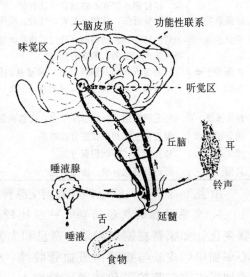

图2-48　条件反射形成的示意图

条件反射，这时的哨声就不再是与吃食物无关的刺激了，而成为食物到来的信号。可见，形成条件反射的基本条件，就是条件刺激与非条件刺激在时间上的结合，这一结合过程称强化。任何条件刺激与非条件刺激结合应用，都可以形成条件反射（图2-48）。

②影响条件反射建立的因素：

在刺激方面：首先是条件刺激与非条件刺激多次反复紧密的结合；条件刺激必须在非条件刺激之前出现；刺激的强度要适宜；已建立起来的条件反射必须用非条件刺激去强化巩固，否则条件反射会逐渐消退。

在机体方面：首先要求动物必须是健康的；大脑皮层是清醒的，有病或昏睡状态的动物不易形成条件反射；还应避免其他刺激对动物的干扰。

(3) 条件反射与非条件反射的区别

①非条件反射：先天遗传的，同种动物共有；有固定的反射弧，恒定；在大脑皮层以下各级中枢就能完成；非条件刺激引起，数量有限，适应性差。

②条件反射：后天获得的，在一定条件下形成，有个体差异；无固定反射弧，易变，不强化就消退；必须经过大脑皮层才能完成；条件刺激引起，数量无限，适应性强。

(4) 条件反射的生理意义　家畜的反射活动，都是条件反射和非条件反射融合在一起的复杂反射活动。非条件反射只能适应较恒定的环境，而条件反射则能随环境的变化而变化，不断形成多种多样的条件反射。这就扩大了机体的反射活动范围，使其更广泛和更完善地适应环境的变化，以利于生存。

在畜牧生产中，可根据条件反射的原理，对家畜进行各种调教和训练，使其形成一定的条件反射。如可以用呼唤、口哨等作为条件刺激，训练牛形成定时外出运动、吃食、挤奶、排粪的条件反射。通过各种口令、手势等刺激，使动物形成一整套条件反射，有利于饲养管理和提高生产性能。

三、感觉器官——眼

眼能感受光的刺激，经传入的视神经至中枢引起视觉。眼由眼球和眼的辅助装置构成（图2-49）。

(一) 眼球　眼球是眼的主要部分，包括眼球壁和内部的折光体。

1. **眼球壁**　分三层，由外向内依次是为纤维膜、血管膜和视网膜。

(1) 纤维膜　位于眼球壁的最外层，厚而坚韧，由前部的角膜和后部的巩膜构成。角膜凸向前方，无色透明，具有折光作用；巩膜呈白色，不透明，具有保护作用。

(2) 血管膜　衬于纤维膜的里面，富含血管。其主要作用是为眼球提供营养和吸收眼内分散的光线。血管膜由前向后又可分为虹膜、睫状体和脉络膜三部分。虹膜位于眼球前部，呈圆盘状，中央有一孔，叫瞳孔。虹膜上有两种排列方向不同的平滑肌：一种环绕瞳孔边缘，叫瞳孔括约肌，在强光下，括约肌可收缩，使瞳孔缩小，减少进入眼内的光线；另一种呈放射状，叫瞳孔开大肌，在弱光下，开大肌可收缩，使瞳孔放大，增加进入眼内的光线。脉络膜紧贴于巩膜的内面，面积较大，是一层柔软而富含血管和色素的膜。睫状体位于角膜与巩膜交接处，较厚，内有平滑肌，有睫状小带与晶状体相连。睫状体有产生房水和调节视力的作用。

(3) 视网膜 眼球壁的内层，紧贴于血管膜的内面。其中，衬于脉络膜里面的部分，含有感光细胞，有感光作用，称为视部。感光细胞有视锥细胞和视杆细胞两种。视锥细胞对强光和有色光敏感，视杆细胞对弱光敏感。视网膜的神经细胞的轴突汇集于视神经乳头后，集合形成视神经。

2. 折光体 包括眼房水、晶状体和玻璃体，是一些透明结构，光线通过角膜和这些结构时发生折射，而在视网膜上清晰成像。

(1) 眼房水 无色透明的液体，充满于眼房内。眼房是位于晶状体与角膜之间的腔隙，它被虹膜分为前、后两房，两房经瞳孔相通。

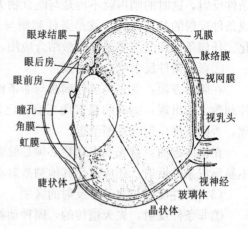

图2-49 眼球纵切面模式图

(2) 晶状体 位于虹膜后方，形如双面凸的透镜，无色透明而有弹性。其周围有细的睫状小带连于睫状体上，借睫状肌的收缩可调节晶状体表面的曲度。

(3) 玻璃体 无色透明的胶胨状物质，充满了晶状体与视网膜之间，能曲折光线。

(二) 眼球的辅助装置 包括眼睑、泪器和眼肌等，对眼球起保护、运动和支持作用。

1. 眼睑 覆盖在眼球前方的皮肤褶，有保护眼球的作用。眼睑分上眼睑和下眼睑，上、下眼睑间的裂隙称眼裂。在眼睑的游离缘上具有睫毛。

2. 结膜 连接眼球与眼睑的一层薄膜，呈淡红色。覆盖于眼睑内面的叫睑结膜，覆盖于眼球巩膜前部的叫球结膜。睑结膜与球结膜之间形成结膜囊。位于眼内角的结膜褶叫第三眼睑或瞬膜，呈半月形，常有色素，内有一片软骨。

3. 泪器 包括泪腺和泪道两部分。泪腺呈卵圆形，位于眼球的背外侧，有十余条输出管开口于结膜囊，能分泌泪液。泪液借眨眼的动作涂布于眼球表面，有湿润和清洁眼球的作用。泪液可经骨质的鼻泪管而至鼻腔，随呼吸排出。

4. 眼肌 附在眼球外面的一些小块骨骼肌，能使眼球多方向转动。眼肌具有丰富的血管和神经，作用灵活，不易疲劳。

实验实习与技能训练

一、脑、脊髓形态构造的识别

(一) 目的要求 使学生掌握脑、脊髓的形态构造，为学习神经生理服务。

(二) 材料及设备 牛脑、脊髓的标本或模型。

(三) 方法步骤

1. 牛脑形态构造的识别 观察牛脑的标本或模型，识别大脑、小脑、脑干（延脑、脑桥、中脑、间脑）、脑回、脑沟、嗅脑、脑垂体。在脑的纵切面上，识别灰质、白质、丘脑、中脑导水管和各脑室。

2. 脊髓形态构造的识别 观察牛的脊髓标本或模型，识别脊髓的背正中裂、腹正中沟、颈膨大、腰膨大、脊神经、脊髓圆锥和马尾。

（四）技能考核　在牛脑、脊髓标本或模型上，指出脑、脊髓的上述结构。

二、脊蛙反射与反射弧实验

（一）目的要求　掌握反射弧的组成及各部分的作用。

（二）材料及设备　蛙或蟾蜍，手术器械（剪刀、镊子、手术刀、探针、大头针），培养皿，烧杯，铁架台，滤纸，棉球，棉线，0.5%硫酸，生理盐水。

（三）方法步骤

1. 做脊蛙（无头蛙）标本。用剪刀从蛙的口角插入，沿鼓膜紧后方剪去上颌及头部，用棉球止血，用线穿过下颌，挂在铁架台上。

2. 将脊蛙的一侧后腿的脚趾浸于盛有0.5%硫酸的小烧杯中，可见有屈腿反射出现，而未浸泡的后腿则伸直。当反射出现后，迅速用清水将该后腿皮肤上的硫酸洗净。

3. 用剪刀在同一侧后腿股部作一环形切口，并将皮肤完全剥掉，再以上述方法刺激，观察反应。

4. 将保留皮肤的后腿坐骨神经切断，再将其浸入硫酸，观察反应。

5. 用探针插入另一只青蛙的脊髓，将脊髓破坏，观察其四肢紧张状态的变化，然后再刺激身体各部皮肤，观察反应。

（四）技能考核　记录实验第2、3、4、5步的实验结果，并对各步结果作出解释。

复习思考题

一、名词解释：神经中枢　灰质　白质　神经节　神经反射　大脑皮质

二、问答题

1. 简述神经系统的组成和功能。
2. 反射弧由哪几部分构成？各有什么作用？
3. 简述交感神经与副交感神经的机能。
4. 什么叫条件反射？它是怎样形成的？有何实践意义？
5. 简述眼的构造。

第十节　内分泌系统

【学习目标】理解激素的概念；了解牛体内主要内分泌腺的形态、位置、结构；了解各内分泌腺分泌的激素及其作用。

一、内分泌系统概述

（一）内分泌腺的概念　畜体内的腺体分两类。一类有导管，叫外分泌腺，如消化腺、汗腺和乳腺等；另一类无导管，称内分泌腺，其分泌物（激素）直接进入血液或淋巴，随血液循环到全身相应的器官和组织。内分泌系统就是由内分泌腺体、内分泌组织和分散的内分泌细胞组成。畜体内的内分泌腺主要有脑垂体、甲状腺、甲状旁腺、肾上腺和松果体，此外还有存在于其他器官内具有内分泌功能的细胞群，如胰腺内的胰岛、睾丸内的间质细胞、卵

巢内的卵泡细胞和黄体细胞等。

（二）激素的概念和种类 由内分泌腺或散在的内分泌细胞所分泌高效能的生物活性物质为激素。激素经过内分泌细胞分泌后进入血液或淋巴，通过循环系统运到全身各处，调节细胞、组织或器官的生理活动。常把激素作用的细胞、组织或器官，称为靶细胞、靶组织或靶器官。

体内各种激素按其化学本质分为两大类：一类是多肽类激素，如脑垂体、甲状腺、甲状旁腺、胰岛和肾上腺髓质的分泌物，这类激素容易被胃肠道的消化酶分解破坏，因此不宜口服，应用时必须注射；另一类是类固醇激素，如肾上腺皮质和性腺所分泌的激素，这类激素可口服。目前，许多激素已经能提纯或人工合成，并应用于畜牧生产和兽医临床工作中。

（三）激素的作用特点 激素的种类很多，化学结构和生理作用也不相同，但它们都具有以下共同特点：

1. 激素本身不是营养物质，也不能被氧化分解提供能量，只对机体的某些生理机能有促进或抑制作用，如胰岛素可使血糖降低。

2. 激素是一种高效能的生物活性物质，很少剂量就能发挥较强的作用，如 $10\mu g$ 的肾上腺素就能使心跳加快。

3. 各种激素的作用都有一定的特异性，即某一种激素只能对特定的细胞或器官起调节作用，但一般没有种别的特异性。

4. 各种激素起作用的快慢不一样，在血液中或组织中存在的时间长短也不一样。如肾上腺素进入血液后数秒钟就发生效应，并很快失去活性；而胰岛素则在数小时后才发挥作用，并在血液中存在较长时间。

5. 激素在体内通过水解、氧化、还原或结合等代谢过程，逐渐失去活性，不断从体内消失。

二、内分泌腺

（一）脑垂体

1. 脑垂体的形态、位置和构造　脑垂体是体内最重要的内分泌腺，位于脑底部的垂体窝内，呈上下稍扁的卵圆形，红褐色。

脑垂体可分为前叶、中间叶和后叶（图2-50）。前叶和中间叶由腺组织组成，又称为腺垂体；后叶由神经组织构成，又称神经垂体。

2. 脑垂体的机能

（1）腺垂体　腺垂体的腺组织由许多不同类型的腺细胞组成，能分泌促甲状腺激素、促肾上腺皮质激素、促性腺激素、促黑色素细胞激素、催乳素和生长素。其中，前三种激素分别促进甲状腺、肾上腺皮质及性腺的生长发育及激素的分泌；促黑色素细胞激素能促进黑色素的合成，以使皮肤和被毛颜色加深；催乳激素促进乳腺发育生长并维持泌乳，刺激促黄体生

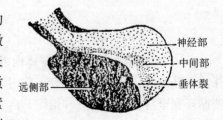

图2-50　牛脑垂体的正中切面模式图

成激素受体的形成；生长激素能促进骨骼和肌肉的生长，若幼龄动物分泌不足则生长停滞，体躯矮小，形成"侏儒症"。

（2）神经垂体　由神经组织构成，没有腺组织，本身不能分泌激素。但丘脑下部的某些神经核分泌的抗利尿素和催产素，沿神经纤维运送到神经垂体并贮存于该处，根据需要释放入血液，发挥其生理作用。

① 抗利尿素：主要生理作用是可促进肾脏的远曲小管、集合管对水分的重吸收，使尿量减少。由于抗利尿激素可使除脑、肾外的全身小动脉收缩而升高血压，故又称加压素。但由于它也可使冠状动脉收缩，使心肌供血不足，临床上不用作升压药。

② 催产素：又称子宫收缩素，对子宫平滑肌有收缩作用。在妊娠末期，子宫平滑肌对催产素非常敏感。所以，临床上常用催产素引产和产后止血。

（二）甲状腺

1. 甲状腺的形态、位置和构造　甲状腺位于喉后方，气管前端两侧和腹面。呈红褐色，由左右两侧叶和中间的峡部构成（图2-51）。

甲状腺外面包有一层结缔组织膜，被膜伸入腺体内，将腺体分成许多小叶，在小叶内含有大小不一的腺泡。腺泡呈圆形或卵圆形，由立方形的腺细胞围成，能分泌甲状腺素。在腺泡之间还有一些单个或成群存在的内分泌细胞，称滤泡旁细胞，能产生降钙素。

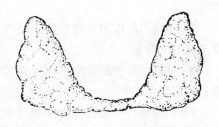

图2-51　牛的甲状腺

2. 甲状腺的生理机能　甲状腺的主要机能是聚集、贮藏碘，分泌甲状腺素和降血钙素。

（1）甲状腺素　由腺泡分泌，能加速组织细胞内各种物质的氧化分解，促进新陈代谢和生长发育，特别影响幼畜的骨骼、神经和生殖器官的生长发育。如果幼畜甲状腺分泌不足，则造成生长发育缓慢，体躯矮小，反应迟钝，形成"呆小症"；当家畜甲状腺素分泌过多时，则出现甲状腺机能亢进，新陈代谢超常，体温升高，畜体消瘦。

（2）降血钙素　由甲状腺内滤泡旁细胞分泌，有增强成骨细胞活性，促进骨组织钙化和血钙降低的作用。

（三）甲状旁腺　牛有2对甲状旁腺，较小，位于甲状腺附近，呈圆形或卵圆形。由大量的腺细胞组成，能分泌甲状旁腺激素。甲状旁腺激素能调节钙磷的代谢，它能促进小肠对钙的重吸收，促进骨骼中磷酸钙的溶解，促进肾小管对钙的重吸收和磷的排泄。

（四）肾上腺

1. 肾上腺的形态、位置和构造　肾上腺是成对的红褐色腺体，位于肾的前内侧。其实质分为皮质和髓质两部分。皮质在外，结构致密，颜色较浅；髓质在内，颜色较深。

2. 肾上腺的生理机能

（1）肾上腺皮质激素　由肾上腺皮质分泌，包括盐皮质激素、糖皮质激素和性激素三大类。

① 盐皮质激素：以醛固酮为代表，这类激素主要参与体内水盐代谢的调节。它可促进肾小管对钠的重吸收和对钾的排泄，因此有"保钠排钾"的作用。

② 糖皮质激素：糖皮质激素的代表物为氢化可的松，其主要作用是促进糖的代谢。一

方面，它可促进糖的异生作用；另一方面，抑制组织细胞对血糖的利用。因此，糖皮质激素有升高血糖、对抗胰岛素的作用。同时，糖皮质激素可促进脂肪的分解，促进肌肉等组织蛋白质的分解。所以，大量使用糖皮质激素，可引起生长缓慢、机体消瘦、皮肤变薄、骨质疏松和创伤愈合迟缓等现象。

另外，糖皮质激素还有抗过敏、抗炎症和抗毒素的作用。

③ 性激素：正常情况下分泌很少，其性质与睾丸、卵巢分泌的性激素相似。

(2) **肾上腺髓质激素**　由肾上腺髓质分泌，包括肾上腺素和去甲肾上腺素，两者的生理机能基本相同，均有类似交感神经兴奋的作用，但也有某些差别。

① 对心脏和血管的作用：肾上腺素和去甲肾上腺素都能使心跳加快、血管收缩和血压上升。在临床上，由于肾上腺素有较好的强心作用，所以常用作急救药物。去甲肾上腺素可使小动脉收缩，增加外周阻力使血压升高，因此是重要的升压药。

② 对平滑肌的作用：肾上腺素能使气管和消化道平滑肌舒张，胃肠运动减弱。此外，肾上腺素还可使瞳孔扩大及皮肤竖毛肌收缩，被毛竖立。去甲肾上腺素也有这些作用，但较弱。

③ 对代谢的作用：两者均能促进肝和肌肉组织中糖元分解为葡萄糖，使血糖升高，能促进脂肪的分解。

④ 对神经系统的作用：两者都能提高中枢神经系统的兴奋性，使机体处于警觉状态，以利于应付紧急情况。

(五) **胰岛**　胰岛是分散于胰腺中的大小不等的细胞群，主要由α和β两种细胞组成。α细胞分泌胰高血糖素，β细胞分泌胰岛素。

1. **胰岛素**　主要作用是降低血糖。它通过促进肝糖元和肌糖元的合成，抑制肝糖元和肌糖元的分解，促进组织细胞对糖的氧化，促使血糖转化为脂肪，而使血糖浓度降低。如胰岛素分泌不足，则会使血糖升高。当超过肾糖阈时，会有血糖从尿中排出，导致糖尿病。

2. **胰高血糖素**　胰高血糖素的作用与胰岛素相反，它能加速肝糖元分解，促进脂肪分解和糖的异生，因而可使血糖升高。

(六) **性腺**　性腺是雄性睾丸和雌性卵巢的总称。睾丸可分泌雄性激素，卵巢可分泌雌性激素。性激素对于家畜的生长、发育、生殖和代谢等方面都起着十分重要的作用。

1. **雄激素**　由睾丸间质细胞分泌，主要成分是睾丸酮，其主要机能是：①促进雄性生殖器官（前列腺、精囊腺、尿道球腺、输精管、阴茎和阴囊）的生长发育，并维持其成熟状态；②刺激公畜产生性欲和性行为；③促进精子的发育成熟，并延长在附睾内精子的贮存时间；④促进雄性动物特征的出现，并维持其正常状态；⑤促进蛋白质的合成，使肌肉和骨骼比较发达，并使体内贮存脂肪减少；⑥促进公畜皮脂腺的分泌增强，特别是公羊和公猪比较明显。

2. **雌激素**　由卵巢内卵泡细胞分泌，其中作用最强的是雌二醇。其主要生理作用是：①促进母畜生殖器官的正常发育和维持雌性特征；②促进母畜发情；③刺激母畜乳腺导管的发育；④刺激母畜产生性欲和性兴奋。

3. **孕激素**　由排卵后的卵泡形成的妊娠黄体细胞所分泌，又称孕酮。孕酮的主要机能是：①在雌激素作用的基础上，进一步促进排卵后子宫内膜的增厚，腺体分泌子宫乳，为受精卵在子宫种植和发育准备条件；②抑制子宫平滑肌的活动，为胚胎创造安静环境，以免流产，故有保胎作用；③在雌激素作用的基础上，进一步刺激乳腺腺泡的生长，使乳腺发育完全，准备泌乳；④抑制卵巢内卵泡的发育、成熟，制止发情排卵。

4. 松弛激素　由妊娠末期的黄体分泌，分娩后随即消失。松弛激素的主要生理机能是扩张产道，使子宫颈和骨盆联合韧带松弛，便于分娩。

实验实习与技能训练

主要内分泌腺的形态、位置观察

（一）**目的要求**　在新鲜标本上，识别甲状腺、肾上腺。

（二）**材料及设备**　牛或羊的尸体标本、解剖器械。

（三）**方法步骤**　在牛或羊的尸体标本上找到气管，在前3~4个气管环的两侧和腹侧找到甲状腺；在肾的内侧前缘找到肾上腺。

（四）**技能考核**　在牛或羊的标本上，准确找到甲状腺和肾上腺。

复习思考题

1. 说明下列内分泌腺的位置：脑垂体、甲状腺、肾上腺、胰岛。
2. 说明下列激素是由哪些内分泌腺分泌的：胰岛素、雌激素、雄激素、催产素、甲状腺素、醛固酮、氢化可的松、生长素、抗利尿素、孕激素、肾上腺素。
3. 试列举：调节血糖的激素；调节血钙的激素；促进生长发育的激素。
4. 说明下列激素的主要作用：胰岛素、肾上腺素、孕激素、醛固酮、抗利尿素、生长素。

第十一节　体　温

【**学习目标**】了解体温与代谢的关系；了解牛的正常体温范围和体温调节的规律。能正确地测量牛的体温。

一、体温的形成

有机体在进行新陈代谢过程中，不断地产生热能。在体内，每克糖完全氧化分解后，可以产生17 138J的热能；每克脂肪完全氧化分解，可产生38 874J热能；每克蛋白质氧化分解后，可产生17 138J热能。所产生的能量除一小部分被机体用于物质的合成和作为机械能外，大部分以热能的形式不断地散发出来，以维持机体的体温。

在正常情况下，机体的温度是恒定的。体温的相对恒定，是保证机体新陈代谢和各种功能活动正常进行的重要条件。因为代谢过程需要有各种酶参加，而最适宜酶活动的温度是37~40℃。温度过高或过低，酶的活性都会降低，甚至丧失，使新陈代谢发生障碍，严重的会危及生命。体温的变化，对中枢神经系统机能的影响特别显著。如发高烧时，中枢神经机能就会失调。

当家畜患病时，出现体温升高或降低，常作为检查家畜机体健康状况的标志。

二、正常体温

动物体各部分的温度并不完全相同，一般体内温度较体外温度高，而体内各器官及体表各部分温度也有很大差异。如肝脏、瘤胃内温度，都比直肠温度高1~2℃。而体表温度比直肠温度低1~5℃。通常用直肠温度作为家畜体温的指标。反刍动物的正常体温见表2-8。

表2-8　反刍动物的正常体温

畜　别	体温（℃）	畜　别	体温（℃）
黄牛	37.5~39.0	绵羊	38.5~40.5
水牛	37.5~39.5	山羊	37.6~40.0
乳牛	38.0~39.3		

家畜的体温除动物种类之间有显著差异外，还受个体、品种、年龄和性别等因素的影响。一般来讲，幼龄动物的体温比成年动物的高些；雄性动物比雌性动物的高，但雌性动物在发情、妊娠等时期的体温又比平常要高一些。正常情况下，畜体的温度一般白天比夜间高，而早晨最低。如牛的体温昼夜间的差异为0.5℃左右，长期在外放牧的绵羊昼夜温差则为1℃左右。

三、产热和散热

家畜体温的相对恒定，是机体内产热与散热两个过程取得动态平衡的结果。

（一）产热　体内的所有组织器官均能产生热量，但由于营养物质在不同组织器官中氧化分解的强度不同，它们所产生的热量也不同。在整个畜体内，肌肉所占的重量最重，肌细胞的氧化过程十分剧烈，因此，肌肉是机体的主要产热器官。动物在工作时，约有2/3以上的热能由肌肉产生。除了肌肉之外，肝脏、肾脏和许多腺体，也都能产生相当数量的热能。反刍动物瘤胃内饲料的发酵，也是体热的重要来源。另外，一些外界因素，如热的饲料、温水和热的气温等，都可以成为体内产热的部分来源。

（二）散热　动物体在不断产热的同时，必须不断地将所产生的热量散发掉，以保持体温的相对恒定。机体主要通过皮肤、呼吸道、排粪、排尿的途径来散热。其中，以皮肤散热为主。机体通过皮肤散热的方式有以下四种：

1. 辐射　机体以红外线的形式，把体热散放到外界环境中的散热方式。体表温度与周围空气之间温差愈大，由辐射而散发的热量也愈多；反之，如环境温度超过体表温度时，动物反而吸收热量，使体温升高。

2. 传导　机体靠与冷物体接触而将体热传出的一种散热方式。与皮肤接触物体的导热性能愈好，传导散热量愈大。水的导热性能比空气好，家畜在水中比在同温度的其他环境里更能散热。因此，水牛在夏季喜欢水浴。

3. 对流　对流散热是借机体周围冷热空气的流动来实现的。动物体表热量传给与皮肤接触的空气，这部分空气受热膨胀，变轻上升，由较冷的空气来补充。通过这种冷热空气的对流，可散发大量的体热。对流受风速影响很大，风速愈大，对流散热也愈多；相反，风速愈小，对流散热也愈小。

4. 蒸发　当外界温度等于或超过体温时，机体通过皮肤表面水分的蒸发和由呼吸道呼出水蒸气而散放体热的方式。每克水蒸发时，可以散失 2.43kJ 的热量，所以汗腺发达的家畜，出汗是一个很重要的散热途径。汗腺不发达的家畜，则可通过呼吸道内水分的蒸发来散热。

总之，当环境温度低于体温时，辐射、对流、传导为主要散热方式；当环境温度等于或超过体温时，蒸发则成为唯一的散热方式。

四、体温调节

畜体通过神经调节和体液调节，使体内的产热过程和散热过程保持着动态平衡，从而维持着体温的恒定。

（一）体温调节中枢　体温调节中枢在下丘脑。下丘脑前区和视前区，存在着热敏感神经元和少数的冷敏感神经元。当热敏感神经元兴奋时，可使机体的散热量加强；而冷敏感神经元兴奋时，会引起机体的产热反应加强。由这两种神经元共同构成了机体的体温调节中枢。

动物体的体温之所以能保持在一个稳定的范围内，还由于下丘脑的体温调节中枢存在着调定点，调定点的高低决定着体温的高低。视前区—下丘脑前区的热敏感觉神经元就起调定点的作用。热敏神经元对温热的感受有一定的阈值，这个阈值就叫该动物的体温稳定调定点。当中枢的温度升高时，热敏感神经元冲动发放的频率就增加，使散热增加；反之，则发出的冲动减少，产热增加。从而达到调节体温的作用，使体温保持了相对的恒定。

（二）体温调节的过程　正常情况下，当体内、外温度降低时，皮肤、内脏的温度感受器接受刺激发出神经冲动，并沿着传入神经到达下丘脑的热敏感神经元；或血液温度降低直接刺激热敏感神经元和冷敏感神经元，分别使其抑制或兴奋，从而共同作用于下丘脑的体温调节机构。此时，皮肤的血管收缩，减少皮肤的直接散热；全身骨骼肌紧张度增强，发生寒颤，同时在中枢的支配下还能促进肾上腺素和甲状腺素分泌的增加，使机体的代谢增强，产热量增加。另外，动物行为方面会表现出被毛竖立，采取蜷缩姿态等来减少散热。反之，当外界环境升高时，则可引起皮肤血管舒张、汗腺分泌增加，而增加散热。同时，肌肉紧张度降低，物质代谢减弱，降低了产热过程。

实验实习与技能训练

一、牛的体温测定

（一）**目的要求**　使学生掌握牛体温的测定方法。
（二）**材料设备**　牛、保定器械、体温计。
（三）**方法步骤**　将体温计中的水银柱甩至35℃以下，并在外面涂以少量的润滑油，用左手提起尾根，右手持体温计旋转插入直肠中，并用铁夹固定体温计，3~5 min后取出、读数，记录该动物的体温。

复习思考题

1. 家畜是怎样维持体温相对恒定的？体温的恒定对机体有何意义？
2. 牛产热和散热的主要器官是什么？当机体表面温度高于环境温度时，机体主要以哪种方式散热？当外界温度等于或高于体温时，机体主要以哪种方式散热？

第三章

猪的解剖生理特征

【学习目标】了解猪的消化、呼吸、泌尿系统的组成和生理特点;掌握猪的胃、肠、肺、肾、膀胱、睾丸、卵巢、子宫等器官的形态、位置和构造特点;掌握猪的常检淋巴结的形态和位置;了解猪的生活习性。

猪属单胃、偶蹄、杂食动物。其形态结构和生理功能与反刍动物有很多相似之处,本章主要介绍其特征。

第一节 猪的骨骼、肌肉与被皮

一、骨 骼

猪的全身骨骼,包括头部骨骼、躯干骨骼、前肢骨骼和后肢骨骼(图3-1)。

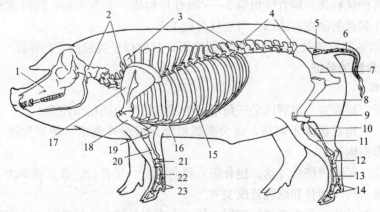

图3-1 猪的骨骼
1.头骨 2.颈椎 3.胸椎 4.腰椎 5.荐椎 6.尾椎
7.髋骨 8.股骨 9.髌骨 10.腓骨 11.胫骨
12.跗骨 13.跖骨 14.趾骨 15.肋骨 16.胸骨
17.肩胛骨 18.臂骨 19.尺骨 20.桡骨
21.腕骨 22.掌骨 23.指骨

(一) 头部骨骼的特征　猪的头部骨骼近似楔形，背侧面后缘的枕嵴是头骨的最高点，顶额部由此向前下倾斜。与草食动物相比，猪的头骨后缘相对较高。鼻骨狭而平或微凹，其前端尖，附有吻骨。吻骨为一块三面棱形的小骨，由鼻中隔软骨前端两个骨化点形成，为猪头部特有的骨，是吻突的骨质基础。颞窝完全位于头骨的侧面，其前缘额骨的眶上突较短，与颧弓之间有一宽的空隙，由眶韧带连接。上颌骨纵凹，使上颌部变窄。下颌骨强大。

(二) 躯干骨骼的特征

1. 脊柱　猪的脊柱由 50～58 枚椎骨组成。

(1) 颈椎　7 枚。第 3～6 颈椎的椎体短而宽，腹侧嵴不明显，椎头和椎窝不发达。横突越向后越大，分为两支。背侧支向外向后方倾斜，短而厚；腹侧支向下倾斜，呈较宽的梯形薄板。前后相邻的腹侧支重叠，与对侧腹侧支间形成深而宽的腹侧沟。第 7 颈椎的棘突最高，横突不分支。与草食动物相比，猪寰椎的背侧弓和腹侧弓较大，但寰椎翼较小。枢椎较小，棘突发达，向后上方倾斜。

(2) 胸椎　一般为 14～16 枚，偶有 17 枚。椎弓根部有独立的椎外侧孔。除最后胸椎外，椎体正下方无腹侧棘。最后胸椎的椎外侧孔消失，而出现深凹的椎后切迹。

(3) 腰椎　6 或 7 枚。除最后腰椎外，腹侧面有明显的腹侧棘，且中段腰椎腹侧棘特别发达。

(4) 荐椎　4 枚，愈合成荐骨。棘突不明显。

(5) 尾椎　一般有 20～23 枚，偶见 25 枚。前 4～5 枚结构完整，关节突互成关节。横突在前部的尾椎呈板状，向后逐渐变小。第 1 尾椎常与荐骨愈合。

2. 肋　猪的肋有 14 或 15 对，偶见 17 对。前 7 对为真肋（偶见 6 对或 8 对），后 7 对为假肋（偶见 8 对）。有些品种的猪，最后 1 对肋骨不参与形成肋弓，称为浮肋。

3. 胸骨　猪的胸骨呈前高后低的长三棱形，由 6 节胸骨片组成。第一节为胸骨柄，左右压扁，前端有柄状软骨。胸骨体由第 2～6 胸骨片构成，上下压扁，向后逐渐变宽。剑状软骨短而小。在胸骨的侧方有肋凹，与肋软骨成关节。

4. 胸廓　猪的胸廓较长，略呈斜底的圆锥形，其前口呈尖顶向下的等腰三角形。

(三) 四肢骨骼的特征

1. 前肢骨骼

(1) 肩胛骨　短而宽。肩胛冈呈三角形，中部向后弯，冈结节明显。

(2) 臂骨　三角肌粗隆不明显，缺大圆肌粗隆。近端外侧结节特别发达，分前、后两部，前部大，弯向内侧。

(3) 前臂骨　尺骨较桡骨发达。桡骨短，稍向前弓。尺骨长，其近端膨大，突出于桡骨的上方；远端细，与尺腕骨和副腕骨成关节。

(4) 腕骨　有 8 枚，分为两列。近列 4 枚，由内向外依次为桡腕骨、中间腕骨、尺腕骨及副腕骨；远列也是 4 枚，由内向外依次为第 1、第 2、第 3 及第 4 腕骨。

(5) 掌骨　有 4 枚。第 1 掌骨消失；第 3 和第 4 掌骨发达，呈三棱形，为大掌骨；第 2 和第 5 掌骨较细而短，为小掌骨。

(6) 指骨和籽骨　猪有 4 指。第 3 和第 4 指为主指，上接第 3 和第 4 掌骨。每一主指有 3 个指节骨、2 个近籽骨和 1 个远籽骨。第 2 和第 5 指为悬指，较小，上接第 2 和第 5 掌骨。

每一悬指有 3 个指节骨和 2 个近籽骨，无远籽骨。

2. 后肢骨骼

(1) 髋骨　长而狭，与牛的相似。左右髂骨和坐骨的上部几乎平行。坐骨棘特别发达，坐骨弓深而窄。骨盆底壁的后部低而平，有利于猪的分娩。

(2) 股骨　无第三转子，小转子亦不明显，大转子与股骨头同高。股骨远端前面的滑车关节面较小。

(3) 膝盖骨　较狭长。

(4) 小腿骨　腓骨与胫骨几乎等长。胫骨强大，远端内侧突出部为内侧踝。腓骨细，近端粗而远端细，两端均与胫骨相结合，中间有明显的小腿骨间隙。远端的外侧突出部为外侧踝。

(5) 跗骨　有 7 枚，分 3 列。近列 2 枚，即距骨和跟骨，跟骨的跟结节非常发达；中列 1 枚，即中央跗骨；远列 4 枚，即第 1、第 2、第 3 及第 4 跗骨，第 4 跗骨内侧面与中央跗骨成关节。

(6) 跖骨、趾骨和籽骨　与前肢的掌骨、指骨和籽骨相似，但稍长一些。

二、肌　肉

(一) 皮肌　与牛相比，猪的颈皮肌较发达，可分为深浅两部（图 3-2）。

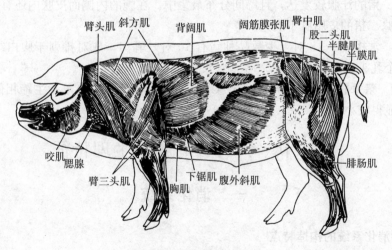

图 3-2　猪的全身浅层肌

(二) 前肢肌　猪的前肢肌基本上与牛的相似。但猪有发育完全的 4 指，指部肌肉有下列特点：比牛多一条走向第 2 指的第 2 指伸肌。指总伸肌分 3 个肌腹：内侧肌腹（指内侧伸肌）在第 3 掌骨近端分为两支，分别走向第 2 和第 3 指；中间肌腹的腱在第 3、第 4 掌骨远端分为两支，分别走向第 3 和第 4 指；外侧肌腹走向第 5 指。指外侧伸肌分为两支，走向第 4 和第 5 指。指浅屈肌分深浅两部，浅头腱在腕管的后面下行，于掌指关节处形成腱环后，止于第 4 指的中指节骨；深头腱在腕管内下行，于掌指关节的后方形成腱环后，止于第 3 指的中指节骨。指深屈肌的总腱在掌骨远端分为 4 支，中间的 2 支大，分别通过指浅屈肌深、浅腱形成的腱环，止于第 3 和第 4 指；较小的内、外侧支走向第 2 和第 5 指。第 3 和第 4 骨间肌发达。

（三）**躯干肌** 猪的夹肌厚而大，位于颈侧上部，其中段向前分为3支，各呈扁梭形。头半棘肌发达，分为上下两部分。棘间肌和横突间肌均发达。胸骨甲状肌和胸骨舌骨肌均由第1肋走向甲状软骨和舌骨。肋间内肌在肋软骨间特别发达。膈的中心腱质部较马的圆。腹黄膜不发达。腹外斜肌和腹横肌的肉质部发达。腹直肌厚而发达，两端窄，中间宽，有7~10条腱划。

（四）**后肢肌** 猪的臀肌群与牛的相似，但臀深肌较大。股二头肌和半腱肌均有坐骨头和椎骨头，而半膜肌仅有坐骨头。猪有4趾，趾部多一条走向第2趾的蹬长伸肌。趾长伸肌和趾外侧伸肌与前肢的指总伸肌和指外侧伸肌相似。趾浅屈肌、趾深屈肌和骨间肌与前肢的指浅屈肌、指深屈肌和骨间肌相似。跗部和跖部背侧还有相当发达的趾短伸肌。

（五）**头部肌** 猪的上唇固有提肌可使吻突向上，亦称吻突提肌。上唇降肌位于上颌骨前方，起于面嵴，以一强腱止于鼻骨下方的吻部皮下。并在此处与对侧同肌腱会合，可降吻突和收缩鼻孔，亦称吻突降肌。吻突提肌和降肌交替收缩时，使吻突上下活动。一侧的犬齿肌交替收缩时，使吻突向左、右侧活动。这些肌肉同时收缩时，可固定吻突。

三、皮肤及皮肤的衍生物

（一）**皮肤腺** 位于真皮内，包括汗腺、皮脂腺和乳腺等。

1. 汗腺 猪的汗腺较发达，且蹄间分布最集中。在腕的内侧面皮肤内还有腕腺。
2. 皮脂腺 猪的皮脂腺不发达。
3. 乳腺 常构成5~8对（少数品种猪有10对）乳房，成对排列于腹白线的两侧。每个乳房有1个乳头，每个乳头有2~3个乳头管。

（二）**蹄** 猪每肢有两个主蹄和两个悬蹄。主蹄的构造与牛（羊）主蹄相似，但蹄球更发达，蹄底显得较小。

第二节 猪内脏的解剖生理特征

一、消化系统

（一）**猪消化系统的构造特点**

1. 口腔 猪口腔较长，但因品种不同而有较大差异。

（1）口唇 猪上唇较宽厚，与鼻端共同形成吻突，主要起掘地觅食作用。吻突前部有短而细的毛，侧面中后部有缺刻，与犬齿相对，此处唇薄且向上方突起，形成皱褶。公猪犬齿即在此处外突；母猪此处上下唇常闭合不严。下唇小而尖，颏部皮肤有小隆起，称颏器，内有颏腺。口裂长，口角与第3~4前臼齿相对。

（2）颊 黏膜平滑，内有颊腺。在与第4~5臼齿相对的颊黏膜上有腮腺管的开口。

（3）腭 猪硬腭狭而长，构成固有口腔的顶壁。沿正中线形成沟状腭缝，两侧有20多条腭褶（图3-3）。其前端为切齿乳头，两侧各有一小孔，为鼻腭管的开口。软腭（或称腭帆）较短而厚，向后达会厌背侧的中部。软腭口腔面沿中线有一浅沟，沟两侧的黏膜里有发达的腭帆扁桃体,呈卵圆形,黏膜表面有许多扁桃体隐窝。此外,猪软腭内还有发达的腭腺,其排泄管开口于软腭表面。

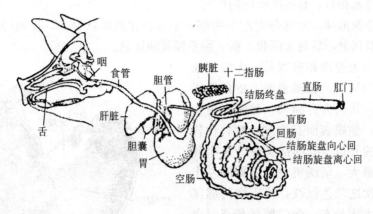

图3-3 猪的消化系统模式图

(4) 口腔底和舌 猪口腔底部的舌下肉阜不明显。在舌体与齿龈之间的舌下隐窝黏膜上,有多个纵行排列的舌下腺管的开口。舌窄而长,舌尖较薄,腹侧面与口腔底间形成两条舌系带。舌背黏膜上分布有下列乳头:丝状乳头细而柔软,密排于舌背;圆锥乳头斜向后上方,主要位于舌根部;菌状乳头散在,以舌两侧较多;轮廓乳头有2~3个,位于舌根背侧面的前部;叶状乳头有1对,位于舌根两侧。

(5) 齿 猪齿除犬齿是长冠齿外,其他均为短冠齿。齿冠、齿颈和齿根三部分区别明显。上、下切齿各有3对,即门齿、中间齿和边齿。上切齿较小,方向较垂直,相邻两齿间有间隙。下切齿方向较水平,边齿和中间齿紧密相邻。公猪的犬齿发达,呈弯曲的三棱形。上犬齿向外向上弯曲,下犬齿特别长,向外向上向后弯曲,露出于口裂外。母猪的犬齿不发达。犬齿与切齿和前臼齿之间均形成较宽的齿间隙。臼齿每侧有7个,由前向后逐渐增大。前臼齿4个,属于切型齿;后臼齿3个,属于丘型齿。

(6) 唾液腺 包括腮腺、下颌腺和舌下腺。

①腮腺:很发达,呈三角形,位于下颌支的后方,表面有筋膜、耳肌等覆盖。腮腺开口于与第4或第5上臼齿相对的颊黏膜上。猪腮腺为浆液型腺。

②下颌腺:较小,呈扁圆形,位于下颌支的内侧和后方,腮腺深面。下颌腺管在下颌骨内侧向前延伸,开口于舌系带两侧口腔底的黏膜上。猪下颌腺为混合型腺。

③舌下腺:呈扁平长带形,在3对唾液腺中最小,红黄色,分为前、后两部。前部较大,为多口舌下腺,开口于舌体两侧的口腔底黏膜上;后部为单口舌下腺,开口于下颌腺管开口的附近。猪舌下腺主要为黏液型腺。

2. 咽 狭而长,向后可延伸到第2颈椎腹侧,分为鼻咽部、口咽部和喉咽部。鼻咽部有鼻中隔延续而形成的咽中隔,两侧壁各有一漏斗状的咽鼓管咽口。口咽部较短。喉咽部的底壁两侧有1对较深的梨状隐窝,在食管口背侧形成短的盲管,称咽憩室。

3. 食管 食管短而直,其颈段沿气管的背侧后行。食管的始端和末端管径较大,中部较细。食管腺发达,整个黏膜均有分布,但向后逐渐减少。黏膜固有层中淋巴组织多。肌肉在颈段为横纹肌,胸段为骨骼肌和平滑肌交错排列,腹段为平滑肌。

4. 胃 猪胃容积相对较大,属单室胃,形状与马胃相似。胃的左侧部大而圆,下方的凸曲部称胃大弯。在近贲门处有一盲突，称胃憩室。猪胃贲门与幽门距离较近，两门之间的凹曲部称为胃小弯。在幽门处有自小弯一侧向内突出的一个纵长鞍形隆起，称幽门圆枕，与其对侧的唇形隆起相对，有关闭幽门的作用。

猪胃横卧于腹前部，大部分在左季肋部、小部分在剑状软骨部，仅幽门端位于右季肋部。前与膈、肝接触，后与大网膜、肠、肠系膜及胰接触。

胃黏膜分为无腺部和有腺部。无腺部面积小，位于贲门周围，黏膜表面上皮角化而粗糙，色苍白。其余为有腺部，黏膜上皮为单层柱状上皮，黏膜表面有许多小窝，称胃小凹，是胃腺的开口。有腺部又分为3个腺区：贲门腺区最大，呈淡黄色，占胃的左半部；胃底腺区次之，色棕红，位于贲门腺区的右侧，沿胃大弯分布；幽门腺区最小，色淡，位于幽门部，黏膜常形成不规整的暂时性皱褶（图3-4）。胃底腺是分泌胃液的主要腺体，其主细胞分泌胃蛋白酶原和凝乳酶，壁细胞分泌盐酸。

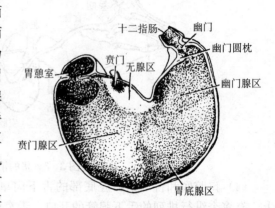

图3-4 猪的胃剖面模式图（示黏膜）

胃的肌膜分为纵层、环层和斜行纤维。纵层分布于胃大弯、小弯和幽门部的浅层。环层分布于胃底和幽门部。斜行纤维分深、浅两层，外斜纤维分布于无腺部和贲门部；内斜纤维分布于贲门附近，并参与形成贲门括约肌。

胃在小弯处以小网膜与肝相联系，在大弯处以大网膜与横结肠和脾等相联系。大网膜发达，浅、深两层间形成网膜囊。营养良好的个体的网膜，因含丰富的脂肪而呈网格状。

5. 肠 分为小肠和大肠（图3-5）。

（1）小肠 分十二指肠、空肠和回肠三段。

①十二指肠：位于右季肋部和腰部，肠系膜短，位置较固定。十二指肠起始段形成乙状弯曲，后段有胆管、胰管的开口。

②空肠：形成许多肠袢，以较宽的空肠系膜与总肠系膜相连。空肠大部分位于腹腔右半部，在结肠圆锥与肝、胃之间，与右髂部腹壁和腹底壁后部相接触。

③回肠：短而直，以回肠口开口于盲肠与结肠交界处，末端斜向突入盲肠腔内，形成发达的回肠乳头。猪回肠固有膜和黏膜下层内的淋巴集结特别明显，呈长带状，分布于肠系膜附着缘对侧的肠壁内。

（2）大肠 直径比小肠粗，各段形成数目不等的纵肌带和肠袋。

①盲肠：短而粗，呈圆筒状，盲端钝

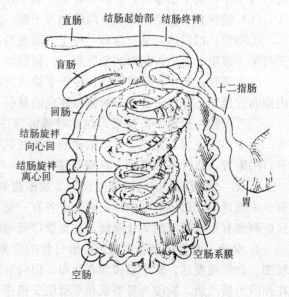

图3-5 猪的肠管模式图

圆。肠壁形成3条纵肌带和三列肠袋。猪盲肠位于左髂部,在左肾后端腹侧起始于回肠口,向后下方延伸到结肠圆锥后方,盲端位于盆腔入口与脐之间的腹底壁上。

②结肠:与盲肠相接,两者以回肠口为界。起始部的直径与盲肠相似,此后逐渐变细。结肠分为前部的旋袢和后部的终袢。旋袢最长,呈螺旋状卷曲成结肠圆锥。圆锥的底朝向背侧,附着于腰部和左髂部;圆锥的顶伸向脐部。结肠圆锥包裹于结肠系膜内,由向心回和离心回组成。向心回位于结肠圆锥的外周,管径较粗,有两条明显的纵带和两列肠袋;离心回按逆时针方向盘绕至圆锥底部,延续为终袢。

③直肠:位于盆腔内,沿脊柱下方和生殖器官背侧向后延伸至肛门,周围常有大量脂肪组织。猪直肠在肛门前方形成明显的直肠壶腹。

6. 肝　猪肝比牛肝发达,呈红褐色,中部厚而边缘薄。肝壁面隆凸,与膈及腹腔侧壁相贴,并有后腔静脉通过;脏面凹,形成一些内脏器官的压迹。猪肝分叶明显,以3个深的切迹,分为左外叶、左内叶、右内叶和右外叶。右内叶的内侧有不发达的中叶,又以肝门为界分为背侧的尾叶和腹侧的方叶。猪肝的小叶间结缔组织发达,肝小叶分界清楚,肉眼可见呈暗色小粒。

猪肝位于腹腔最前部,以左、右三角韧带和左、右冠状韧带附着在膈的后面。大部分位于右季肋部,小部分位于左季肋部和剑状软骨部。

胆囊位于肝右叶与方叶之间的胆囊窝内。肝管在肝门处与胆囊管汇合成胆总管,开口于十二指肠。

7. 胰　猪胰呈灰黄色,近似三角形,位于十二指肠前部和胃小弯附近。胰管开口于十二指肠。

(二) 猪的消化生理特点　猪属于杂食动物,虽然在大肠中也有大量微生物,并参与食物的消化过程,但缺乏牛、羊等复胃动物那样体积很大的前胃。所以,猪在一般饲养管理条件下,主要依靠机械和化学性消化,生物学消化不占重要地位。

1. 口腔内消化　猪有坚硬的吻突,可以掘地觅食,并靠尖形的下唇将食物送进口腔内。猪饮水或饮取液体食物时,主要靠口腔形成的负压来吸引。猪的口裂较大且靠后,闭合不严,饮水时往往发出特殊的声响。猪咀嚼食物较细致,咀嚼时下颌多作上下运动,横向运动较少。咀嚼时有气流自口角进出,因而随着下颌上下运动,发出咀嚼所特有的响声。

猪唾液由唾液腺分泌,为无色透明的黏液。密度为1.007左右,pH约为7.4。唾液中含有淀粉酶、黏蛋白和各种无机盐离子,能将淀粉分解为糊精和麦芽糖。猪一昼夜分泌唾液约15L。腮腺分泌能力最强,但仅在采食时分泌。

2. 胃内消化　胃液由胃腺分泌,为无色透明的酸性液体,pH约为0.5～1.5,由水、有机物、无机盐和盐酸组成。有机物中主要是各种消化酶,包括胃蛋白酶、胃脂肪酶和凝乳酶。猪胃内容物不易完全排空,所以胃液是连续分泌的,采食时分泌增加。成年猪一昼夜胃液的总分泌量可达6～8L。

猪的胃腺细胞不产生水解糖类的酶,但在胃内也存在糖的消化过程。这主要是依靠唾液淀粉酶和植物性饲料含有的酶来完成的。猪胃内容物除幽门部可混合外,其他大部分饲料分层排列,胃液不易迅速浸透饲料。混有唾液的饲料在其中心和无腺部保持较长时间的中性、弱酸性环境,给唾液淀粉酶形成适宜的消化环境。此外,仔猪在出生初期,胃液内不含盐酸,胃液中的胃蛋白酶的含量也很低,这对仔猪消化蛋白质有一定的影响,也是仔猪容易拉稀的原因之一。

3. 小肠内消化　小肠的消化主要是在胰液、胆汁和小肠液的作用下完成。胰液由胰腺组织中的消化腺细胞分泌，经胰管排入十二指肠。胰液是无色透明的碱性液体，pH 约为 7.8～8.4。猪胰液是连续分泌的，采食时分泌增加。猪胆汁的分泌量较大。猪小肠液中起消化作用的酶主要有 3 种：一是小肠液中游离存在的酶；二是存在于脱落的小肠上皮细胞中的酶；三是肠黏膜上皮内的酶。上述各种酶可将蛋白质、脂肪和糖类分解为可被吸收利用的营养物质。

4. 大肠内消化　猪的大肠具有相对大的容积，大肠内食糜的酸碱度接近中性，又保持无氧状态，温度和湿度等也适宜，具备与草食动物相似的微生物繁殖条件。猪在饲喂大量植物性饲料的条件下，大肠内的微生物消化作用就显得尤为重要。猪饲料中的部分纤维素、淀粉和其他糖类被细菌等微生物发酵后，产生的乳酸、乙酸、丙酸等低级脂肪酸，可被大肠黏膜吸收，供机体利用。猪大肠内的细菌也能分解蛋白质、氨基酸等含氮物质，其分解产物氨、胺类等有害物质随粪便排出，故猪的粪便具特有的恶臭味。此外，猪大肠内的微生物还能合成 B 族维生素。

二、呼吸系统

（一）猪呼吸系统的构造特点

1. 鼻

（1）外鼻　鼻尖与上唇一起形成特殊的吻突，前面为盘状的吻镜，分布有短而稀的触毛。皮肤表面有小沟，沟的深处有吻腺腺管的开口和丰富的触觉感受器。鼻孔小，卵圆形，位于吻突前面。

（2）鼻腔　较狭长，左右鼻腔在后部下方彼此相通。上鼻甲狭长，中部卷曲成上鼻甲窦；下鼻甲较宽，形成背侧和腹侧两个卷曲，与中鼻道和下鼻道相通，其后部形成下鼻甲窦。

（3）鼻旁窦　上颌窦位于上颌骨内，老龄猪可扩展入腭骨和颧骨。额窦很发达，沿颅顶一直向后扩展到枕部，可分为后额窦、前外侧额窦和前内侧额窦，分别以小孔通中鼻道和筛鼻道。

2. 喉　喉较长。环状软骨弓的前缘呈波浪形，后缘倾斜向后，与气管的第 1 软骨环之间有环状气管膜连接。甲状软骨长，软骨板宽阔，后部较高。杓状软骨的小角突发达，末端呈分叉状，左、右两软骨在此互相连接。两块杓状软骨与环状软骨间有小的杓间软骨。会厌软骨呈圆形，较宽，与甲状软骨前缘疏松相连。

喉前庭较宽、较长，不形成前庭襞。喉室将声襞及声韧带分为前、后两部，并向前外侧突出形成盲囊。声门下腔较窄。

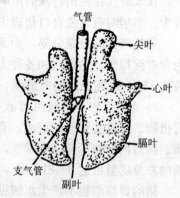

图 3-6　猪肺分叶模式图

3. 气管和支气管　猪气管呈圆筒形，气管软骨有 32～36 个。在相当于第 4 或第 5 肋处，气管分叉为两支主支气管，分叉前还于第三肋的上 1/3 处直接分出一支支气管到右肺前叶。

4. 肺　猪肺叶间裂很深，肺分叶明显。右肺以深的叶间裂分为尖叶、心叶、膈叶和副叶。左肺分为心叶、尖叶和膈叶，尖叶又以心切迹为界分为前部和后部（图3-6）。肺内间质发达，猪肺小叶明显。

（二）**猪的呼吸生理特点**　猪与其他家畜相似，健康时常表现为胸腹式呼吸。安静时的呼吸频率为每分钟15～24次。

三、泌尿系统

（一）**猪泌尿系统的构造特点**

1. 肾　猪左、右肾均呈上下压扁的长椭圆形，棕黄色，对称地位于前四个腰椎横突腹侧。肾脂肪囊很发达。

猪肾为平滑多乳头肾，表面平滑。在切面上，髓质形成明显的肾锥体和若干肾乳头。输尿管在肾窦内扩大成漏斗状的肾盂，向前、后分出两支肾大盏，由其上再分出8～12个肾小盏，每一小盏包围1个肾乳头。猪肾的皮质较厚，髓质只有皮质厚度的1/2～2/3（图3-7）。

2. 输尿管　猪输尿管由肾门呈直角折转向后，途中略呈弯曲状。起始段较宽，向后管径逐渐变细。

3. 膀胱　猪膀胱扩张性强，充满时大部分位于腹腔内。背侧面几乎全部被覆浆膜，腹侧面仅前部被覆浆膜。

4. 尿道　母猪尿道平滑肌的环形肌较发达，纵肌不发达。尿道外口下有小的尿道下憩室。

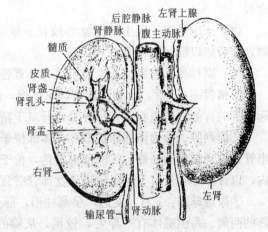

图3-7　猪肾（腹侧面，右肾切开）

（二）**猪的泌尿生理特点**　一般情况下，猪的尿液呈透明的水样，密度为1.01～1.05，其酸碱度常因食物性状而异。猪每昼夜的排尿量为2～4L。

四、生殖系统

（一）**雄性生殖系统**

1. 公猪生殖系统的构造特点（图3-8）

（1）睾丸和附睾　猪睾丸较大，椭圆形，位于靠近肛门下方的阴囊内，长轴由前下方向后上方倾斜。睾丸间质形成发达的纵隔和小隔，因此睾丸小叶较明显。附睾发达，附睾头由14～21条睾丸输出管组成，附睾管较粗，附睾尾呈钝的圆锥体。

（2）阴囊　较大，位于肛门下方，与周围的界限不明显。因距离肛门很近，会阴部较小。小猪阴囊皮肤柔软而有毛，大猪粗糙且少毛或无毛。肉膜和睾外提肌都很发达。

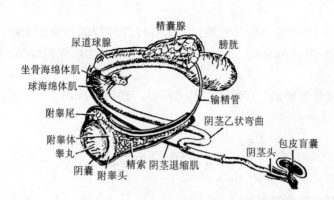

图 3-8 公猪的生殖器官半模式图

(3) 精索和输精管 精索呈扁圆锥形，较长。由睾丸斜向前，经股部之间和阴茎两侧到腹股沟管，通过鞘膜管和鞘环进入腹腔。输精管随精索行走，开口于精阜，末段不形成壶腹。

(4) 尿生殖道 尿生殖道盆部较长。尿道肌发达，呈半环状包住尿道盆部的腹侧和两侧，在背侧以腱组织相连。

(5) 副性腺 很发达，去势公猪则显著萎缩。

①精囊腺：1对，十分发达，呈锥体形，淡红色，为柔软的多叶腺。位于膀胱颈和尿道起始部的背侧。每侧腺体有一导管，开口于精阜。

②前列腺：分为体部和扩散部。体部位于膀胱颈与尿道移行处的背侧，较小，以许多排出管开口于精阜的外侧；扩散部很发达，位于尿生殖道骨盆部的尿道肌与黏膜之间的海绵层内，以许多导管开口于尿生殖道骨盆部管壁背侧的黏膜上。

③尿道球腺：1对，发达，呈圆柱形，部分被球腺肌覆盖。位于尿生殖道骨盆部后2/3部的两侧。每侧腺体有一导管，较粗，从腺的后端走出，开口于由半月形黏膜褶围成的盲囊处。

(6) 阴茎和包皮 猪阴茎细而长，与反刍动物相似。阴茎根由1对阴茎脚和阴茎球构成。阴茎体呈圆柱形，后部形成乙状弯曲，位于阴囊和精索的前方。阴茎头扭曲成螺旋状，在勃起时特别明显。尿道外口为一狭缝，位于阴茎头的腹外侧面。

猪包皮形成较长的包皮腔，以环形褶分为较宽的前部和较狭的后部。在前部背侧有一盲囊，称包皮憩室，以宽约1~2指的圆孔与包皮腔相通。包皮憩室呈椭圆形，囊内常积有腐败的余尿和脱落上皮，有特殊腥臭味。包皮口狭，周围有硬毛。

2. 公猪的生殖生理特点 公猪的性成熟一般较其他家畜要早一些，约3~8月龄，有些品种的公猪更早一些。

(1) 公猪的性行为 公猪的交配要经过一系列的反射动作才得以完成，而这些性动作是按一定的先后次序出现的。大体上分为求偶与勃起反射、爬跨和抽动反射、射精反射，交配结束。

公猪为分段射精，而且持续时间长，常需5~10min，甚至可长达20min。射精时精液直接射入子宫内。

(2) 精液 猪的射精量很大，一般为150~500ml。精液中精子的密度较小，在每毫升精液中约有 10 万～30 万个精子。

公猪在射精的不同阶段，精液组成成分不相同。开始射精时射出的是缺乏精子的水样液体，其容量占射精量的 5%～20%。人工采精时，这部分常不收集。随之射出的是含有大量精子的精液，容量占射精量的 30%～50%，这是采精时应收集的部分。最后是含精子较少、以胶状凝团为主的部分，这部分占射精量的 40%～60%。

（二）雌性生殖系统

1. 母猪生殖系统的构造特点（图 3-9）

（1）卵巢　猪卵巢的形状、大小、位置和内部结构，因发育程度和机能状态不同而有明显差异。4 月龄以前性未成熟的小母猪，卵巢呈椭圆形，表面平滑，淡红色，多位于荐骨岬两旁腹侧面的稍后方，腰小肌腱附近。5～6 月龄的小母猪，卵巢表面因有突出的小卵泡而呈桑葚形，大小约 2cm×1.5cm，位置稍移向前下方，位于髋结节前缘横切面上部。性成熟后和经产的母猪，卵巢长约 5cm，因有许多较成熟的卵泡而使表面呈起伏不平的结节状。卵巢前端与输卵管伞相连，后端以卵巢固有韧带与子宫角相连。卵巢系膜与卵巢固有韧带间由输卵管系膜形成宽大的卵巢囊，性成熟时卵巢大部分藏于囊内。

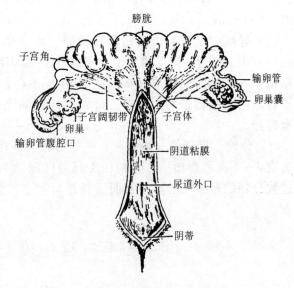

图 3-9　母猪的生殖器官模式图

（2）输卵管　前端形成宽大的输卵管漏斗，可包住整个卵巢。输卵管的前段弯曲而粗，无明显的输卵管壶腹。后段直而细，称为峡部，连于子宫角，与子宫角之间无明显分界。

（3）子宫　属双角子宫。子宫角特别长，弯曲如小肠。子宫体很短，子宫颈长。子宫颈为子宫体的 3 倍，是子宫最狭窄的部分。其黏膜褶在两旁集拢形成两行半球形隆起，称子宫颈枕。子宫枕交错相嵌，使子宫颈管呈曲折状。猪子宫颈与阴道无明显分界，也不形成子宫颈阴道部。子宫系膜发达，含有大量平滑肌纤维。

（4）阴道　较狭，前端不形成阴道穹隆，后端与阴道前庭相接。阴道与阴道前庭以腹侧壁的尿道外口为界。在尿道外口紧前方有环形的阴瓣，幼猪稍发达。

（5）阴道前庭　黏膜形成两对纵褶，纵褶间有两行前庭小腺的开口。

（6）阴门　阴唇皮肤有稀疏的毛。背侧连合钝圆，腹侧连合呈锐角，并垂向下方。阴蒂体位于前庭底壁内，略弯曲，末端形成不发达的阴蒂头突出于阴蒂窝内。

2. 母猪的生殖生理特点　母猪的性成熟期一般为 5～8 月龄，有些南方早熟品种则更早一些。

（1）发情周期　母猪全年都能发情，发情周期为 19～23d，平均 21d。在一个发情周期中，不仅母猪的卵巢和生殖道出现一系列的变化，而且神经系统、性欲等也会发生变化。因此，根据体内的一系列生理变化，通常把一个发情周期分为发情前期、发情期、发情后期和间情期。母猪的发情期一般为2~3d。

（2）排卵　母猪在一次发情中排出卵子的数量是相当恒定的，一般为10~25个。卵子通过输卵管的时间约为50h。其中，卵子到达壶腹部的时间仅为6~12h，而卵子保持受精能力的最长时间约为12h。通常卵子到达输卵管峡部时，会降低受精能力，到达子宫后就完全不能受精。

（3）受精　猪子宫颈管开放的程度较大，精液可直接射入子宫。约2h左右，大部分精子就到达子宫和输卵管连接处，并在24h内不断向输卵管运动。最先到达输卵管壶腹的精子只需15~20min。

（4）妊娠　受精后，受精卵在输卵管内发生卵裂，并沿输卵管向子宫移动。一般经过3~4d才到达子宫。猪胚泡在子宫并不立即附植，而要在子宫内游离4~7d后才开始附植。各胚泡间的距离相等，附植在子宫壁上的位置相对固定。此外，猪胚胎在两侧子宫角内大都趋于平均分布。母猪的妊娠期比较稳定，平均为114d。不同品种的猪稍有差异。

（5）分娩　母猪的分娩过程，一般可分为开口期、胎儿排出期和胎衣排出期。母猪每努责1~4次可产出一仔，两仔之间的间隔约为5~20min。母猪在全部胎儿产出后，经过数分钟的短暂安静，子宫肌重新开始收缩，约在产后10~60min，两侧子宫角排出胎衣。

第三节　猪免疫系统的特点

一、淋 巴 结

（一）**猪淋巴结的构造特点**　猪淋巴结的结构比较特殊。在淋巴门处，被膜较厚，结缔组织由此伸入内部形成粗大的小梁。小梁分支成网，并与周围的被膜相连。在小梁周围和被膜下的淋巴窦，分别称为小梁淋巴窦和被膜下淋巴窦。幼龄猪淋巴结"皮质"和"髓质"的位置，恰好和其他动物相反。淋巴小结位于淋巴结的中央区域，淋巴小结之间为弥散淋巴组织。而位于被膜下的组织，网状纤维细而密集，着色浅，淋巴窦小而不明显，淋巴细胞数量不多，称为周围组织。成年猪淋巴小结常沿深层的小梁淋巴窦分布，也有淋巴小结位于被膜下的周围组织中。输入淋巴管从门部进入被膜，一直穿行到中央，汇入小梁淋巴窦，后经周围组织中的淋巴窦到被膜下淋巴窦，最后汇集成几支输出淋巴管，从被膜的不同部位出淋巴结。

（二）**猪全身主要淋巴结**　（图3-10）

1. 头部淋巴结

（1）腮腺淋巴结　位于下颌关节的下方，下颌骨支及咬肌的后缘，部分或完全为腮腺所覆盖，常有2~3个。

（2）下颌淋巴结　位于下颌间隙中，在下颌骨支后内侧，胸骨舌骨肌外侧、下颌腺的前方，常有1~2个。

（3）下颌副淋巴结　位于下颌腺的后方，腮腺后下角的内侧，有2~4个。

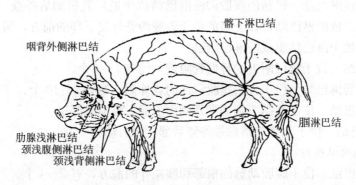

图 3-10 猪体主要浅层淋巴结

（4）咽后淋巴结 分两组。一组称咽后外侧淋巴结，位于腮腺淋巴结的后方，腮腺的后上缘，部分或完全为腮腺覆盖，有 1～2 个；另一组称为咽后内侧淋巴结，位于咽肌的背外侧，在颈总动脉和迷走交感干的上方，胸头肌的深面，被胸腺和脂肪覆盖，常有数个。

2. 颈部淋巴结

（1）颈浅淋巴结 分为两组。一组称为颈浅背侧淋巴结（又称肩前淋巴结），位于肩关节的前上方，颈斜方肌和肩胛横突肌之间的深面，有 1～2 个；一组称颈浅腹侧淋巴结，位于臂头肌下缘表面，约有 3～5 个，组成长的淋巴结链。

（2）颈深淋巴结 分为两组。一组称为颈深前淋巴结，较小，位于喉和甲状腺之间的气管腹外侧，有 1～5 个；一组称颈深后淋巴结，位于甲状腺的后方，气管的腹侧，较小，有 3～8 个。

3. 前肢淋巴结 无肘淋巴结和腋固有淋巴结，只有第 1 肋腋淋巴结，位于锁骨下肌的深面，第 1 肋的前方，腋静脉的腹侧。

4. 后肢淋巴结

（1）腘淋巴结 分为深、浅两组。一组称腘浅淋巴结，位于腓肠肌外侧头起始部的后上方，臀股二头肌和半腱肌之间的沟内脂肪中，一般有一大一小，有时缺无；一组称腘深淋巴结，位于腘浅淋巴结的前上方，臀股二头肌和半腱肌之间的腓肠肌上，有 1～3 个。

（2）髂股淋巴结 位于髂外侧动脉起始部的稍后方，有的还伸延到股深动脉的起始部，俗称腹股沟深淋巴结。为一较重要的淋巴结群，在兽医卫生检验中是重点检查的淋巴结。

5. 腹壁和骨盆壁的淋巴结

（1）腰主动脉淋巴结 散布于腹主动脉和后腔静脉的腹外侧，约有 8～20 个。

（2）髂内侧淋巴结 位于旋髂深动脉的起始部，髂外侧动脉的内外侧，约有 4～9 个。

（3）髂外侧淋巴结 位于旋髂深动脉前、后支之间或前支的前方，埋在髂腰肌腹外侧的脂肪中，约 1～3 个。

（4）荐淋巴结 位于左、右髂内动脉起始部之间，约有 1～3 个。

（5）髂下淋巴结 又称股前淋巴结或膝上淋巴结。位于髋结节和膝关节之间，阔筋膜张肌前缘中点的皮下脂肪组织中，为数个淋巴结组成的淋巴结团块。

（6）腹股沟浅淋巴结　母猪的腹股沟浅淋巴结位于最后乳房的后外缘，称乳房淋巴结，是由数个淋巴结组成的淋巴结群。公猪的位于腹股沟管外皮下环的前方，阴茎的外侧，称阴囊淋巴结，是由数个淋巴结组成的淋巴结链。

（7）肾淋巴结　位于肾门附近的肾血管附近，约有1~4个。

（8）肛门直肠淋巴结　位于直肠腹膜后部的背外侧，约有2~10个。

（9）坐骨淋巴结　位于荐结节阔韧带外侧面前部、臀中肌深层。

（10）臀淋巴结　位于荐结节阔韧带外侧后部、臀后动脉上方。

6. 腹腔内脏的淋巴结

（1）腹腔淋巴结　位于腹腔动脉的根部和胰左叶的前方，有2~4个。

（2）胃淋巴结　通常有两组。一组位于胃小弯的肠面，胃左动脉的表面，胰体和胰左叶的腹侧；另一组位于胃贲门附近，约有1~5个，不易与腹腔淋巴结清楚区分。

（3）肝淋巴结　发达，位于肝门附近的门静脉上，约有2~7个。

（4）脾淋巴结　位于脾门的最上部，脾动脉进入脾门处，约有2~8个。

（5）胰十二指肠淋巴结　位于胰和十二指肠之间，约有5~10个。

（6）肠系膜淋巴结　位于肠系膜动脉起始部和肠系膜中，数量较多，依其所在部位区分为：肠系膜前淋巴结、空肠淋巴结、回盲结肠淋巴结、结肠淋巴结、肠系膜后淋巴结。

7. 胸腔淋巴结

（1）胸背侧淋巴结　主要有胸主动脉淋巴结，位于第6胸椎的后方，胸主动脉和胸椎之间，约有2~8个。

（2）胸腹侧淋巴结　主要有胸骨前淋巴结，位于前腔静脉的腹侧，胸骨背侧第1肋处的胸内血管附近，有数个。

（3）纵隔淋巴结　位于纵隔中，根据其所在的位置可分为纵隔前淋巴结、纵隔中淋巴结、纵隔后淋巴结。

（4）气管支气管淋巴结　位于支气管分叉附近，根据其所在的位置，可分为：气管支气管左淋巴结、气管支气管右淋巴结、气管支气管前淋巴结和气管支气管中淋巴结四群。

气管淋巴干与右前肢的淋巴管合成，长约2cm，注入颈总静脉或臂头静脉。

二、脾

猪脾长而狭窄，质较硬，呈暗红色，位于胃大弯的左侧，随胃大弯的弯曲而呈弧形。脾的大小因含血量的多少而不同。

脾借胃脾韧带与胃疏松相连。

三、胸　腺

幼猪的胸腺发达，呈粉红色，分颈胸两部。胸部胸腺位于心前纵隔中，前腔静脉下方。左、右颈部胸腺分别沿左、右颈总动脉向前伸至枕骨的颈突。性成熟后颈部胸腺先退化，以后胸部胸腺退化。

实验实习与技能训练

猪主要器官及淋巴结的识别

（一）目的要求　掌握猪主要器官及主要淋巴结的形态、结构和位置。

（二）材料及设备　猪的离体器官标本或新鲜的猪尸体，常用解剖器械。

（三）方法步骤

1. 将猪致死，剥皮，识别下列淋巴结：下颌淋巴结、肩胛前淋巴结、腋淋巴结、股前（膝上）淋巴结、腹股沟浅淋巴结、腹股沟深淋巴结、腘淋巴结。

注意观察各淋巴结的形态、位置、大小和颜色。

2. 剖开猪的腹腔，识别下列器官：肝、心、肺、胃、小肠（十二指肠、空肠、回肠）、大肠（盲肠、结肠）、肾、睾丸、卵巢、子宫及纵隔淋巴结、肺门淋巴结、肠系膜淋巴结。

注意观察上述器官的形态、位置和解剖构造，并注意各器官之间的相互位置关系。

（四）技能考核　在新鲜的猪尸体上找出上述器官及淋巴结。

复习思考题

1. 名词解释：吻骨　胃小凹　包皮憩室
2. 猪前、后脚骨与牛相比有何不同点？
3. 写出猪的恒齿式。
4. 简述猪的胃、肠、肝、胰的形态结构特点。
5. 淀粉类饲料在猪体内是如何被消化的？
6. 绘出猪肺的分叶模式图。
7. 简述猪肾的形态结构特点。
8. 公猪的副性腺与其他家畜相比有何特点？
9. 简述母猪生殖器官的结构特点。
10. 为何在人工采精时，猪开始射精时的精液常不收集？
11. 简述母猪生殖生理特点？
12. 猪淋巴结的组织结构与其他家畜相比有何特点？
13. 简述猪体浅表主要淋巴结的位置。

第四章
马属动物的解剖生理特征

【学习目标】了解马属动物的骨骼、肌肉、皮肤及皮肤衍生物的形态、结构特征,消化、呼吸、泌尿、生殖系统的组成和生理特点;了解马属动物体温、心率等生理常数及生活习性;掌握马属动物的食管、胃、肠、心、肺、肾、膀胱、脾、睾丸、卵巢、子宫、阴囊的形态、位置和构造特点。

马属动物属单胃、草食性动物,主要包括马、驴和骡等。它们的形态结构和生理机能与反刍类动物有基本相同的地方,但在身体的外部形态、内部器官的构造和机能都有明显的特性。本章以马为对象,阐述马属动物的身体结构和生理机能的特点。

第一节 马的骨骼、肌肉与被皮

一、骨 骼

马的全身骨骼与牛一样,也分为头骨、躯干骨和四肢骨(图4-1),但具有以下特点:

1. 在头骨背侧的后方有横行的枕嵴。在眼眶的下缘有向前延伸的面嵴。在面嵴前上方有眶下孔。在颌前骨和上、下颌骨有齿槽和齿槽间隙。

2. 马的椎骨数目:颈椎7个,胸椎18个,腰椎6个,荐椎5个,尾椎15~121个。颈椎较长。肋为18对,前8对为真肋,后10对为假肋。

3. 马前肢的肩胛骨长而斜,臂骨较短。前臂骨长且垂直,桡骨和尺骨彼此愈合。腕骨有7块。掌骨只有第3掌骨发达,称大掌骨,第2、第4掌骨已退化而附着于大掌骨两侧,称小掌骨。指骨仅有第3指。马的肩、臂、系部呈倾斜状态,减弱了地面对肢体的反冲力,对内脏器官有保护作用。

4. 马后肢的股骨长而斜。胫骨长而斜,腓骨不发达。跗骨6块排成三列。飞节角度小,强力伸张时,可迸发出强大力量。整个后肢骨骼约比前肢长1/5左右。

马四肢骨的这些特点有利于马前后肢的伸扬,从而使马在行进时步幅大,速度快。

二、肌 肉

马的全身肌肉与牛的一样,也分为头部肌肉、躯干肌肉和四肢肌肉(图4-2),但具有以下特征:

第四章 马属动物的解剖生理特征

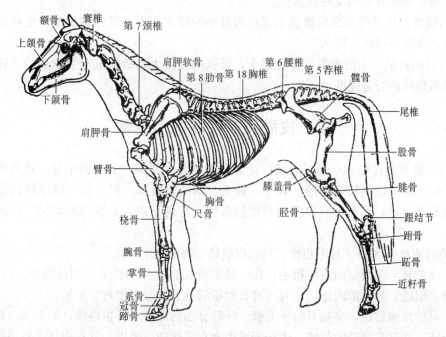

图 4-1 马的全身骨骼

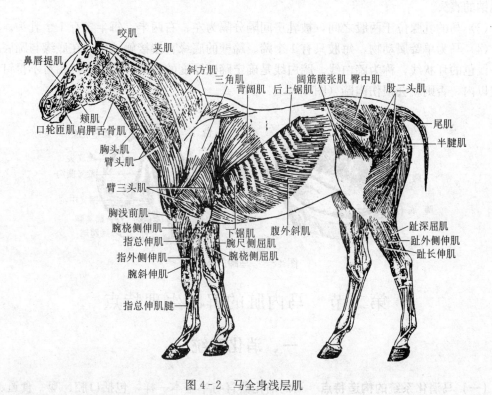

图 4-2 马全身浅层肌

1. 马颈部肌束长而发达，胸、腹部的肌肉紧凑。
2. 四肢筋多肉少，肌腱和韧带坚实。前肢支持大部分体重，由于其骨骼基本垂直，而且肌腱和韧带负担了大部分支持作用，站立中无需很多肌肉紧张收缩，因而能量消耗少。所以，马能站立睡眠并得到良好的休息。

3. 马腕骨及指骨的伸屈肌腱靠上部肌肉较小的收缩，即可灵活地伸屈，消耗能量小而不易疲劳，所以，马耐力持久。

4. 后肢肌肉呈一定角度附着于骨骼上，开张的幅度大，故能充分发挥肌力。这些特点决定了马有很快的行进速度。

三、皮肤及其皮肤的衍生物

1. **马皮肤的构造特点**　马的皮肤广泛分布着触觉感受器，被毛的毛囊、真皮和表皮都有传入神经纤维，使马较牛敏感。其中，触毛、四肢、腹部、唇、耳、鼠蹊较其他部位敏感。接触和抚摸时，切不可直接接触马敏感部位，特别是四肢、腹部和耳部，以防逃避或反抗。

2. **马的皮肤衍生物**　与牛相比，马的皮肤衍生物有以下特点：

（1）马的被毛多为短而直的粗毛，在一些部位长有特殊的长毛，如马的鬣、鬃和尾等。在马的唇、眼睑、鼻孔的附近，还有一种长而粗的触毛，触毛没有竖毛肌。

（2）马的汗腺发达，多数开口于毛囊。汗腺分泌的汗液含有蛋白质，当出汗多时，被毛就呈黏胶状，并且有特殊的气味。由于汗液中含有氯化钠，所以，马在出汗多时易造成体内氯化钠的丧失。

（3）马的乳腺位于两股之间，被乳房间隔分隔为左、右两半，每半各有1个乳头。

（4）马为单蹄属动物，每肢只有1个蹄。蹄壁的底缘直接接触地面，在底缘与蹄底之间有一浅色的环状线，称为蹄白线。蹄白线是确定蹄壁厚度的标准，装蹄时，蹄钉不得钉在蹄白线以内，否则就会损伤肉蹄（图4-3）。

图4-3　马蹄的构造

第二节　马内脏的解剖生理特点

一、消化系统

（一）马消化系统的构造特点　马的消化器官与牛基本一样，包括口腔、咽、食道、胃、肝、胰、小肠、大肠和肛门等（图4-4），但具有以下特点：

1. 马唇长而灵活，是采食的主要器官。马的舌比较灵活，舌体的背面没有舌圆枕，在舌尖和舌体交界处的腹侧有1条舌系带。

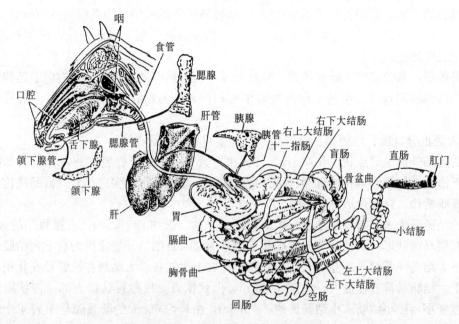

图 4-4 马的消化系统半模式图

2. 马的齿可分为切齿、犬齿、前臼齿和后臼齿。切齿上、下各 3 对。公马有上、下犬齿各 1 对,母马一般无犬齿。臼齿上、下颌各有 6 对(前臼齿 3 对,后臼齿 3 对)。

马齿的齿颈不明显,齿根长且深入齿槽内。切齿呈弯曲的楔形,磨面上有一漏斗状齿窝,称为黑窝或齿坎;当齿磨损后,在磨面上可见到内外两圈明显的釉质褶,它们之间为齿质。以后随着年龄的增长,齿冠磨损加大,黑窝逐渐消失,齿质暴露,成为一黄褐色的斑痕,称为齿星。因此,常可根据马切齿的出齿、换齿、齿冠磨损情况和齿星出现等判定马的年龄。

3. 马胃呈弯曲的椭圆形囊状,以贲门连于食管,而以幽门接于十二指肠,贲门和幽门相距很近。上方凹缘叫胃小弯,下方凸缘叫胃大弯。胃的左端较高,向后上方膨大形成胃盲囊。右端较低,在靠近幽门处体积较小,称幽门窦(图 4-5)。马胃的容积较小。大部分位于左季肋部,小部分位于右季肋部,在膈和肝之后,大结肠的背侧。

马胃的黏膜被一明显的褶缘分为两部。褶缘以上部分厚而苍白,与食管黏膜相连,为无腺部。褶缘以下和右侧黏膜软而皱,为有腺部。有腺部的黏膜又根据腺体不同,分为贲门腺区、胃底腺区和幽门腺区。

4. 马的小肠也分为十二指肠、空肠和回肠三部分。

十二指肠长约 1m,由很短的系膜固定在右季肋部,盘曲少。在靠近幽门部形成乙状弯曲,然后向上向后伸延,在幽门附近有胆

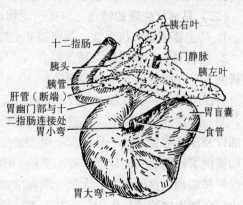

图 4-5 马的胃和胰

管和胰管的开口,在右肾后方绕过肠系膜转为空肠。

空肠长约22m,借助肠系膜悬吊于第1~2腰椎椎体的腹侧,肠系膜长达50cm,形成很多肠祥。大部分空肠位于左髂部和腰部,并与小结肠混在一起,小部分在腹前部和腹后部,并能达到腹腔底壁。

回肠很短,系膜较窄,肠管较直,管壁较厚。由左髂部的空肠起,向右向上延伸到盲肠底小弯偏内侧的回盲口。小肠壁的构造与牛的相似,分为黏膜层、黏膜下层、肌层和浆膜四层。

5. 大肠也分盲肠、结肠和直肠三部分。前接回肠,后通肛门。

马的盲肠外形呈逗点状,长约1m,容积比胃大得多。位于腹腔右侧,自右髂部的上部向前向下沿腹壁伸延到剑状软骨部。可分盲肠底、盲肠体和盲肠尖三部分。盲肠底位于右髂部,是盲肠听诊、穿刺最适宜的部位。

马的结肠分为大结肠和小结肠。大结肠特别发达,长约3~3.7m,占据腹腔的大部分,排列成双层马蹄铁形。大结肠可分四段和三个弯曲:从盲结口开始顺次为右下大结肠→胸骨曲→左下大结肠→骨盆曲→左上大结肠→膈曲→右上大结肠。大结肠各段管径变化很大,其中,右上大结肠后部管径最大,约35~40cm,形状像胃,故称胃状膨大部。胃状膨大部向后又突然变小,接小结肠。小结肠长约3~3.5m,由长约60cm的肠系膜悬于后4个腰椎椎体下方,活动范围较大,和空肠混杂在一起。大部分的小结肠位于左髂部和腰部,与小结肠混在一起。

马的直肠长约30cm,位于骨盆腔内荐骨下面,直肠的上方和两侧与骨盆腔壁相邻,下接膀胱,母马直肠的下方为子宫及阴道。直肠的中段粗大,称为直肠膨大部(直肠壶腹)。

马大肠的肠壁黏膜表面平滑,无绒毛,上皮细胞呈高柱状,黏膜内有排列整齐的大肠腺和较多淋巴孤结,淋巴集结则较少。

6. 马肝呈不规则的扁圆形,棕红色,质脆。斜位于膈之后,大部分在右季肋部,小部分在左季肋部。其特征是没有胆囊,胆汁从肝管直接注入十二指肠。肝的分叶明显,有左内叶、左外叶、尾叶、方叶、右叶五叶,右叶最大。

7. 马胰脏呈不规则的扁三角形,质地柔软,呈淡红色,位于十二指肠乙状弯曲中。胰脏分泌的胰液,由两条胰管通到十二指肠。

(二)马消化生理的特点 与反刍动物相比,马具有以下的消化特点:

1. 马主要用唇和齿采食,饲料经充分咀嚼后才吞咽。

2. 马胃排空比较缓慢,通常喂食后24h胃内还残留有食物,饲料残留使马胃能连续分泌胃液。马一昼夜可分泌30L胃液。

马在咀嚼和吞咽食物时,反射性地引起胃底和胃体部的肌肉舒张,使食物容易进入胃内,并一层层地铺在胃中。先进入胃的食物在周围,后进入的在中间。这种状态使马胃的贲门部以及深层的食物,不易被胃液很快地浸透而较长时间地维持着弱碱性,为细菌及淀粉酶作用提供了特别适宜的环境,有利于糖类的消化。邻近胃壁和幽门部的食物,由于胃的紧张性收缩和蠕动,食糜中混有大量胃液而呈酸性环境,有利于饲料中蛋白质的分解。马胃内虽然也存在微生物的消化作用,但并不进行纤维素的分解。

3. 马一昼夜能分泌约7L的胰液和6L左右的胆汁。食糜进入十二指肠后,受到的化学消化、机械消化与牛的相似。

4. 马的大肠容积庞大，具有与反刍动物瘤胃相似的作用。在小肠未被消化的营养物质，到大肠后被微生物和消化酶继续分解。在马的盲肠和结肠内，食糜滞留达12h，食糜中40%～50%的纤维素、39%的蛋白质、24%的糖在这里被消化。纤维素经发酵后产生大量挥发性脂肪酸和气体，挥发性脂肪酸可被机体吸收利用。

二、呼吸系统

（一）马呼吸系统的构造特点 马的呼吸器官与牛的一样，包括鼻腔、咽、喉、气管和肺（图4-6），但具有以下的特点：

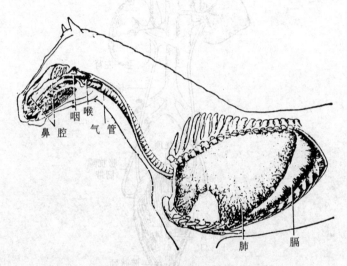

图4-6 马的呼吸系统半模式图

1. 马鼻的鼻梁平直，鼻孔大，鼻翼薄而灵敏，鼻黏膜呈粉红色。

2. 马肺的分叶不明显，只分为尖叶、心膈叶（由心叶和膈叶并成）和副叶。马肺后缘在体表的投影为一条由第6肋软骨下端到第17肋上端的弧线。左肺有一呈四边形的心切迹，位于第3～6肋骨之间，其与肩关节水平线交界的稍下方是心脏听诊的部位（图4-7）。

（二）马的呼吸生理特点

1. 马的嗅觉神经和嗅觉感受器非常敏锐，能根据嗅觉信息识别主人、性别、母仔、发情、同伴、路途、厩舍、厩位和饲料种类。马的鼻翼灵活，在认识和辨别事物时，鼻翼扇动，作短浅呼吸，力图吸入更多的新鲜气味，加强对事物的辨别。因此，在对马进行调教时，最好先以嗅觉信息打招呼，如配戴挽具、鞍具，先让马嗅闻，待熟悉后，再配戴之。

2. 在预感危险和惊恐时，马强烈吹气，振动鼻翼，发出特别的响声，俗称"打响鼻"。

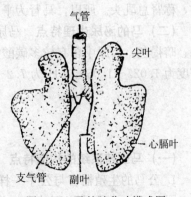

图4-7 马的肺分叶模式图

3. 马的全部肺泡总面积可达 500m², 肺的总容量可达 40L, 通气量很大。在安静情况下, 马的呼吸频率为 8~16 次/min。这些特点, 有利于马快速和持久奔跑。

三、泌尿系统

（一）**马泌尿系统的构造特点** 马泌尿系统与牛的一样, 由肾、输尿管、膀胱和尿道组成（图 4-8）。马肾脏具有以下特点：

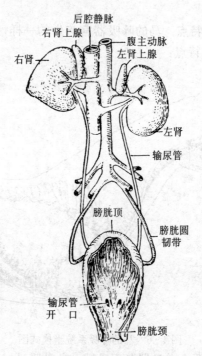

图 4-8 马的泌尿系统（腹侧面）

1. 左右两肾的形态、位置均有所不同。右肾稍大, 呈圆角三角形, 位于最后 2~3 肋骨上端与第 1 腰椎横突的下方。左肾呈蚕豆形, 位置较右肾靠后, 位于最后肋骨的上端与第 1~3 腰椎横突的下方。

2. 马肾表面平滑, 各肾叶之间完全连合在一起, 肾乳头合并成嵴状突入漏斗状的肾盂中, 称肾总乳头。所以, 马肾为平滑单乳头肾。

（二）**马的泌尿生理特点** 马尿的生成与排尿机理与牛的相似。马尿一般呈淡黄色、黄色、暗褐色, 因尿中含有较多碳酸钙结晶和黏蛋白而混浊黏稠。在普通饲养条件下, 马尿的密度为 1.025~1.055, pH 为 7.2~8.7。每昼夜排尿量为 3~8L。

四、生殖系统

（一）**马生殖系统的构造特点**

1. 公马的生殖器官与公牛一样, 包括睾丸、附睾、输精管、副性腺、阴囊、阴茎和包皮（图 4-9）, 但具有以下特点：公马的睾丸呈椭圆形, 位于阴囊内, 头端向前, 尾端向后,呈水平位；附睾位于睾丸的背侧缘。马的阴囊是 1 个袋状的皮肤囊，位于大腿之间、耻骨的前方，具有明显的阴囊颈；马阴茎呈长圆柱状，较粗大，阴茎的前端膨大形成龟头。

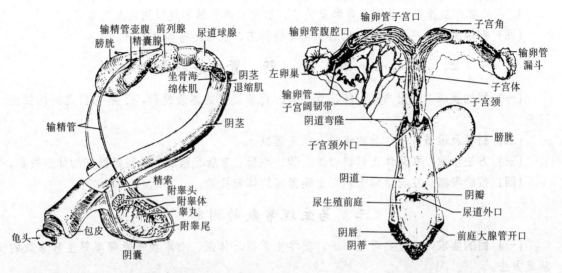

图 4-9 公马的生殖器官模式图　　　　图 4-10 母马的生殖器官模式图

2. 母马的生殖器官与母牛一样，包括卵巢、输卵管、子宫、阴道、尿生殖前庭和阴门（图 4-10），但具有以下特点：

（1）巢呈蚕豆形，左右卵巢以卵巢悬韧带悬吊在第 3~5 腰椎横突末端的下方；表面平滑，在卵巢腹侧的游离缘有一凹陷称为排卵窝，成熟卵泡由此排出。

（2）马的子宫为双角子宫，子宫角呈 Y 形，与子宫体等长；子宫颈阴道部明显，其黏膜呈花冠状皱褶；子宫大部分位于腹腔内，小部分位于骨盆腔内。

（二）马生殖生理的特点　与牛相比，马的生殖生理具有以下特点：

1. 公马的精液呈浅白色，浑浊而黏稠，有特殊的臭味，每次交配的射精量为 50~150ml。

2. 母马的发情具有明显的季节性，一般在春季开始发情。马的发情周期为 19~25d，发情持续期为 4~8d，排卵时间在发情结束前 1~2d。马的妊娠期平均为 340d，变动范围为 307~402d。

实验实习与技能训练

一、马全身骨骼、骨性标志、四肢关节和肌性标志的识别

（一）**目的要求**　使学生能够在马活体上识别出重要骨性标志、关节、主要肌群、重要肌性标志及体表淋巴结的位置，为后期课程学习打下基础。

（二）**材料与设备**　马、马的骨骼标本、保定绳等。

（三）**方法步骤**

1. 在头颈部触摸识别枕嵴、面嵴、眶下孔、咬肌、下颌间隙、下颌血管切迹、下颌淋巴结、肩前淋巴结（位于肩关节前上方被臂头肌覆盖）、颈静脉沟、臂头肌和胸头肌等。

2. 在躯干部触摸识别鬐甲、腰荐间隙、肋骨和肋弓、肋间隙、胸骨柄、剑状软骨和背最长肌等。

3. 在前肢部触摸识别前肢各骨骼及关节等。

4. 在后肢部触摸识别后肢各骨骼及关节、股前浅淋巴结和腹股沟浅淋巴结等。

（四）技能考核　在马活体上识别上述骨性标志、肌性标志和淋巴结。

二、马的心、肺、胃、肠、肾体表投影的识别

（一）目的要求　找出马心、肺、胃、肠、肾等器官的体表投影，了解它们之间的位置关系。

（二）材料及设备　马、马的模型、保定器械。

（三）方法步骤　在马体上识别心脏、肺、小肠、盲肠、结肠和肾脏等器官的体表投影。

（四）技能考核　在马活体上识别上述器官的体表投影。

三、马生理常数的测定

（一）目的要求　通过实习与训练，使学生掌握马体温、心率和呼吸频率等生理常数的测定方法。

（二）材料及设备　马、兽用体温计、棉球、听诊器。

（三）方法步骤

1. 体温的测量　保定马后，清除直肠内积粪。测温者站在马体躯外侧，一手提尾巴，一手将体温计水银柱甩至35℃以下，涂以润滑剂，缓缓捻转插入直肠内，将体温计夹子夹在尻部毛上。3~5min后取出体温计，用湿布或酒精棉球将体温计上的粪便或黏液拭净，然后观察水银柱的刻度数。

2. 心率的测定　使马站立，令其左前肢向前踏出半步。检查者带好听诊器，以右手固定鬐甲部，左手持听诊器，将听诊头贴靠在左侧第3~6肋间与肩关节的水平线交界稍下方，然后选取心音最强处进行听诊，并计数每分钟的心跳次数。心率还可通过脉搏检查来测定，检查部位以颌外动脉为最好。检查时，人站在马的左侧，以左手抓马笼头，右手食指、中指和拇指在血管切迹附近触摸，即可感受到颌外动脉的跳动。

3. 呼吸频率的测定　在马处于安静状态下，通过观察马鼻翼开张、胸腹部起伏（一起一伏为一次呼吸）和手背放在鼻孔前方感觉呼出的气流，计数马的呼吸频率。通常测定1min，但马骚动时须测定2~3min，然后求其平均数。

（四）技能考核　测定马的体温、心跳频率和呼吸频率。

附注：正常情况下，马的体温为37.5~38.5℃，心跳频率为28~40次/min，呼吸频率为8~16次/min。

四、马主要内脏器官的识别

（一）目的要求　使学生能够识别马的肺、肝、胃、肠等主要内脏器官的构造。

（二）材料及设备　马或马的内脏标本、解剖刀、剪等。

（三）方法步骤

1. 放血将马致死并剥皮，按顺序剖开胸、腹腔，观察内脏器官所处的位置。取出内脏

器官作进一步解剖和识别。

2. 在马的新鲜尸体或内脏标本上，识别马的肺、肝、胃、肠（大肠和小肠）、肾、睾丸、卵巢等主要内脏器官的形态和构造。

（四）技能考核 在马的新鲜尸体或标本上，识别上述器官的形态构造。

复习思考题

一、名词解释：面嵴 黑窝 幽门窦 胃状膨大部

二、填空

1. 马的颈椎数为_____、胸椎数为_____、腰椎数为_____、荐椎数为_____。

2. 马胃的大部分位于_____部，小部分位于_____部。

3. 马的大结肠分为（四段和三曲），由盲结口开始顺序为_____→_____→_____→_____→_____→_____→_____。

4. 马的发情周期为_____d，发情的持续期为_____d，妊娠期为_____。

5. 正常情况下，马的体温为_____℃，心跳频率为_____次/min，呼吸频率为_____次/min。

三、问答题

1. 为什么马能够站立睡眠并得到休息？
2. 为什么马使重役后要适当补充食盐？
3. 马是单胃动物，为什么马能像牛一样消化大量的粗纤维？

第五章 家禽的解剖生理特征

【学习目标】了解家禽骨骼、肌肉、皮肤及皮肤衍生物的形态、结构；了解家禽消化、呼吸、泌尿、生殖系统的组成和生理特点；了解家禽的正常体温范围、体温调节特点及家禽的生活习性。掌握家禽嗉囊、胃、肠、肝、胰、心、肺、肾、睾丸、卵巢、输卵管、法氏囊、胸腺、脾脏的形态、位置和构造特点。

家禽属于脊椎动物的鸟纲，主要包括鸡、鸭、鹅、鸽子和火鸡等。鸟纲动物最重要的特征是飞翔。在漫长的进化过程中，为适应飞翔，已形成一系列的自身结构特征。如体形呈流线型，前肢演变成翼，骨内含有气体、有气囊等。在人类长期的训化下，有些家禽已丧失飞翔的能力，但其身体的形态、结构、机能以及活动规律，仍保持着适宜飞翔的特点。本章以鸡为重点，阐述家禽的解剖生理特征。

第一节 运动系统

一、骨　骼

家禽为适应飞翔，骨骼发生了重要变化。一是大部分骨中空而含气，重量相对较轻；二是含有丰富的钙盐，十分坚硬。家禽的全身骨骼，按部位分为头骨、躯干骨、四肢骨（图5-1）。

(一) **头骨** 呈圆锥形，以大而明显的眼眶为界，分为面骨和颅骨。颅骨大部分愈合，颅腔较小，内有脑和视觉器官；面骨不发达，其特点是在下颌骨与颞骨之间有方形骨，当口腔开张与闭合时，可使上喙上升和下降，便于吞食较大的食块。

(二) **躯干骨** 由脊柱骨、肋骨和胸骨构成。脊柱骨分为颈椎、胸椎、腰椎、荐椎和尾椎。颈椎的数目多，鸡13～14枚，鸭14～15枚，鹅17～18枚，鸽子12～13枚，形成乙状弯曲，使颈部运动灵活，利于啄食、警戒和梳理羽毛。胸、腰、荐椎数目较少，且互相愈合，活动不灵活。第2～5胸椎愈合成1块背骨，第7胸椎与腰椎、荐椎、第1尾椎愈合成综荐骨。尾椎5～7枚，愈合成尾综骨，支撑羽毛和尾脂腺。

肋骨的数目与胸椎数目相同，鸡、鸽7对，鸭、鹅9对。除前1～2对外，每一肋骨都由椎骨肋和胸骨肋两部分构成。椎骨肋靠近胸椎，与相应的胸椎形成关节；胸骨肋靠近胸骨，与胸骨形成关节。两部分肋骨之间互相成直角。除第一对和最后 2~3 对肋外，其他肋骨的椎肋上有钩状突，与后面的肋骨相接触，起加固胸廓的作用。

胸骨又叫龙骨，非常发达，构成胸腔的底壁。在胸骨腹侧正中有纵行隆起，叫龙骨突。胸骨末端与耻骨末端的距离叫龙（胸）耻间距。

（三）**前肢骨** 家禽的前肢演变成翼，分为肩带部和游离部。

1. 肩带部 包括肩胛骨、乌喙骨和锁骨。肩胛骨狭长，与脊柱平行；乌喙骨粗大，斜位于胸廓之前，下端与胸骨成牢固的关节；锁骨较细，两侧锁骨在下端汇合，又称叉骨。

2. 游离部 又称翼部，由臂骨、前臂骨和前脚骨组成。平时折叠成 Z 形，紧贴在胸廓上。臂骨发达，近端与肩胛骨、乌喙骨形成肩关节，远端与前臂骨形成肘关节，在近端还有较大的气孔；前臂骨由桡骨和尺骨构成，尺骨发达，两骨间形成较大的间隙；前脚骨由腕骨，掌骨和指骨构成，与掌骨形成腕掌关节。

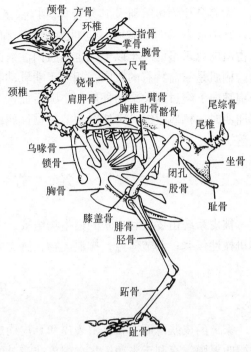

图 5-1 鸡的全身骨骼

（四）**后肢骨** 后肢骨发达，支持机体后躯的体重，分为盆带部和游离部。

1. 盆带部 由髂骨、坐骨和耻骨构成，合称为髋骨。耻骨细长，后端游离。两侧的耻骨、坐骨分离，骨盆底部不结合，形成开放性骨盆，便于产卵。骨盆部与综荐骨间形成广泛而牢固的骨性结合，适应后肢支撑体重。龙骨与耻骨的龙耻间距、左右耻骨间的耻骨间距的大小，是衡量母禽产蛋率高低的一个标志。

2. 游离部 由股骨、膝盖骨、小腿骨和后脚骨组成。股骨较粗，上端与髋骨形成髋关节，下端与膝盖骨、小腿骨构成膝关节。膝盖骨呈不正的三角形，位于股骨远端上面。小腿骨包括胫骨和腓骨，胫骨远端与近列跗骨愈合，称为胫跗骨，与跖骨构成胫跖关节。后脚骨包括跗骨、跖骨和趾骨。跖骨分为大跖骨和小跖骨。大跖骨发达，由 2、3、4 跖骨及远列跗骨愈合形成，又称为跗跖骨。小跖骨（第 1 跖骨）小，以韧带连于大跖骨下端内侧。鸡有 4 个趾（乌骨鸡、贵妃鸡有 5 个趾），第 1 趾向后向内，其余 3 趾向前，以第 3 趾最发达。

二、肌　肉

禽类的肌纤维较细，无脂肪沉积，肉眼看可分为白肌和红肌。白肌颜色较淡，血液供应较少，肌纤维较粗，线粒体和肌红蛋白较少，糖原较多，收缩快，作用短暂；红肌呈暗红色，血液供应丰富，肌纤维较细，线粒体和肌红蛋白多，收缩缓慢，作用较持久。鸡等飞翔能力差或不能飞翔的家禽，肌肉以白肌为主；鸭、鹅等善飞翔的水禽，以红肌为主。

家禽的皮肌薄，分布广泛。面部肌肉不发达，但开闭上下颌的肌肉较发达。颈部肌肉发达，大多分化为多节肌及其复合体，以保证颈部的灵活运动。肩带肌较复杂，主要作用于翼，其中最发达的是胸肌（也叫胸大肌）和乌喙上肌（胸小肌），它们是飞翔的主要肌肉，可占肌肉总重量的一半以上，也是肌内注射的主要部位之一。家禽的盆带肌不发达，腿肌发达。栖肌是家禽特有的肌肉，相当于哺乳动物的耻骨肌，位于股部内侧，呈纺锤形，以一薄的扁腱向下绕过膝关节的外侧和小腿后面，下端并入趾浅屈肌腱内，止于第2、3趾。当腿部屈曲时，栖肌收缩，可使趾关节机械性屈曲。所以家禽栖息时，能牢牢地抓住栖架，不会跌落。

第二节　被皮系统

被皮系统由皮肤和皮肤的衍生物组成。主要机能是保护家禽体内的器官和组织，不受外界机械性侵袭；调节体温；排泄废物；感觉外界环境的各种刺激等。

一、皮　肤

家禽的皮肤薄而柔软，由表皮和真皮构成，容易与躯体剥离。禽的皮肤在翼部形成的皮肤褶叫翼膜，有利于飞翔。水禽的皮肤在趾间形成蹼，有利于在水内游动。皮肤大部分由羽毛覆盖，称羽区。无羽毛部位，叫裸区。

二、皮肤的衍生物

皮肤的衍生物有羽毛、冠、肉垂、耳叶、喙、爪、尾脂腺和鳞片等。

（一）羽毛

1. 羽毛的类型　羽毛是家禽特有的皮肤衍生物，根据形态不同，可分为正羽、绒羽和纤羽三类。正羽也叫廓羽，覆盖在家禽的体表，主干为羽轴，下段为羽根，上段为羽茎。羽茎两侧是羽片，由许多平行排列的羽枝构成。每一羽枝又向两侧分出两排小羽枝（图5-2）。绒羽密生于皮肤表面，蓬松的羽枝呈放射状直接从羽根发出，形如绒而得名，主要有保温作用。纤羽纤细，长短不一，形如毛发，分布在机体的各部。

根据羽毛生长的部位不同，可分为颈羽、翼羽、鞍羽和尾羽等。翼羽是用于飞翔的主要羽毛。位于两翼外侧长硬的羽毛称为主翼羽，一般为10根。位于翼部近尺骨和桡骨侧的羽毛称为副翼羽，一般为14根。覆盖在主翼羽上的羽毛

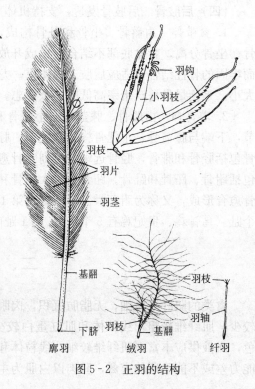

图5-2　正羽的结构

称为覆主翼羽；覆盖在副主翼羽上的羽毛称为覆副翼羽。主翼羽与副翼羽之间有一根较短而圆的羽毛称为轴羽（图5-3）。

2. 换羽　鸡从出壳到成年要经过3次换羽。雏鸡刚出壳时，除了翼和尾外，全身覆盖绒羽，这种羽毛保温性能差，出壳不久即开始换羽，由正羽代替，通常在6周龄左右换完，换羽的顺序为翅、尾、胸、腹、头。第二次换羽发生在6~13周龄，换为青年羽。第三次换羽发生在由13周到性成熟期，换为成年羽。更换成年羽后，从翌年开始，每年秋冬都要换羽1次。在换羽时，需要大量的营养物质，故蛋鸡在换羽期间停止产蛋。

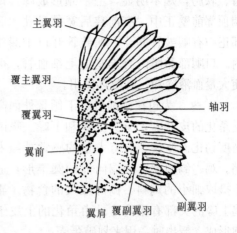

图5-3　鸡的翼羽

（二）冠、肉垂、耳叶　主要是由头部皮肤褶衍生而成。

1. 冠　表皮很薄，真皮厚。冠是第二性征的标志，公鸡的冠特别发达，呈直立状，母鸡冠常倒向一侧。公鸡和在产卵期的母鸡，冠因在真皮的中间层充满纤维性黏液组织而直立；去势的公鸡及停止产蛋的母鸡，冠因纤维性黏液组织消失而倾斜。冠的结构、形态可作为辨别鸡品种、成熟程度和健康状况的标志。

2. 肉垂　也称肉髯，左右各一，两侧对称，鲜红色，位于喙的下方。

3. 耳叶　呈椭圆形，位于耳孔开口的下方，呈红色或白色。

（三）喙、鳞片、爪、距

1. 鳞片　分布在跖、趾部的高度角化皮肤。

2. 爪　位于家禽的每一个趾端，鸡的呈弓形，由坚硬的背板和软角质的腹板形成。

3. 距　在鸡的跖部内侧，公鸡的明显。

（四）尾脂腺　家禽的皮肤没有皮肤腺，但有1对尾脂腺，位于尾综骨的背侧。鸡的尾脂腺较小，呈豌豆形，水禽的尾脂腺发达。尾脂腺分泌物中含脂肪、卵磷脂和麦角固醇等。其中，麦角固醇在紫外线的作用下，能变成维生素D，供皮肤吸收利用。家禽在整理羽毛时，用喙压迫尾脂腺，挤出分泌物，用喙涂于羽毛上，使羽毛润泽。尾脂腺对水禽尤为重要。

第三节　消化系统

家禽的消化系统由消化管和消化腺两部分组成。消化管包括口咽、食管、嗉囊、腺胃、肌胃、小肠、大肠、泄殖腔和泄殖孔；消化腺包括唾液腺、胃腺、肠腺、胰腺和肝（图5-4）。

一、家禽消化系统的构造特点

（一）口咽　家禽的口腔与咽之间没有明显的界限，直接相通，故称口咽。禽没有唇、齿、软腭，颊不明显，上下颌形成喙。口咽顶部前壁正中，有前狭后宽的鼻孔，后部正中有咽鼓管漏斗，咽鼓管开口于漏斗内。口咽部黏膜内有丰富的毛细血管，可使大量血液冷却，有散热作用。

1. **喙** 为包在颌前骨、下颌骨外面高度角化的皮肤套，分为上喙和下喙。喙因高度钙化而坚硬，含有大量的感觉神经末梢。鸡、鸽的喙呈尖端向前的圆锥形，适于摄取细小的饲料，撕碎较大的食物。雏鸡上喙的尖部有蛋齿，是由角化的上皮细胞形成，孵出时，用来划破蛋壳。

鸭、鹅的喙长而宽，末端钝圆，呈铲状。除上喙尖部外，大部分被覆有较柔软、光滑的角质蜡膜。在喙的边缘形成许多横褶，便于在水中采食时，将水滤出。

2. **舌** 鸡、鸽的舌与喙形状相似，舌尖乳头高度角质化，舌体与舌根间有一列乳头。鸭、鹅的舌长而厚，较灵活，除舌体后部外，侧缘有丝状的角质乳头，与喙侧缘的横褶一起参与水的滤出。家禽的舌黏膜内味蕾较少，味觉机能较差，但对水的温度敏感。

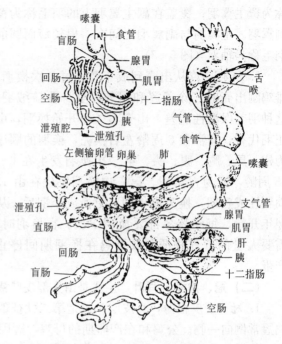

图 5-4 鸡的消化器官

3. **唾液腺** 很发达，分布广泛。主要分布于口腔、咽黏膜的固有层内，几乎连成一片，其导管直接开口于咽黏膜的表面。唾液腺分泌黏液性唾液。

（二）**食管和嗉囊** 家禽的食管较宽，壁薄，易扩张，可分为颈段和胸段。颈段食管与气管一同偏于颈的右侧，位于皮下。鸡、鸭的食管在胸前口处膨大，形成嗉囊；鸭、鹅没有真正的嗉囊，但颈部食管粗大，也有贮存禽物的作用。食管壁由黏膜层、肌层和外膜构成，在黏膜层有食管腺，分泌黏液。颈部食管后部的黏膜层内含有淋巴组织，形成淋巴滤泡，称为食管扁桃体，鸭较发达。

（三）**胃** 家禽的胃分为前后两部分，前部叫腺胃，后部叫肌胃（图 5-5）。

1. **腺胃** 又称前胃。呈短纺锤形，位于腹腔左侧，前以贲门与食管的胸段相接，后以峡与肌胃相接。胃壁较厚，内腔较小，食物存留的时间比较短。黏膜表面分布有乳头，鸡的较大，鸭、鹅的较小、较多。腺胃黏膜浅层形成许多隐窝，隐窝内有单管状腺，叫腺胃浅腺，能分泌黏液。前胃的深腺，是复管泡状腺，分布于黏膜的肌层之间，以集合管开口于黏膜乳头上，分泌盐酸和胃蛋白酶。

2. **肌胃** 俗称肫。位于腹腔的左下部，呈双面凸的圆盘状，壁厚而坚实，由平滑肌构成。背腹 2 块

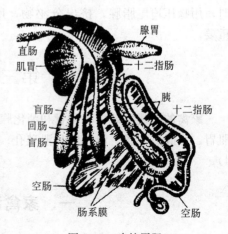

图 5-5 鸡的胃肠

厚的侧肌构成较厚的背侧和腹侧部，前后2块薄的中间肌构成薄的前囊和后囊。4块肌肉在胃的两侧以腱相连接，形成腱镜。

肌胃黏膜内有许多腺体，其分泌物与脱落的上皮细胞一起，在酸的作用下形成一层角质层，由于胆汁的返流作用而呈黄色，其上有搓板楞状皱褶，俗称肫皮（鸡内金），对胃壁及黏膜有保护作用。肌胃内含有沙砾，因此又叫沙囊。

（四）肠、肝、胰　家禽的肠分为大肠和小肠，比较短，家禽肠与躯干之比是：鸡为体长7～9倍，鸭为8.5～11倍，鹅为10～20倍。

1. 小肠　分为十二指肠、空肠和回肠。

（1）十二指肠　位于腹腔右侧，形成U字形肠袢（鸭为马蹄形），分降支和升支，两支平行，以韧带相连接，其折转处可达骨盆腔。升支在胃的幽门处移行为空肠。

（2）空肠　形成许多环状肠袢，鸡、鸽的肠袢数目较多，鸡10～11圈；鸭、鹅较少，6～8圈。在空肠的中部有一小的突起，叫卵黄囊憩室，是卵黄囊柄的遗迹。

（3）回肠　较短，以系膜与两盲肠相连。

小肠的组织结构与哺乳动物相似，其特点是：无十二指肠腺，小肠绒毛长，无中央乳糜管，脂肪直接吸收入血；黏膜下层较薄，小肠腺较短。

2. 肝和胰

（1）肝　肝是家禽体内最大的消化腺，分为左右两叶，右叶略大，有胆囊（鸽无胆囊）。肝的颜色因年龄和肥育状况而不同，成年禽呈红褐色，肥育禽因贮存脂肪而为黄褐色或土黄色，刚出壳的雏禽由于吸收卵黄素而呈黄色。肝位于腹腔前下部，两叶之间夹有心脏、腺胃和肌胃。肝脏右叶分泌的胆汁，先贮存于胆囊，再经胆囊管运至十二指肠；肝脏左叶分泌的胆汁，不经胆囊，由肝管直接排入十二指肠。

（2）胰　位于十二指肠袢内，淡黄色或淡红色，长条分叶状。鸡有2～3条胰管，鸭、鹅有2条，与胆管一起开口于十二指肠的终部。

3. 大肠和泄殖腔

（1）大肠　家禽的大肠有盲肠和直肠。盲肠有2条，长14～23cm，沿回肠两侧向前伸延，分为盲肠基、盲肠体和盲肠尖三部分。盲肠基部较窄，以盲肠口通直肠。在盲肠基部黏膜内有淋巴组织分布，称为盲肠扁桃体，鸡的最明显，是诊断疾病时主要检查的部位。鸽的盲肠很不发达，小如芽状。禽没有明显的结肠，直肠短，也称结直肠。

大肠的组织结构与小肠相似，但绒毛短宽。

（2）泄殖腔　是直肠末端膨大形成的腔道，是消化系统、泌尿系统和生殖系统的共同通道。泄殖腔内以两个环行的黏膜褶，将泄殖腔分为粪道、泄殖道和肛道三部分(图5-6)。

粪道是直肠的末端，较膨大，前接直肠，黏膜上有短的绒毛。

泄殖道较短，前以环行褶与粪道为界，后以半月褶与肛道为界。背侧有1对输尿管的开口。在输尿管开口的背侧略后方，雄禽有1对输精管乳头，是输精管的开口；雌禽在输尿管

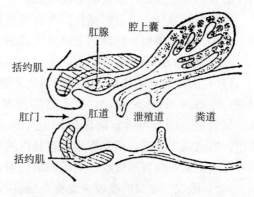

图5-6　幼禽泄殖腔正中矢面示意图

的左侧，有一个输卵管的开口。

肛道通过泄殖孔与外界相通，在肛道的背侧有腔上囊（法氏囊）的开口。腔上囊呈椭圆形，幼禽发达，性成熟后开始退化。在肛道的背侧壁和外侧壁内，有肛道背侧腺和外侧腺，能分泌黏液。

泄殖孔是泄殖腔对外的开口，也称肛门，由背侧唇和腹侧唇围成，内有环行括约肌。

二、家禽的消化生理特点

（一）**口腔的消化作用** 家禽的口腔消化较简单，主要依靠视觉、触觉寻觅食物，靠喙采食。由于家禽采食后很快咽下，所以口腔的消化作用不大。吞咽动作主要是靠头部向上抬举，借舌的运动和食物的重力，把食物由口咽推向食管。唾液呈弱酸性反应，含有少量的淀粉酶。

（二）**嗉囊的消化作用** 嗉囊的主要机能是储存、浸泡和软化食物。适宜的温度、呈酸性的黏液，适合细菌（主要是乳酸菌）的生长繁殖，糖类饲料在嗉囊内可进行初步消化。食物在嗉囊停留的时间，因食物的性质、数量和家禽的饥饿程度而不同，一般停留3～4h。

鸽在育雏期，嗉囊的上皮细胞增生并发生脂肪变性，脱落后与分泌的黏液一起形成嗉囊乳，也叫鸽乳，用来哺育幼鸽。

（三）**腺胃的消化作用** 腺胃的黏膜能分泌酸性胃液，内含有盐酸、胃蛋白酶和黏液。盐酸可活化胃蛋白酶、溶解矿物质，胃蛋白酶可分解蛋白质。腺胃可推动食团进入肌胃，并可使食团在腺胃和肌胃之间来回移动。

（四）**肌胃的消化作用** 肌胃不分泌胃液，主要机能是靠胃壁强有力的收缩和沙砾间的相互摩擦，机械性磨碎粗硬饲料。肌胃的收缩强度与饲料的性质有关，饲料越坚硬，肌胃的收缩力越强。沙砾的作用很重要，如果将肌胃内的沙砾除去，消化率会降低25%～30%。肌胃的内容物非常干燥，pH2.0～3.5，适宜来自腺胃的胃蛋白酶进行蛋白质的消化。

（五）**小肠的消化作用** 家禽的消化主要在小肠内进行。小肠内的消化液有胰液、胆汁和小肠液。

小肠液由小肠腺分泌，pH 7.39～7.35，含有肠激酶、肠肽酶、脂肪酶、淀粉酶和多种双糖酶。成年鸡小肠液分泌量为1.1ml/h，食物的机械性刺激能引起分泌增加。

胆汁由肝脏分泌，呈酸性，鸡pH 5.88，鸭pH 6.4，含有胆酸盐、淀粉酶和胆色素。胆汁的分泌是连续的，进食时分泌增加。

胰液由胰腺分泌，呈弱碱性，含有胰蛋白分解酶、胰脂肪酶、胰淀粉酶和其他糖类分解酶，作用与家畜相似。胰液的分泌是连续的。

家禽小肠的运动与家畜相似，主要为蠕动运动和节律性分节运动，也有明显的逆蠕动。

（六）**大肠的消化作用** 大肠的消化主要在盲肠。盲肠的容积大，能容纳大量的粗纤维饲料。盲肠内pH 6.5～7.5，有丰富的营养物质，严格的厌氧条件，适宜微生物的生长繁殖。据测定，1g盲肠内容物含有10亿个细菌。食物在盲肠内存留的时间较长，6～8h才能排出，适宜微生物进行消化作用。盲肠内的微生物，可将饲料中纤维素进行发酵分解，产生挥发性脂肪酸，在盲肠吸收。大肠的消化对食草、食菜的禽有重要意义。

（七）**吸收** 家禽的吸收主要在小肠进行。由于小肠绒毛中无中央乳糜管，脂肪及其他各种可吸收物质由黏膜上皮直接进入血液。母禽在产蛋期间，小肠吸收钙的作用增强。嗉囊、盲肠只能吸收少量的水、无机盐和挥发性脂肪酸，直肠和泄殖腔只能吸收较少的水和无机盐，腺胃、肌胃吸收的能力很差。

第四节　呼吸系统

家禽的呼吸系统由鼻腔、咽、喉、气管、鸣管、支气管、肺和气囊等组成。鸣管和气囊是家禽的特有器官。

一、家禽呼吸系统的构造特点

（一）**鼻腔**　家禽的鼻腔较窄，鼻孔位于上喙的基部。鸡的鼻孔有膜质性鼻瓣，其周围有小羽毛，可防止小虫、灰尘等异物进入。鸭、鹅的鼻孔有柔软的蜡膜。鸽的两鼻孔与上喙的基部形成发达的蜡膜，其形态是品种的重要特征之一。

在眼球的前下方有1个三角形眶下窦，鸡的较小，鸭、鹅的较大。眶下窦有两个开口，一个通鼻腔，一个通后鼻甲腔。家禽在患呼吸道疾病时，眶下窦往往发生病变。

在眼眶顶壁和鼻腔侧壁有一特殊的腺体，有分泌氯化钠、调节渗透压的作用，称为鼻盐腺。鸡的不发达，鸭、鹅等水禽的较发达，呈半月形。

（二）**喉**　位于咽的底部，舌根的后方，由环状软骨和勺状软骨构成。喉腔内无声带，喉口呈裂缝状，由两个发达的黏膜褶形成。喉软骨上有扩张和闭合喉口的肌肉分布，吞咽时喉口肌收缩，可关闭喉口，防止食物误入喉中。

（三）**气管、鸣管和支气管**

1. 气管　家禽的气管很长，与食管伴行，在颈的下半部偏至右侧，入胸腔前又转至颈腹侧。气管入胸腔后，在心基的上方分叉，形成鸣管和支气管。由许多软骨环构成，相邻的软骨环相互套叠，可以伸缩，以适应头部的灵活运动。

2. 鸣管　也叫后喉，是禽类特有的发音器官。鸣管以气管为支架，由几块支气管软骨和一块鸣骨构成。鸣骨呈楔形，位于气管分叉的顶部，鸣腔的分叉处。在鸣管的内侧壁、外侧壁，有两对弹性薄膜，分别叫内鸣膜和外鸣膜。两鸣膜之间形成1对夹缝，当呼吸时，空气振动鸣膜而发声。

鸭的鸣管主要由支气管构成，公鸭的鸣管在左侧形成1个膨大的骨质性鸣管泡，无鸣膜，故发出的声音嘶哑。刚孵出的雏鸭可通过触摸鸣管，来鉴别雌、雄（图5-7）。

3. 支气管　家禽的支气管经心基的背侧进入肺，以C形的软骨环为支架，缺口面向内侧。

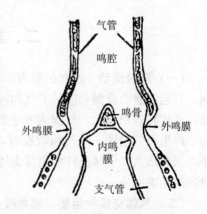

图5-7　禽的鸣管模式图

（四）**肺**　禽的肺较小，呈鲜红色，质地柔软，一般不分叶。位于1~6肋之间，背侧面嵌入肋骨间，形成肋沟。在腹侧面有肺门，是肺血管出入的门户。在肺的稍后方，有膜质的膈。

支气管在肺门处进入肺后，纵贯全肺，并逐渐变细，称为初级支气管，其后端出肺，连接腹气囊。从初级支气管上分出背内侧、腹内侧、背外侧和腹外侧四群次级支气管，末端出肺，形成气囊。次级支气管再分出众多的袢状三级支气管，连于两群支气管之间。从三级支气管分出辐射状的肺房。肺房是不规则的囊腔，上皮为单层扁平上皮，相当于家畜的肺泡囊。肺房的底部又分出若干个漏斗，漏斗的后部形成丰富的肺毛细管，相当于家畜的肺泡，是气体交换的场所。一条三级支气管及其所分出的肺房、漏斗和肺毛细管，构成一个肺小叶。

（五）**气囊** 气囊是禽类所特有的器官，容积比肺大5～7倍，是初级支气管或次级支气管出肺后形成的黏膜囊，多数与含气骨相通。大部分家禽有9个气囊：即1对颈气囊（鸡是1个），位于胸腔前部背侧；1个锁骨间气囊，位于胸前部腹侧；1对前胸气囊，位于两肺的腹侧；1对后胸气囊，位于肺腹侧后部；1对腹气囊，最大，位于腹腔内脏两旁。气囊所形成的憩室，可伸入到许多骨内和器官之间（图5-8）。

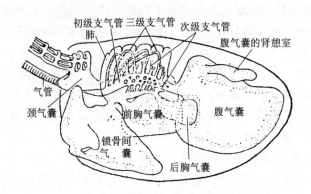

图5-8 禽的气囊分布模式图

气囊具有贮存空气、参与肺的呼吸、加强气体交换、减轻体重、散发体热、调节体温和加强发音等作用。另外，水禽在潜水时，可利用气囊内贮存的气体在肺部进行气体交换。公禽的腹气囊紧贴睾丸，使睾丸能维持较低的温度，保证精子的正常生成。

禽的某些呼吸系统疾病或某些传染病，常在气囊发生病变。

二、家禽的呼吸生理特点

（一）**呼吸运动** 家禽的膈为不发达的质膜，基本没有收缩机能。肺较小，嵌于肋骨之间，只能随着肋骨做相应的吸气和呼气运动。当吸气肌收缩时引起胸骨、胸骨肋向前下方移动，使体腔容积增大，气囊容积也随之增大，内压降低，空气经呼吸道进入肺，再进入气囊，产生吸气动作。呼气肌收缩时，胸骨和肋骨回位，体腔缩小，气囊、肺因受压容积缩小，压力增大，气体经呼吸道排出体外，产生呼气动作。故家禽的呼吸运动主要靠胸骨、肋骨的运动来完成。

（二）**气体交换和运输** 家禽吸入的新鲜空气，一部分到达肺毛细管，与其周围的毛细血管直接进行气体交换，另一部分进入气囊。在呼气时，气囊中的气体经回返支气管进入肺，达肺毛细管，再一次与毛细血管进行气体交换。因此，家禽每呼吸一次，在肺内进行两次气体交换，使肺换气效率增高。

（三）**呼吸式** 家禽正常的呼吸式为胸腹式呼吸。腹壁肌与胸壁肌协同作用，共同完成呼吸动作。

（四）呼吸频率 家禽的呼吸频率变化较大，可因种别、年龄、性别、环境温度和生理状态的不同而发生变化（表5-1）。

表5-1 几种成年家禽的呼吸率（次/min）

性别 \ 种类	鸡	鸭	鹅	鸽	火鸡
公	12～20	41	20	25～30	28
母	20～36	110	40	25～30	49

第五节 泌尿系统

家禽的泌尿系统由肾、输尿管组成，没有膀胱和尿道。

一、家禽泌尿系统的构造特点

（一）**肾** 家禽的肾较发达，呈红褐色，长条豆荚状。肾质软而脆，剥离时易碎。位于综荐骨两旁髂骨的内侧，前端可达最后肋骨，向后几乎达综荐骨的后端。每侧肾分前、中、后三叶，前叶略圆，中叶狭长，后叶略膨大。无肾门，血管、神经、输尿管在不同部位进出肾脏。肾无脂肪囊，有气囊形成的肾周憩室将肾与其背侧的骨隔开（图5-9）。

肾的实质由许多肾小叶形成，从肾的表面即可看出。表层为皮质区，含有许多肾单位；深部为髓质区，主要由集合管和髓袢构成。禽肾单位的肾小球不发达，构造简单，仅有2～3条血管袢。

（二）**输尿管** 输尿管是输送尿液的肌质性管道，分别从肾的中部发出，沿肾的腹面向后伸延，末端开口于泄殖道顶壁的两侧。输尿管管壁薄，常因尿液中含有尿酸盐而显白色。

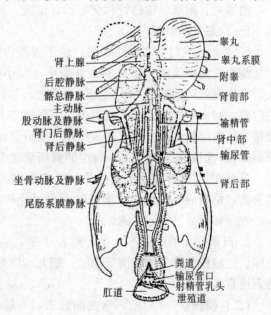

图5-9 公鸡的泌尿及生殖器官

二、家禽的泌尿生理特点

家禽的新陈代谢较旺盛，皮肤中没有汗腺，代谢产生的废物，主要通过肾来排出。尿生成的过程与家畜的基本相似，但具有以下特点：

1. 原尿生成的量较少。因为家禽的肾小球不发达，滤过面积小，有效滤过压较低。
2. 肾小管的分泌和排泄机能较强，能将自身的代谢产物（如氢离子、氨等）和血液中的某些药物（如青霉素）排泄到尿中。

3. 肾小管重吸收能力较强，能重吸收绝大部分的水、葡萄糖和部分氯、钠、碳酸氢盐等对机体有用的物质。

4. 蛋白质代谢的主要产物是尿酸，大部分经肾小管排泄到尿中。禽尿因含有较多的尿酸盐，而呈奶油色。

5. 家禽的肾没有肾盂和膀胱，生成的尿液，直接通过输尿管排泄到泄殖腔中，随粪便一起排出体外。

第六节 生殖系统

家禽的生殖系统包括雄性生殖系统和雌性生殖系统。其主要作用是产生成熟的生殖细胞和分泌性激素。

一、公禽的生殖系统

由睾丸、附睾、输精管和交配器官组成。

（一）睾丸和附睾

1. **睾丸** 成对的实质性器官，位于腹腔内，以较短的系膜，悬吊在肾前叶的腹面，周围与胸腹气囊相接触。幼禽的睾丸很小，如小公鸡的只有米粒大，呈黄色。成年禽明显增大，在性成熟后的繁殖季节睾丸体积最大，如鸽蛋大小，呈黄白色或白色。睾丸外面包有薄的白膜，间质不发达，小梁也很少，不形成睾丸小叶和睾丸纵隔，但有丰富的曲细精管和直细精管。曲细精管产生精子，直细精管能分泌精清，精子与精清一起形成精液。家禽的精液呈弱碱性，pH 为 7.0~7.6，每次的射精量较少，但精子浓度较高。

公鸡在 12 周龄开始生成精子，但直到 22~26 周龄才产生受精率较高的精液。1~2 岁的公禽，精液的质量最佳。精液的质量可受年龄、机体状态、营养、交配次数、环境、气候、光照和内分泌等因素的影响。

2. **附睾** 禽的附睾不发达，附着于睾丸的背内侧缘，又叫睾丸旁导管系统，有贮存、浓缩、运输精子和分泌精清等功能。睾丸和附睾与较大的血管相邻，在进行阉割手术时，要特别注意。

（二）输精管

1 对细而弯曲的管道，与输尿管并行，其末端形成射精管，呈乳头状突入到泄殖道中。输精管在繁殖季节加长增粗，因贮存精子而呈白色。输精管有分泌精清、贮存精子和运输精液的机能。

（三）交配器官

公鸡的交配器官不发达，是 3 个并列的小突起，称阴茎体，位于肛门腹唇的内侧。刚孵出小鸡的阴茎体明显，可以以此来鉴别雌、雄。鸭、鹅有发达的阴茎，长 6~9cm，平时位于肛道壁的囊中，交配时勃起伸出。

二、母禽的生殖系统

母禽的生殖器官仅由左侧卵巢和左侧输卵管构成，右侧在个体发育的过程中停止发育并逐渐退化。

(一) **卵巢** 位于左肾的前下方,以短的系膜悬挂在左肾前叶的腹侧。卵巢的体积和外形,随年龄的增长和机能状态而有较大变化。幼禽的较小,呈扁平的椭圆形,灰白色或白色,表面略呈颗粒状。随着雌禽年龄的增长和性活动期的出现,卵泡逐渐成熟,并贮积大量卵黄,突出卵巢表面,至排卵前仅以细的卵泡蒂与卵巢相连,如一串葡萄状。在产蛋期,卵巢经常保持4~5个较大的卵泡。排卵时,卵泡膜在薄而无血管的卵泡斑处破裂,将卵子排出。卵泡没有卵泡腔和卵泡液,排出后不形成黄体。在非繁殖季、孵化季节及换羽期,卵泡停止排卵和成熟,卵巢萎缩。

(二) **输卵管** 家禽左侧输卵管发达,是1条长而弯曲的管道,以输卵管背侧韧带悬挂在腹腔背侧偏左。在产蛋期,输卵管长达60~70cm,为躯体长的1倍。在孵卵期回缩至30cm,在换羽期只有18cm。根据输卵管的构造和机能的不同,可将输卵管分为漏斗部、蛋白分泌部(膨大部)、峡部、子宫部和阴道部五部分(图5-10)。

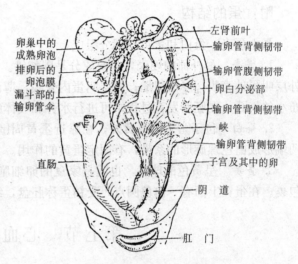

图 5-10 母鸡的生殖器官

1. 漏斗部 位于卵巢的后方,是输卵管的前端扩展而成,其边缘有游离的黏膜褶,叫输卵管伞,中央有输卵管的腹腔口。漏斗部有摄取卵子的作用,也是受精的场所。

2. 蛋白分泌部 长而弯曲,管腔大,管壁厚,黏膜形成螺旋形的纵襞,在繁殖期呈乳白色,有分泌蛋白的作用。

3. 峡部 短而窄,位于蛋白分泌部与子宫之间,管壁薄。黏膜内有腺体,能分泌角质蛋白,形成卵壳膜。

4. 子宫部 输卵管的膨大部,管壁较厚,常呈扩张状态,灰色或灰红色。黏膜内有壳腺,能分泌钙质、角质和色素,形成蛋壳。

5. 阴道部 输卵管的末端,形状呈S形,开口于泄殖道的左侧,是雌禽的交配器官。阴道部的黏膜呈白色,形成细而低的褶,在与子宫相连的一段含有管状的子宫腺,叫精小窝,能贮存精子。黏膜内有腺体,分泌物在卵壳表面形成一薄层致密的角质膜。

(三) **母禽的生殖生理**

1. 母禽的生殖生理特点 主要表现在没有发情周期,胚胎不在母体内发育,而是在体外孵化;没有妊娠过程;在一个产蛋周期中,能连续产卵;卵泡排卵后,不形成黄体;卵内含有大量的卵黄,卵的外面包有坚硬的壳。

2. 蛋的形成和产蛋 蛋的形成是卵巢和输卵管各部共同作用的结果。蛋黄是由肝脏合成,经血液循环运输到卵巢,在卵泡中逐渐蓄积形成,其主要成分是卵黄蛋白和磷脂。卵子从卵巢排出后,输卵管漏斗部将其卷入,然后输卵管伞收缩,再加上漏斗壁的活动,迫使在旋转中的卵进入输卵管的腹腔口。顺次经过漏斗部、蛋白分泌部、峡部、子宫部和阴道部。

在漏斗部，卵子约停留 15～25min，并在此受精；在卵白分泌部，卵子在旋转中向后移动，约经 3h，在蛋黄的表面形成系带、内浓蛋白层、内稀蛋白层、外浓蛋白层和外稀蛋白层；在峡部，形成柔韧的卵壳膜；在子宫部，软蛋在子宫肌层的作用下旋转，约经 20h，使卵壳膜表面均匀地沉积钙质、角质和特有的色素，经硬化形成蛋壳；在阴道部，蛋壳的外表面又覆着一薄层致密的角质膜，有防止蛋水分蒸发、润滑阴道、阻止微生物侵入等作用。

蛋完全形成后，在输卵管的强烈收缩作用下很快产出。家禽产蛋大多数是连续性的，连续多天产蛋后，停产 1～2d，然后又连续多天产蛋，如此循环，叫产蛋周期。

3. 就巢性　俗称抱窝，是指母禽特有的性行为。表现为愿意坐窝、孵卵和育雏。抱窝期间雌禽食欲不振，体温升高，羽毛蓬松，作咯咯声，很少离卵运动寻觅食物。就巢期间停止产蛋。就巢性受激素的调控，是由于催乳素引起的，注射雌激素可使其停止。

附：蛋的结构

蛋由蛋壳、蛋白和蛋黄三部分组成。

1. 蛋壳　最外面的硬壳，主要成分是碳酸钙。在蛋壳的内侧是蛋壳膜，分为内外两层，外层叫蛋外壳膜，厚而粗糙；内层叫蛋内壳膜，薄而致密。在蛋的钝端形成气室。蛋壳上密布小的气孔，在胚胎发育过程中可进行水分和气体的代谢。

2. 蛋白　位于蛋壳内蛋黄外，在靠近蛋黄周围的是浓蛋白，接近蛋壳为稀蛋白。蛋黄两端形成白色螺旋形的系带，有固定蛋黄的作用。

3. 蛋黄　呈黄色的球状，也就是家禽的卵细胞。位于蛋的中央，由薄而透明的蛋黄膜包裹。在蛋黄上面有一白色圆点，受精蛋称胚盘，结构致密；未受精蛋称胚珠，结构松散。

第七节　心血管系统

心血管系统由心脏、血管和血液构成。

一、心　脏

心脏为圆锥形的肌质性器官，位于胸腔前下部的心包内，上部为心基，下部为心尖，夹在肝的左右两叶之间。

心脏的传导系统除窦房结、房室结、房室束干和左右脚外，房室束还发出返支，环绕主动脉口，与房室结绕过右房室口的分支相连，形成右房室环。另外，禽的房室束及其分支无结缔组织包裹，兴奋易扩布到心肌，这与禽的心跳频率较高有关。

二、血　管

(一) 动脉　由右心室发出肺动脉干，分出左右两支肺动脉，分别进入左右两肺。由左心室发出主动脉，先形成右主动脉弓，主干延续为降主动脉。

主动脉弓分支为左、右臂头动脉。每一臂头动脉，又分出左、右颈总动脉和左、右锁骨下动脉。左、右颈总动脉分布到头颈部，左、右锁骨下动脉延续为翼部动脉。

降主动脉沿体腔背侧正中后行，分出壁支和脏支。壁支有肋间动脉、腰动脉和荐动脉；脏支有腹腔动脉、肠系膜前动脉、肠系膜后动脉和肾前动脉。降主动脉在分出壁支和脏支后继续后行，在肾前部与肾中部的交界处，分出1对髂外动脉到后肢；在肾中部与肾后部的交界处，又分出1对较粗的坐骨动脉到后肢。坐骨动脉又发出到肾中部的肾中动脉、肾后部的肾后动脉、到肾前部及睾丸肾前动脉。降主动脉在最后分出1对细的髂内动脉后，延续为尾动脉。髂内动脉分布到泄殖腔、腔上囊等处。

（二）**静脉**　全身的静脉汇集形成2条前腔静脉和1条后腔静脉，开口于右心房的静脉窦（鸡的左前腔静脉直接开口于右心房）。前腔静脉是由同侧的颈静脉、锁骨下静脉汇集形成。两侧颈静脉在颅底有颈静脉间吻合，称为桥静脉。翼部的尺深静脉是前肢的最大静脉，在皮下可清楚地看到其走向，是家禽采血和静脉注射的部位。后腔静脉是由左右髂总静脉汇合形成。

三、血　液

家禽的血液由血细胞和血浆组成。血细胞有红细胞、白细胞和凝血细胞三种。红细胞有核，呈卵圆形，体积比家畜大，数量比家畜少；白细胞有异嗜性粒细胞、嗜酸性粒细胞、嗜碱性粒细胞、淋巴细胞和单核细胞，数量比家畜多，无血小板，有凝血细胞；凝血细胞呈卵圆形，有核，较小，多3～5个聚集在一起，参与血液凝固过程。

家禽的心跳频率快。公鸡302次/min，母鸡357次/min，成年鸭200次/min，鹅120～160次/min。

第八节　免疫系统

免疫系统由淋巴组织、淋巴器官组成。

一、淋巴组织

家禽的淋巴组织广泛地分散于消化管及其他实质性器官内，有的呈弥散状，有的呈小结节状。在盲肠基部和食管末端的淋巴集结，又称为盲肠扁桃体、食管扁桃体。

二、淋巴器官

（一）**胸腺**　家禽胸腺位于颈部皮下气管的两侧，沿颈静脉直到胸腔入口的甲状腺处，呈淡黄色或黄红色。每侧有5叶（鸭鹅5叶）或7叶（鸡7叶），呈一长链状。幼禽发达，在接近性成熟时最大，以后随着年龄的增长，逐渐退化。成年鸡只留下痕迹。

（二）**法氏囊**　又叫腔上囊，是家禽所特有的免疫器官，位于泄殖腔背侧，开口于肛道。鸡的法氏囊呈圆形，鸭、鹅的为长椭圆形。鸡的法氏囊在4～5月龄最发达，性成熟开始退化，至10月龄基本消失。鸭、鹅3～4月龄最发达，一年左右消失。法氏囊的主要机能是产生B淋巴细胞，参与机体的体液免疫。

法氏囊的组织结构分为黏膜层、黏膜下层、肌层和浆膜。黏膜层形成纵褶，鸡12～14条，鸭2～3条，表面被覆假复层柱状纤毛上皮，固有层内有大量排列密集的淋巴小结。

（三）**脾脏** 位于腺胃的右侧，红褐色。鸡的脾呈球形，鸭、鹅的脾呈钝三角形。外包有薄的结缔组织膜，红髓与白髓的界限不清。

（四）**淋巴结** 鸡无淋巴结。水禽有2对淋巴结。1对是颈胸淋巴结，呈纺锤形，位于颈基部颈静脉与锥静脉形成的夹角内；另1对是腰淋巴结，位于腰部主动脉的两侧。

（五）**哈德氏腺** 也称瞬膜腺，较发达，呈淡红色，位于第三眼睑（瞬膜）的深部，为复管泡状腺。腺体内含有许多淋巴组织和大量的淋巴细胞，参与机体的免疫。

第九节 内分泌系统

家禽的内分泌系统由甲状腺、甲状旁腺、脑垂体、肾上腺、腮后腺、松果腺等内分泌器官和分散于胰腺、卵巢、睾丸等器官内的内分泌细胞构成。

一、甲状腺

甲状腺1对，为椭圆形、暗红色的小体。位于胸腔前口处气管两侧，紧靠颈总动脉和颈静脉。大小可因家禽的品种、年龄、季节、饲料中的含碘量而发生变化，一般都呈黄豆粒大小。甲状腺的主要机能是分泌甲状腺激素。

二、甲状旁腺

甲状旁腺呈黄色或淡褐色，很小，位于甲状腺后端，有2对（有的鸡有3对），常融合成1个腺团，其中有1对位于腮后腺内。

三、脑垂体

脑垂体位于丘脑下部，呈扁平长卵圆形，以垂体柄与间脑相连，分为垂体前叶和垂体后叶。脑垂体能分泌多种激素，对机体的生长发育及新陈代谢，起着重要的调节作用。

四、肾上腺

肾上腺左右各一，位于肾前端，呈卵圆形、锥形或不规则形，黄色、橘黄色或淡褐色。肾上腺分皮质和髓质，皮质主要分泌糖皮质激素、盐皮质激素；髓质主要分泌肾上腺激素和去甲肾上腺激素。其作用与家畜的激素相似。

五、腮后腺

腮后腺也叫腮后体，成对，位于甲状腺和甲状旁腺的后方，呈球形，淡红色。能分泌降钙素，参与调节体内钙的代谢。母禽在产蛋期间降钙素分泌减少，血钙增加。

六、胰　岛

胰岛是分散在胰腺中的内分泌细胞群，有分泌胰岛素和胰高血糖素的作用。胰岛素能降低血糖浓度；胰高血糖素能升高血糖浓度。两者协调作用，调节家禽体内糖的代谢，维持血糖的平衡。

七、性　腺

公禽睾丸的间质细胞分泌雄激素。雄激素能促进公禽生殖器官生长发育；促进精子发育和成熟；促进公禽第二性征出现和性活动。

母禽卵巢间质细胞和卵泡外腺细胞能分泌雌激素和孕激素。雌激素可促进输卵管发育，促进第二性征出现；孕激素能促进母禽的排卵。

第十节　神经系统

一、神经系统

家禽的神经系统由中枢神经和外周神经组成，与家畜比较有不同的特点。

（一）**中枢神经的特点**　家禽的脊髓细而长，纵贯椎管全长，后端不形成马尾。颈胸部和腰荐部形成颈膨大和腰膨大，是翼和腿的低级运动中枢所在地。家禽的脑较小，呈桃形，脑桥不明显，延髓不发达。大脑半球前部较窄，后部较宽，皮质层较薄，表面光滑，不形成脑沟和脑回。小脑蚓部发达。中脑顶盖形成1对发达的中脑丘；相当于家畜中脑的前丘；还有一对半环状枕，相当于家畜中脑的后丘。间脑也分上丘脑、丘脑和下丘脑。嗅脑不发达，嗅球较小，故家禽的嗅觉不发达。

（二）**外周神经的特点**

1. 脊神经　由脊髓发出，鸡有40对。由颈膨大发出的神经根，形成臂神经丛。从臂神经丛发出桡神经，支配翼部伸肌和皮肤；发出正中神经，支配翼腹侧部的肌肉和皮肤。由腰荐部膨大发出的神经根，形成腰荐神经丛。从腰荐神经丛分出禽最大的坐骨神经，穿过坐骨孔，到后肢的内侧，支配后肢。

2. 脑神经　有12对，与家畜相似。

二、感觉器官

（一）**视觉器官**　家禽的视觉发达，眼睛较大，位于头部两侧。由眼球和眼球的辅助器官构成。

眼球呈扁平形，相对比例较大，能通过头、颈的灵活运动，弥补眼球运动范围小的不足。瞬膜（第三眼睑）发达，是半透明的薄膜，能将眼球完全盖住，有利于水禽的潜水和飞翔。在瞬膜内有瞬膜腺,又叫哈德氏腺,能分泌黏液性分泌物,有清洁、湿润角膜作用。哈德氏腺还是禽体的淋巴器官。

(二) 位听觉器官　家禽无耳廓,有短的外耳道。外耳孔呈卵圆形,周围有褶,被小的羽毛覆盖,可减弱啼叫时剧烈震动对脑的影响,还能防止小昆虫、污物的侵入。中耳只有一块听小骨,叫耳柱骨,中耳腔内有通颅骨内气腔的小孔。内耳由骨迷路和膜迷路构成,半规管较发达,耳蜗不形成螺旋状,是略弯曲的短管。

第十一节　体　温

一、家禽的体温

家禽的体温比家畜高,正常的成年家禽直肠温度为:鸡 39.6～43.6℃,鸭 41.0～42.5℃,鹅 40.0～41.3℃,鸽 41.3～42.2℃,火鸡 41.0～41.2℃。雏禽刚出壳时,体温较低,在30℃以下。体温随着雏禽的生长发育逐渐升高,至2～3周,可达成年禽水平。成年鸡的体温有昼夜规律,17:00 体温最高,可达41～44℃;午夜最低,为40.5℃。

成年鸡的等热范围为16～26℃。在通常的情况下,家禽对体温升高有较强的耐受性,致死体温可高达46～47℃。家禽的正常体温受气候、光照、禽体的活动和内分泌等因素的影响。如在白天,气候温度高,光照强,禽体活动频繁,体温维持在高限范围内。

二、家禽体温调节的特点

在家禽的喙部、胸腹部有温度感受器,丘脑下部有体温调节中枢。家禽没有汗腺,体表又被覆羽毛,散热的能力差。当外界温度过高时,会出现翅膀下垂、站立、热喘息和咽喉颤动等异常表现,以加强散热,减少产热。当外界温度过低时,家禽出现单腿站立、坐伏、头藏于翅膀下、相互拥挤、争相下钻、肌肉寒颤和羽毛蓬松等表现,以减少散热,加强产热。幼禽的体温调节能力较差,在育雏时,应特别注意温度的控制。

实验实习与技能训练

一、禽体表特征的识别

(一) 目的要求　通过本次实习,使学生能在活体或标本上,识别出鸡、鸭、鹅的主要体表部位名称;重要的骨性和肌性标志;主要的皮肤衍生物。

(二) 材料与设备　家禽的体表名称挂图、活鸡、活鸭(鹅)或鸡、鸭(鹅)的模型、标本等。

(三) 方法步骤　先在挂图、标本或模型上进行识别,然后在活鸡、鸭(鹅)机体上识别主要器官的形态位置,并达到能熟练掌握。

1. 识别鸡、鸭的头部、颈部、嗉囊、胸背部、腰腹部、泄殖孔、裸区等主要体表部位。

2. 识别鸡、鸭(鹅)前肢(翼部)、后肢(腿部)各骨和关节,胸骨、尾踪骨、胸大肌、腿肌、翼下尺静脉等主要器官的所在部位。识别耻骨间距、趾骨间距。

3. 识别鸡、鸭（鹅）的皮肤衍生物。各种羽毛、喙、尾脂腺、鸡冠、肉垂、耳叶、距、趾、爪、鸭蹼、鳞片等。

（四）技能考核 在禽体上（鸡或鸭）识别出上述的结构。

二、家禽的解剖技术及家禽主要器官的识别

（一）目的要求 通过实习，使学生掌握鸡、鸭（鹅）等家禽的解剖方法；识别家禽主要器官的形态、位置和构造。

（二）材料与设备 活鸡（或鸭、鹅）解剖器械。

（三）方法步骤

1. 解剖家禽技术

（1）将家禽致死（可从静脉放血或用铁钉插入枕骨大孔，捣毁延髓等），如不拔毛，用水将颈部、胸部、腹部的羽毛浸湿，以免羽毛飞扬。也可用热水浸烫，拔尽羽毛，冲洗干净。仰卧于解剖台上。

（2）用力掰开两腿，使髋关节脱臼。这样禽体比较平稳，便于解剖。

（3）在喙的腹侧开始，沿颈部、胸部、腹部到泄殖孔，剪开皮肤，并向两侧剥离到两前肢、后肢与躯干相连处。

（4）在胸骨与泄殖腔之间剪开腹壁。在头部剪开一侧口咽，到食管的前端，暴露出口咽，将细塑料管或玻璃管插入喉或气管，慢慢吹气，观察气囊。可见中空壁薄的腹气囊等。

（5）从胸骨后缘两侧肋骨中部，剪开到锁骨，剪断心脏、肝脏与胸骨相连接的结缔组织，把胸骨翻向前方（此项操作，注意勿伤气囊），再将细塑料管或细玻璃管插入咽或气管，慢慢吹气，观察其他的气囊，如颈气囊、锁骨间气囊、前胸气囊、后胸气囊等。

（6）剪除胸骨，观察体腔内各器官的形态、位置。

2. 家禽主要器官的识别 依次摘取内脏器官进行观察。主要观察消化、呼吸、泌尿、生殖器官，以及心脏、脾、腔上囊和坐骨神经等。

（四）技能考核 按照解剖步骤，进行鸡或鸭的解剖；在禽体上（鸡或鸭），识别消化器官、呼吸器官、泌尿器官和生殖器官。

三、鸡的采血

（一）目的要求 通过实习，使学生掌握鸡的采血部位和采血方法。

（二）材料与设备 活鸡、酒精棉球、止血棉球、针头、注射器等。

（三）方法与步骤

1. 翼下静脉采血 将鸡保定好，用酒精棉球消毒翅膀内侧的采血部位，酒精干燥后用针头刺破翼下静脉，待血液流出后吸取。也可用细的针头刺入静脉内，让血液自由流入瓶内。采血后，用干棉球压迫采血部位，进行止血。

2. 鸡冠采血 将鸡只保定好，用酒精棉球消毒鸡冠，待酒精干燥后，在消毒部位用针头刺破鸡冠，待血液流出后采取。采血后用干燥棉球进行压迫止血。

3. 心脏采血 将鸡右侧卧保定，用手触摸胸部心搏动最明显处，用酒精棉球消毒，待酒精干燥后，用注射器在胸骨嵴前端至背部下凹处连接线的1/2点进针，针头与皮肤垂直，刺入2～3cm即可采到心脏血液。再用酒精棉球消毒进针部位。

（四）技能考核 选取上述采血方法中的一种，正确地在鸡体上进行采血。

复习思考题

1. 家禽的骨骼与家畜有何不同点？
2. 禽类的消化器官有哪些？说明鸡嗉囊、胃、肠的形态、位置、作用。
3. 禽的呼吸器官有哪些？为什么较小的肺能适应较强的新陈代谢？
4. 结合蛋的形成，说明输卵管各部形态和生理机能。
5. 家禽是如何调节体温的？
6. 家禽的免疫器官有哪些？

第六章
经济动物的解剖生理特征

【学习目标】通过学习，使学生了解经济动物（兔、犬、猫、狐、鹿、水貂、鸵鸟）骨骼、肌肉与被皮的特点；掌握消化、呼吸、泌尿、生殖系统的组成，主要内脏器官的形态构造和机能；掌握经济动物的消化和生殖生理特征；了解经济动物的生理常数和生活习性；能识别各种动物内脏器官的形态、位置和结构。

经济动物是指除传统的家畜家禽（即马、牛、羊、猪、鸡、鸭、鹅等）和鱼类以外，那些正在驯化、半驯化或驯化历史不长的珍贵毛皮用、药用、肉用和观赏、伴侣动物。经济动物的基本构造和生理机能与家畜、家禽大致相同，但也存在很多独特之处。本章仅介绍经济动物的解剖生理特征，着重讲述内脏解剖生理特征。

第一节 兔的解剖生理特征

兔属单胃草食动物，品种甚多。兔的生活习性是昼伏夜出，胆小怕惊，性情温顺。怕热、怕挤和怕潮，喜欢安静、清洁和干燥的环境。听觉和嗅觉发达敏锐。家兔虹膜因品种不同，可有各种颜色（如灰色、黑色、红色及天蓝色）；耳大而长，血管明显，可自由转动；颈短，颈下有皮肤皱褶——肉髯；背腰弯曲呈弓形，腹大、胸小，后肢长而有力。

一、兔的骨骼、肌肉与被皮

(一) 骨骼 全身骨骼也分为头骨、躯干骨、前肢骨和后肢骨。

1. **头骨** 分为颅骨和面骨。背侧观分为前、中、后三部分。前部以鼻骨为主，前端稍窄，后端稍宽；中部最宽，两侧有宽的颧弓，眶窝较大；后部以顶骨和枕骨为主。腹侧面的前部有较大的腭裂。

2. **躯干骨** 颈椎7个，寰椎翼宽扁，枢椎棘突呈宽阔板状。胸椎12个（偶有13个），棘突甚发达。腰椎7个（偶有6个），椎体较长。荐椎4个，愈合成荐骨。尾椎16个（偶有15个）。

肋12对（偶有13对），前7对为真肋，后5对为假肋（偶有6对），第8、9肋的肋软骨与前位肋软骨相连。最后3对肋的肋软骨末端游离，称为浮肋。

胸骨由6节胸骨片组成,第1节为胸骨柄,最后一节为剑突,后面接一块宽而扁的剑状软骨。兔的胸廓不发达,胸腔容积较小。

3. **前肢骨** 短而不发达。肩带除有发达的肩胛骨外,还有埋在肌肉中的锁骨。游离部包括臂骨、前臂骨(桡骨和尺骨)、前脚骨(腕骨、掌骨、指骨和籽骨)。桡骨与尺骨略有交叉,尺骨较长。腕骨有9块,分为3列;掌骨有5块,由内向外为第1、2、3、4及第5掌骨,其中第1掌骨最短;有5指,第1指由2块指节骨组成,其余各指均由3块指节骨组成,指节骨远端皆附有爪。

4. **后肢骨** 长而发达,由髋骨、股骨、髌骨、小腿骨(胫骨和腓骨)及后脚骨(跗骨、跖骨、趾骨和籽骨)组成。跗骨有6块,分为3列。近列为距骨和跟骨,中列为中央跗骨,远列为第2、3、4跗骨。跖骨有4块,第1跖骨已退化。有4个趾,第1趾退化。

(二)**肌肉** 兔的肌肉有300多块,全部肌肉的重量约为体重的一半左右。前半身(颈部及前肢)的肌肉不发达,后半身(腰部及后肢)的肌肉很发达,这与兔主要用后肢跳跃、奔跑等生活习性有密切的关系。

(三)**被皮** 家兔的表皮很薄,真皮层较厚,坚韧而有弹性。兔全身被覆被毛,有粗毛、绒毛和触毛。仔兔出生后30d左右才形成被毛。成年兔春、秋季各换毛1次。兔的汗腺不发达,体温调节受到限制,故兔不耐热。皮脂腺发达,遍布全身,能分泌皮脂润泽被毛。母兔的腹部有3~6对乳腺。

二、兔内脏的解剖生理特征

(一)消化系统

1. **口腔** 兔的上唇中央有纵裂,俗称兔裂,将唇完全分成左右两部,常显露门齿。裂唇与上端圆厚的鼻端构成三瓣鼻唇。硬腭有16~17个横向腭褶,软腭较长。舌较大,短而厚,舌体背面有明显的舌隆起。兔的齿式如下:

恒齿齿式为:$2\left(\dfrac{2033}{1023}\right)=28$ 乳齿齿式为:$2\left(\dfrac{2030}{1020}\right)=16$

兔有2对上门齿,1对大门齿在前方,1对小门齿在大门齿后方,组成2排。门齿生长较快,常有啃咬、磨牙习性。切齿和犬齿有较大的齿槽间缘。唾液腺较发达,主要有腮腺、颌下腺、舌下腺和眶下腺。唾液中含消化酶。

2. **咽** 分为鼻咽部、口咽部和喉咽部。鼻咽部较大,口咽部较小,软腭后缘与会厌软骨汇合。

3. **食管** 为细长的扩张性管道,位于气管的背侧。食管前段管壁肌层为横纹肌,中后段肌层为平滑肌。

4. **胃** 兔胃属单室胃,横位于腹腔前部。贲门与幽门很接近,因而大弯很长,小弯很短。胃腺及平滑肌较发达。胃液酸度较高,消化力很强。

5. **肠** 肠管较长,为体长的10倍以上,容积较大,具较强的消化吸收功能。

(1)**小肠** 包括十二指肠、空肠和回肠,总长达3m以上。十二指肠长约50cm,呈U字形弯曲,有总胆管和胰腺管的开口。空肠长约2m,由较长的肠系膜悬吊于腹腔的左侧前半部,形成很多弯曲的肠袢。回肠较短,约40cm,以回盲褶连于盲肠。回肠与盲肠相接处肠壁增厚膨大，称为圆小囊。圆小囊为兔特有的淋巴器官，长约3cm，宽约2cm，囊壁色较浅，呈灰白色，从表面可隐约透见囊内壁的蜂窝状隐窝，黏膜上皮下充满淋巴组织。

（2）大肠　包括盲肠、结肠和直肠，总长度约1.9m。盲肠特别发达，为卷曲的锥形体，可分为基部、体部和尖部。基部粗大，壁薄，黏膜表面有螺旋瓣，黏膜中有盲肠扁桃体；盲肠尖部有狭窄的、灰白色的蚓突，长约10cm，表面光滑，蚓突壁内有丰富的淋巴滤泡。结肠管径由粗变细，起始部管径粗大，外表有3条纵肌带和3列肠袋。盲肠和结肠均位于腹腔右后下部，两者无明显界限，唯两者间形成S形弯曲。在直肠末端的侧壁有直肠腺，分泌物带有特殊臭味。

6. 肝和胰　肝位于腹前部偏右侧，暗紫色。肝分六叶，即左外叶、左内叶、右外叶、右内叶、方叶和尾叶。右内叶处有胆囊，尾叶发达，形成尾状突，方叶最小。

胰呈灰黄色，位于十二指肠袢间的系膜内，其叶间结缔组织比较发达，使胰呈松散的枝叶状结构。

兔的消化生理特点是：兔口腔的特异构造，使门齿易显露，便于啃食短草和较硬的物体；发达的盲肠和结肠内有大量的微生物，具有较强的消化粗纤维的能力。兔对饲料中粗纤维的消化率为60%～80%，仅次于牛、羊。

兔有摄食粪便的习性。兔排软、硬两种不同的粪便，软粪中含较多的优质粗蛋白和水溶性维生素。正常情况下，兔排出软粪时，会自然地弓腰用嘴从肛门摄取，稍加咀嚼便吞咽至胃。摄食的软粪与其他饲料混合后，重入小肠消化。

（二）呼吸系统

1. 鼻腔　鼻孔与唇裂相连，鼻端随呼吸而活动。鼻腔内有上鼻甲、下鼻甲和筛鼻甲作为支架，鼻道构造较复杂。嗅区黏膜分布有大量嗅觉细胞，对气味有较强的分辨力。

2. 咽和喉　咽呈漏斗状，为消化管和呼吸道的交叉要道。喉呈短管状，较小，由甲状软骨、杓状软骨、会厌软骨和环状软骨构成。声带不发达，发音单调。

3. 气管和支气管　气管由48～50个不闭合的软骨环构成，气管末端分为左、右支气管。

4. 肺　兔的肺不发达，肺分7叶，即左尖叶、左心叶、左膈叶、右尖叶、右心叶、右膈叶和副叶。左肺窄小，心压迹较深。

呼吸是兔体蒸发水分和散发体温的主要途径。皮肤也有呼吸作用。

（三）泌尿系统

1. 肾　兔肾为光滑单乳头肾，呈卵圆形，色暗红，质脆。位于胸腰椎交界处的腹侧，右肾靠前，左肾稍后。肾脂肪囊不明显。无肾盏，肾总乳头渗出的尿液经肾盂汇入输尿管中。

2. 输尿管　是肾盂的直接延续，左右各一，呈白色，经腰肌与腹膜之间向后伸延至盆腔，在膀胱颈背侧开口于膀胱。

3. 膀胱　呈盲囊状，无尿时位于骨盆腔内，充盈尿液时突入腹腔。

4. 尿道　公兔尿道细长，起始于膀胱颈，开口于阴茎头端。母兔尿道宽短，起始于膀胱颈，开口于尿生殖前庭。

（四）生殖系统

1. 公兔生殖器官

(1) 睾丸和附睾　睾丸呈卵圆形，其位置因年龄而不同。胚胎时期，睾丸位于腹腔内，出生后 1～2 个月，移行到腹股沟管。性成熟后，在生殖期间睾丸临时下降至阴囊。因兔腹股沟管宽短，加之鞘膜仍与腹腔保持联系及管口终生不封闭，故睾丸可自由地下降到阴囊或缩回腹腔。

附睾发达，呈长条状，附睾头和尾均超出睾丸的头尾，附睾尾部折转向上移行为输精管。

(2) 输精管和精索　输精管起于附睾尾，末端开口于尿生殖道；兔精索较短，呈圆索状，内有输精管和血管、神经。

(3) 副性腺　包括精囊腺、前列腺、尿道球腺和前尿道球腺。精囊腺分泌物可稀释精液，在交配后于阴道中凝固形成阴道栓，防止精液外流；前列腺分泌物呈碱性，可中和阴道酸性物质；尿道球腺分泌物在性冲动时先流入尿道，起冲洗和润滑作用。

(4) 阴茎　阴茎静息时长约 25mm，向后伸向肛门腹侧；勃起时全长可达 40～50mm，呈圆锥状，伸向前下方。阴茎前端细而稍弯曲，没有龟头。

(5) 尿生殖道　起于膀胱颈，止于阴茎头的尿道外口，分为骨盆部和阴茎部，兼有排尿和输送精液的功能。

(6) 阴囊　位于股部后方，肛门两侧，2.5 月龄后方能显现。

2. 母兔生殖器官

(1) 卵巢　呈卵圆形，色淡红，位于肾的后方，以短的卵巢系膜悬于第 5 腰椎横突附近的体壁上。幼兔卵巢表面光滑，成年兔卵巢表面有突出的透明小圆形卵泡。

(2) 输卵管　前端有输卵管伞和漏斗，稍后处增粗为壶腹，后端以峡与子宫角相通。输卵管兼有输送卵子和受精的功能。

(3) 子宫　属双子宫，左右子宫完全分离。两侧的子宫各以单独的外口开口于阴道。

(4) 阴道　紧接于子宫后面，其前端有两个子宫颈管外口，口间有嵴，后端有阴瓣。

(5) 尿生殖前庭和阴门　阴瓣与阴门之间为尿生殖前庭，尿道外口位于前庭的腹侧壁。阴门裂的腹侧连合呈圆形，背侧连合呈尖形。腹侧连合处有阴蒂，为 1 个小突起。

一般母兔性成熟年龄为 3.5～4 月龄，公兔为 4～4.5 月龄。刚达性成熟年龄的公、母兔不宜立即配种，初配年龄应再推后 1～3 个月。兔为刺激性排卵动物，排卵发生于交配刺激后 10～12h，排卵数为 5～20 个。妊娠期约 30～31d。孕兔一般在产前 5d 左右开始衔草作窝，临近分娩时用嘴将胸腹部毛拔下垫窝。分娩多在凌晨，有边分娩边吃胎衣的习性。

兔的正常生理值为：体温 38.5～39.5℃，心率 120～140 次/min，呼吸频率 32～60 次/min。

第二节　犬的解剖生理特征

犬属肉食动物，但经人类长期驯养后，变成了以肉食为主的杂食动物。目前，世界上有 50 多个品种，850 多个品系。犬的汗腺很不发达，主要靠呼吸调节散热。犬对环境的适应能力很强，能耐受寒冷的气候。犬具有猛烈攻击与胆怯多疑的双重性，易于驯服。

犬的神经系统比较发达，聪明，能较快地建立条件反射。犬嗅觉和听觉特别敏锐，比人灵敏 16 倍；视觉不发达，远视能力有限，但对移动物体极灵敏；味觉比较差。犬喜欢与人为伴，对主人非常忠贞，是常见的伴侣和观赏动物。

一、犬的骨骼、肌肉与被皮

（一）**骨骼** 犬的全身骨骼分为躯干骨、头骨、前肢骨和后肢骨。

1. **躯干骨** 颈椎7块，相对长度比牛长，其中寰椎翼宽大，枢椎椎体长。第3～6颈椎的椎体长度依次变短，棘突逐渐增高。胸椎椎体宽，上下扁。腰椎发达，是脊柱中最强大的椎骨。荐骨由3枚荐椎愈合而成，近似短宽的方形，棘突顶端常分离。尾椎椎骨短小。

肋有13对，其中9对真肋，4对假肋，最后1对为浮肋。肋骨较牛的窄而弯曲，肋间隙较宽。胸廓呈圆筒状，背腹径稍大于左右径。

胸骨有8片，胸骨柄较钝，最后胸骨节的剑状突前宽后窄，后接剑状软骨。

2. **头骨** 犬的头骨外形与品种密切相关。长头型品种面骨较长，颅部较窄；短头型品种面骨很短，颅部较宽。

3. **前肢骨** 肩带部除有肩胛骨外，还有埋在肌肉中锁骨，呈规则的三角形薄骨片或软骨片。游离部包括臂骨、前臂骨（桡骨和尺骨）、前脚骨（腕骨、掌骨、指骨和籽骨）。桡骨与尺骨斜行交叉，尺骨较长。腕骨有7块，近列3块，其中桡腕骨已与中央腕骨愈合；远列为第1、2、3、4腕骨。掌骨有5块。犬有5指，第1指由2块指节骨组成，行走时不着地。其余各指均着地，有3块指节骨。远指节骨短，末端有爪突，又称爪骨。

4. **后肢骨** 后肢骨的组成与兔相似。腓骨与胫骨等长。跗骨有7块，分为3列。近列为距骨和跟骨，中列为中央跗骨，远列为第1、2、3、4跗骨。跖骨有5块，第1跖骨小。犬有4个趾，第1趾退化。

（二）**肌肉** 犬的皮肌十分发达，几乎覆盖全身。颈皮肌发达又称颈阔肌，可分为浅深两层；肩臂皮肌为膜状，缺肌纤维；躯干皮肌十分发达，几乎覆盖整个胸、腹部，并与后肢筋膜相延续。全身肌肉发达，耐久性好。

（三）**犬皮肤的特点** 汗腺不发达，只在趾球及趾间的皮肤上有汗腺，故犬通过皮肤散热的能力较差。毛分为被毛和触毛，颜色多种多样。被毛按长短可分为长毛、中毛、短毛和最短毛四种；按毛质度可分为直毛、直立毛、波状毛、刚毛和针毛等。尾毛形状分为卷尾、鼠尾、钓状尾、直立尾、螺旋尾和剑状尾等。

二、犬内脏的解剖生理特征

（一）**消化系统**

1. **口腔** 犬口裂大，唇薄而灵活，有触毛，下唇常松弛。上唇与鼻端间形成光滑湿润的暗褐色无毛区，称为鼻镜。颊部松弛，颊黏膜光滑并常有色素。硬腭前部有切齿乳头，软腭较厚。舌呈长条状，前部薄而灵活，后部厚，有明显的舌背正中沟。犬的齿式如下：

$$\text{恒齿齿式为：长头犬 } 2\left(\frac{3142}{3143}\right)=42 \quad \text{短头犬 } 2\left(\frac{3141}{3142}\right)=38$$

犬的齿尖而锋利，第4上臼齿与第1下后臼齿特别发达，称为裂齿，具有强有力的撕裂食物能力。犬齿大而尖锐并弯曲成圆锥形，上犬齿与隅齿间有明显的间隙，正好容受闭嘴时的下犬齿。犬的臼齿数目常有变动。

唾液腺发达，包括腮腺、颌下腺、舌下腺和眶腺。眶腺又叫颧腺，位于翼腭窝前部。

2. 咽和食管　咽腔狭窄，咽壁黏膜向咽腔凸出。食管起始端狭窄，称食管峡，该部黏膜隆起，内有黏液腺。颈后段食管偏于气管左侧。食管肌层全部为横纹肌。

3. 胃　犬胃属于单室有腺胃，容积较大，呈长而弯曲的梨形。左侧胃底部和贲门部大，为圆囊形，位于左季肋部；右侧幽门部比较细，为圆管形，位于右季肋部。两者之间为胃体。犬胃的贲门腺区小，呈环带状，围于贲门稍后的内壁；胃底腺区大，占胃黏膜面积的2/3，黏膜很厚；幽门腺区黏膜较薄。大网膜特别发达，从腹面完全覆盖肠管。

4. 肠　肠管比较短，小肠长约4m，大肠60~75cm，由总肠系膜悬吊于腰、荐椎腹面。十二指肠腺位于幽门附近，后段有胆管和胰腺大管的开口。空肠形成6~8个肠袢。回肠短，末端有较小的回盲瓣。盲肠退化，呈S形，位于右髂部，盲尖向后。结肠呈U形袢，可分为升结肠、横结肠和降结肠。升结肠位于右髂部，横结肠接近胃幽门部，降结肠位于左髂部和左腹股沟部。直肠壶腹宽大，肛管两侧有肛门囊，内有肛门腺，分泌物有难闻的异味。

5. 肝和胰　肝体积较大，明显分为六叶，即左外叶、左内叶、右内叶、右外叶、方叶和尾叶，尾叶除尾状突外，有明显的乳头突。胆囊隐藏在脏面的左外叶和右内叶之间。

胰位于十二指肠、胃和横结肠之间，呈V形。胰通常有大小两个腺管，分别开口于十二指肠。

（二）呼吸系统

1. 鼻　鼻孔呈逗点状，鼻镜部无腺体，其分泌物来源于鼻腔内的鼻外侧腺。鼻腔宽广部接近鼻中隔，狭窄部向后外侧弯曲。鼻腔后部由一横行板隔成上、下两部，上部为嗅觉部，下部为呼吸部。嗅区黏膜富含大量嗅细胞，嗅觉极灵敏。

2. 咽和喉　喉较短，喉口较大，声带大而隆凸。喉侧室较大，喉小囊较广阔，喉肌较发达。喉软骨中甲状软骨短而高，喉结发达，环状软骨极宽广，杓状软骨小。左右杓状软骨间有小的杓间软骨。会厌软骨呈四边形，下部狭窄。

3. 气管和支气管　气管由40~45个不闭合的气管软骨环连成圆筒状，末端在心基上方分为左、右支气管。

4. 肺　犬肺很发达，分为7叶。右肺显著大于左肺，分前叶、中叶、后叶和副叶；左肺分前叶和后叶，其前叶又分前、后两部。

犬在夏季炎热的天气或运动后，伸舌流涎，张口呼吸，以加快散热。

（三）泌尿系统

1. 肾　犬肾属于光滑单乳头肾，呈豆形，较大。右肾位于前3个腰椎横突的下方，左肾系膜松弛，受胃充满程度的影响其位置常有变动。

2. 输尿管、膀胱和尿道　右输尿管略长于左输尿管。犬膀胱较大，尿充盈时顶端可达脐部，空虚时全部退入骨盆腔内。雄性犬尿道细长，雌性犬尿道较短。

（四）生殖系统

1. 公犬生殖器官

（1）睾丸和附睾　睾丸体积较小，呈卵圆形，睾丸纵隔很发达。附睾较大，紧附于睾丸背外侧。

（2）输精管和精索　输精管起始端在附睾外侧下方，先沿附睾体伸至附睾头部，又穿行于精索中，进入腹腔后形成较细的壶腹，末端开口于尿道起始部背侧。精索较长，斜行于阴茎两侧，呈扁圆锥形，精索上端无鞘膜环。

（3）副性腺　犬无精囊腺和尿道球腺，有发达的前列腺。前列腺位于耻骨前缘，呈黄色的坚实球状，环绕在膀胱颈及尿道起始部。老龄犬的前列腺常增大。

（4）尿生殖道　尿生殖道骨盆部比较长，其前部包藏于前列腺中（当前列腺膨大时会影响排尿）。坐骨弓处的尿生殖道特别发达，称尿道球，该部有发达的尿道海绵体和尿道肌。

（5）阴茎　阴茎后部有1对海绵体，正中由阴茎中隔隔开，中隔前方有棒状的阴茎骨。阴茎头很长，包在整个阴茎骨的表面，其前端有龟头球和龟头突。龟头球在交配时迅速勃起，但交配后需很长时间才能萎缩。包皮呈圆筒状，内有淋巴小结。

（6）阴囊　位于两股间的后部，常有色素并生有细毛，阴囊缝不甚明显。

2. 母犬生殖器官

（1）卵巢　较小，呈扁平的长卵圆形，位于肾后，在第3～4腰椎横突的下方。在非发情期，卵巢隐藏于发达的卵巢囊中。卵巢表面常有突出的卵泡。

（2）输卵管　细小，伞端大部分在卵巢囊内。其腹腔口较大，子宫口很小。

（3）子宫　属双角子宫，子宫体很短，子宫角细而长，无弯曲。子宫颈很短，且与子宫体界限不清。子宫黏膜内有子宫腺，表面有短管状陷窝。

（4）阴道　较长，前端稍细，无明显的穹窿。黏膜表面有纵行皱襞。

（5）尿生殖前庭　前庭较宽，前腹壁有尿道外口。侧壁黏膜有前庭小腺。

雌犬8月龄成熟，一般每年发情两次，属季节性一次发情动物。多在春、秋两季发情，持续时间一般为4～12d。妊娠期59～65d。

犬的正常生理值为：体温37.5～39.5℃，心率80～120次/min，呼吸频率15～30次/min。

第三节　猫的解剖生理特征

猫是肉食动物，喜孤独而自由的生活，除在发情交配和哺乳期外很少群栖，且以食物来源而居，基本上无特定的主人和永久栖息地。喜爱明亮干燥的环境，有较强的适应性。

一、猫的骨骼、肌肉和被皮

（一）骨骼　猫的全身骨骼分为躯干骨、头骨、前肢骨和后肢骨。

1. 躯干骨　颈椎7块。寰椎的寰椎翼宽大，前有翼切迹；枢椎较长，椎体的前端形成一尖锥，形如三角，叫做齿突或牙状突。胸椎13块。腰椎7块，椎体较大。荐椎有3块，愈合为荐骨。尾椎有21～23块，由前向后逐渐变小，失去了椎体的特征结构。

肋骨共有13对，前9对为真肋，后4对为假肋，其中最后一对为浮肋。肋骨从前向后长度逐渐增长，第9、10对肋最长，以后又逐渐缩短。

胸骨有8块骨片，由前向后分为胸骨柄、胸骨体和剑突三部分。

2. 头骨　由颅骨和面骨组成。头骨背面光滑而凸，后边最宽，眶缘不完整。

3. 前肢骨　包括肩胛骨、锁骨、臂骨、前臂骨、腕骨、掌骨和指骨。其中，锁骨仅是1

条弧形的骨棒，埋在肩部肌肉内。前臂骨包括桡骨和尺骨，尺骨是一细长的骨，两骨斜行交叉。腕骨有7块，排成两列。猫有5指，第1指有2节，其余各指有3节。

4. 后肢骨　猫的后肢较长，由髋骨、股骨、膝盖骨、小腿骨、跗骨、跖骨和趾骨组成。跗骨7块。跖骨5块，与掌骨相似。有4趾，每趾有3节。

猫的每只脚掌下生有很厚的肉垫，每个脚趾又有小的趾垫，它起着极好的缓冲作用。每个脚趾上长有锋利的三角形尖爪，尖爪平时蜷缩隐藏在球套及趾毛中，只有在摄取食物、捕捉猎物、博斗、刨土和攀登时才伸出来。猫爪生长较快，为保持爪的锋利，防止爪过长影响行走和刺伤肉垫，常进行磨爪。

（二）**肌肉**　猫的皮肌发达，几乎覆盖全身。全身肌肉共有500多块，收缩力很强，尤其是后肢和颈部肌肉。所以猫行动快速，灵活敏捷。

（三）**被皮**　皮肤和被毛不仅构成了猫漂亮的外貌，还有十分重要的生理功能。皮肤和被毛是猫的一道坚固的屏障，保护机体免受有害因素的损伤。在寒冷的冬天，具有良好的保温性能；在夏天，又是一个大散热器，起到降低体温的作用。猫的被毛很稠密，可分为针毛和绒毛两种。

猫皮脂腺发达，其分泌物能润泽皮肤，使被毛变得光亮。猫汗腺不发达，只分布于鼻尖和脚垫。猫散热主要通过皮肤辐射散热或呼吸散热。所以，猫虽喜暖，但又怕热。

二、猫内脏的解剖生理特征

（一）消化系统

1. 口腔　猫的口腔较窄，上唇中央有1条深沟直至鼻中隔，沟内有一系带连着上颌。下唇中央也有一系带连着下颌。上唇两侧有长的触毛，是猫特殊的感觉器官，其长度与身体的宽度一致。

猫舌薄而灵活，中间有1条纵向浅沟，表面有许多粗糙的乳头，尖端向后，主要分布在舌中部。乳头非常坚固，似锉刀样，可舔食附着在骨上的肌肉。猫的齿式如下：

恒齿齿式为：$2\left(\dfrac{3131}{3121}\right)=30$　　乳齿齿式为：$2\left(\dfrac{3130}{3120}\right)=26$

猫齿齿冠很尖锐，特别是前白齿，其齿磨面上有4个齿尖，有撕裂食物的作用。其中，上颌第2和下颌第1前白齿齿尖较大而尖锐，可撕裂猎物皮肉，又称裂齿。猫的牙齿没有磨碎功能，因此对付骨类食物较困难，它只能将食物切割成小碎块。唾液腺特别发达，有腮腺、颌下腺、舌下腺、臼齿腺和眶下腺。

2. 食管　为一肌性直管，位于气管的背侧。猫食管可反向蠕动，能将囫囵吞下的大块骨头和有害物呕吐出来。

3. 胃　胃呈弯曲的囊状，左端大，右端窄。位于腹前部，大部分偏于左侧，在肝和膈之后。胃以贲门与食管相接，以幽门与十二指肠相通。幽门处黏膜突入肠腔形成幽门瓣，它是环形肌增厚形成的括约肌。猫胃为单室有腺胃，胃腺十分发达，分泌盐酸和胃蛋白酶，能消化吞食的肉和骨头。

4. 肠　小肠较短，约100cm，总长度是体长的3倍。小肠分为十二指肠、空肠和回肠。十二指肠形成U形肠袢，中间夹有胰腺。

大肠分为盲肠、结肠和直肠，长度是体长的一半。猫盲肠不发达，长约 1.5～1.8cm，突出于结肠前端，上有一锥形的突出，是阑尾的遗迹。结肠可分为升结肠、横结肠和降结肠，后端接直肠，之间无明显的分界。

在肛门两边有两个大的肛门腺，开口于肛门。

5. 肝和胰　肝较大，呈红棕色，有胆囊，位于腹腔的前部，紧贴于膈的后方。

胰腺是扁平、不规则分叶的腺体，浅粉色。位于十二指肠 U 形弯曲之间，有大胰管和副胰管开口于十二指肠。

6. 网膜　猫的网膜非常发达，从胃大弯连到十二指肠，脾、胰均连在大网膜上。大网膜如被套一样覆盖在大、小肠上，并将小肠包裹，起固定和保护内脏的作用。

猫的消化完全同犬，具有肉食动物的消化特征。猫具有定时定点排粪的习性，其排粪次数、粪便形状、数量、气味和色泽都是很稳定的。

（二）呼吸系统

1. 鼻腔　由中隔分成两部分，鼻甲和筛骨迷路充满了鼻腔。鼻中隔的前端有 1 条沟，将上唇分为两半。鼻黏膜内有大量的嗅细胞，嗅觉灵敏。

2. 喉　喉腔内有前后 2 对皱褶，前面 1 对即前庭褶，较犬等动物宽松，又称假声带。空气进出时振动假声带，使猫不断地发出低沉的"呼噜呼噜"的声音；后 1 对为声褶，与声韧带、声带肌共同构成真正的声带，是猫的发音器官。

3. 气管和支气管　呼吸的通道。气管由不完全的软骨环组成，末端分为左、右支气管。

4. 肺　右肺较大，分 4 叶；左肺较小，分 3 叶，其中前两叶基部部分地连在一起，所以左肺只有完全分开的两叶。猫肺体积较小，不适宜长时间剧烈运动。

（三）泌尿系统　猫肾脏呈豆形，为平滑单乳头肾。位于腰椎横突下方，在第 3～5 腰椎腹侧，右肾靠前，左肾靠后。肾被膜上有丰富的被膜静脉，这是猫肾所独有的特点。猫一昼夜排尿量约为 100～200ml。

（四）生殖系统

1. 公猫生殖器官　包括睾丸、附睾、副性腺、输精管、尿道、阴囊和阴茎。猫的副性腺只有前列腺和尿道球腺，无精囊腺。猫的阴囊位于肛门的腹面，中间有 1 条沟，为阴囊中隔的位置。猫的阴茎呈圆柱形，远端有 1 块阴茎骨。

2. 母猫生殖器官　包括卵巢、输卵管、子宫和阴道。子宫属双角子宫，呈 Y 形。

猫是著名的多产动物，在最适条件下，母猫在 6～8 个月就能达到性成熟。母猫的发情表现为发出连续不断的叫声，声大而粗。猫一般一年四季均可发情，但在我国的大部分地区，气候较热季节发情少或不发情。猫的性周期一般是 14d，发情期可持续 3～7d。猫为刺激性排卵动物，受到交配刺激后约 24h 排卵。母猫妊娠期 60～63d。

猫的正常生理值为：体温 38.0～39.5℃，心率 120～140 次/min，呼吸频率 24～42 次/min。

第四节　狐的解剖生理特征

狐属肉食动物，目前我国人工饲养的有赤狐、银黑狐和北极狐等。狐的外形似犬，但四肢短，吻尖，尾长而毛蓬松。毛色有火红、黑色、白色和浅蓝等。狐机警狡猾，嗅觉和听觉

灵敏，昼伏夜出，行动敏捷。

狐与犬虽不同属，但同为食肉目犬科动物，两者的骨骼、肌肉、内脏的解剖生理特征基本相同，其形态、大小、长短稍有差别，有关内容可参考犬的解剖生理特征。下面重点介绍狐的生殖系统特征。

一、公狐的生殖器官及生理特点

公狐的生殖器官由睾丸、输精管、副性腺和阴茎组成。

睾丸位于腹股沟与肛门之间的阴囊内，呈卵圆形。它的发育具有明显的季节性变化。夏季（6~8月）成年公狐睾丸非常小，重量仅1.2~2g，无精子生成。8月底至9月初，睾丸开始发育，11月发育明显加快，重量和大小都有所增加，至1月重量达到3.7~4.3g，最大达5g，触摸时具有一定的弹性。输精管和前列腺，也随睾丸呈季节性变化。

狐的阴茎形态结构与犬的阴茎相似，细长，呈不规则的圆柱状，有球状体和阴茎骨。

二、母狐的生殖器官及生理特点

卵巢呈扁平状，灰红色，发情期变大。卵巢和输卵管被脂肪组织所覆盖。子宫为双角子宫，子宫角和子宫体以子宫阔韧带吊在腰下部骨盆两侧壁上，有子宫颈阴道部。尿生殖前庭有两个比较发达的突起。交配时，前庭受刺激而剧烈收缩，两突起膨大，与公狐阴茎球状体共同作用，出现连档（连锁）现象。母狐的阴门，上圆下尖，非繁殖期被阴毛覆盖而不显露，繁殖期（发情期）有明显的形态变化。

狐是季节性发情动物，发情季节在春季。母狐的生殖器官在夏季（6~8月）处于静止状态，卵巢、子宫、阴道的体积最小。9~10月卵巢体积逐渐增大，卵泡开始发育，黄体开始退化。到11月黄体消失，卵泡迅速增长，翌年春季发情排卵。输卵管、子宫及阴道也相应地随着卵巢的发育而发生变化。狐是自发性排卵动物，两个卵巢可交替排卵。狐的妊娠期为49~58d。

狐的正常生理值为：体温38.7~41℃，心率80~140次/min，呼吸频率15~45次/min。

第五节 鹿的解剖生理特征

鹿属反刍兽，现已驯养的茸用鹿有梅花鹿、马鹿、水鹿、海南坡鹿和白唇鹿等。鹿的体型特征为耳大直立，颈细长，尾短，四肢长，后肢肌肉发达，蹬力大，善弹跳，公鹿有角，母鹿无角等。鹿胆怯易惊，警惕性高，常一呼共鸣立即奔逃，行动敏捷。喜群居，怕热耐寒。

一、鹿的骨骼、肌肉和被皮

（一）**骨骼** 全身骨骼分为躯干骨、头骨、前肢骨和后肢骨。

1. **躯干骨** 颈椎7块，胸椎13块，腰椎6块，荐椎有4块，尾椎有9块。肋有13对，前 8 对为真肋,后 5 对为假肋。胸骨有 7 块骨片构成。

2. 头骨　由颅骨和面骨组成。鹿额骨发达,额骨上有角突,由此生产鹿茸。额骨内无额窦。上颌骨是面骨中最大的一块,内有发达的上颌窦。

3. 四肢骨　鹿的四肢骨发达,比牛细长,肌腱也发达,因此奔跑迅速,弹跳力强。第 3、4 掌骨愈合在一起构成一块长骨,称为"炮骨"。驯鹿蹄大而圆,蹄周生有许多特殊的刚毛,这些刚毛虽细,但硬度、弹力极强,在蹄周围形成毛刷,在雪地、沼泽地行走时能触及地面,增加了蹄的着地面积,减轻单位面积的负重量。

(二) **肌肉**　与牛相似。

(三) **鹿角**　公鹿有角,母鹿没有角。角位于头部的额骨和顶骨边缘上的骨突出部。从未骨化的鹿角纵断面观察,角质致密,角内无腔洞。鹿角周期性脱落,一般每年脱 1 次。角的叉数随着年龄的增长而增多。未骨化的鹿角称为鹿茸,柔软,被覆皮肤和被毛,富含血管。角逐渐骨化后,皮肤剥落。

二、鹿内脏的解剖生理特征

(一) **消化系统**　鹿是反刍动物,其消化系统的解剖构造与生理特征与牛相似。

1. 口腔　鹿唇灵活,是采食的主要器官。唇部皮肤除有被毛外,还生有长的触毛,下唇比较短,触毛较多。上唇与鼻孔间有暗褐色光滑湿润的鼻唇镜。颊黏膜呈淡红色或暗褐色,在靠近口角处有许多呈倒刺状的锥状乳头。舌狭长,舌体背面有明显的舌圆枕,常带有色素。上颌无切齿,下颌每侧各有 4 个切齿。犬齿多位于上颌齿槽间缘的前部,公鹿较发达,母鹿仅露出齿龈。下颌无犬齿。鹿的齿式如下:

恒齿齿式为:$2\left(\dfrac{0133}{4033}\right)=34$

2. 咽　较宽短,与其相通的鼻后孔较小,食管口较大。

3. 食管　在颈前部位于气管背侧,到颈后部,稍偏于气管左侧。胸部食管位于纵隔内,沿气管背侧延伸,向后通过膈的食管裂孔入腹腔,连于胃的贲门。

4. 胃　也分为瘤胃、网胃、瓣胃和皱胃。前 3 个胃为无腺胃,而皱胃黏膜含有消化腺,为有腺胃。

(1) 瘤胃　体积庞大,呈前后隆突、左右稍扁的椭圆形囊,结构与牛瘤胃相似,唯多 1 个后腹副囊。

(2) 网胃　呈长椭圆形,在肝、膈后面,瘤胃前下方,由左背侧斜向右腹侧,占左右季肋部各一部分,约与第 6～7 肋骨中下部相对。食管沟幼鹿很发达,可闭合成管,成年鹿则闭合不严。

(3) 瓣胃　呈椭圆形,体积最小,位于右季肋部,约与第 8～9 肋骨中下部相对。

(4) 皱胃　呈前粗后细的弯曲囊状,位于瘤胃前部右侧,其腹侧紧贴剑状软骨部的腹底壁。平滑的黏膜形成 13～14 道前后纵走的螺旋状黏膜褶,内含丰富的胃腺。

5. 肠　肠管较长,分小肠和大肠。

(1) 小肠　分为十二指肠、空肠和回肠。十二指肠长约 40cm,其末端有肝管和胰管的开口;空肠约 13m 左右,位于右季肋部、右髂部和右腹股沟部,有较短的系膜连于结肠圆锥的周边；回肠很短，以回盲韧带与盲肠相连，末端有回盲瓣突入盲肠。

（2）大肠　分为盲肠、结肠和直肠。盲肠长约15cm，管径较粗大。盲肠体位于右髂部，盲肠尖向后可伸达右腹股沟部；结肠位于右季肋部和右髂部，长约5m，分为初袢、旋袢和终袢，旋袢盘曲成结肠圆锥，锥顶向内后方突出，达瘤胃后背盲囊的下部，锥底向外侧，位于右肾下方；直肠位于子宫、阴道（母鹿）或膀胱（公鹿）的背侧，直肠末段形成直肠壶腹。

6. 肝和胰　肝位于右季肋部，其膈面隆凸，脏面凹陷，分叶不明显，没有胆囊。胰位于右季肋部，呈灰黄色。

（二）呼吸系统

1. 鼻腔　鹿的鼻腔较长，鼻孔呈裂缝状长孔。鼻前庭腹侧与黏膜之间有鼻泪管口。左右鼻腔在后部互通，鼻后孔较细小。

2. 咽和喉　咽是呼吸道与消化管的交叉道。喉呈长筒状，纵径较大，横径较小，会厌软骨游离缘呈半圆形。声门裂较狭窄，鸣叫时音频较高。

3. 气管和支气管　气管由50～70个不完整的软骨环串联而成，管径较细，其末端在心基后上方分为左、右支气管。右支气管在进入肺前，又分出一支较大的尖叶支气管，进入右肺的尖叶。

4. 肺　右肺较大，分为尖叶、心叶、隔叶和副叶；左肺较小，分为尖叶、心叶和隔叶。其中，右尖叶特别发达，除与右侧胸壁接触外，并且自心的前方转向左侧，与左侧胸壁接触。

（三）泌尿系统

1. 肾　为光滑单乳头肾。右肾呈蚕豆形，位于右侧最后两肋间上端至第2腰椎横突腹面，前端与肝相接。左肾呈长椭圆形，后部稍宽，位于第2～4腰椎横突腹面，但较游离。受瘤胃的影响，左右两肾均偏于体中线的右侧。肾总乳头渗出的尿液，由扩展的肾盂收集后流入输尿管。鹿无肾盏。

2. 输尿管、膀胱和尿道　输尿管起于肾盂，末端进入膀胱体后背侧，开口在膀胱颈黏膜面上。膀胱顶可前后移动。公鹿尿道细长，尿道内口的后上方有1对精阜突入，尿道外口在阴茎尿道突上。母鹿尿道宽短，尿道外口隐藏在尿生殖前庭内的前下方底壁，其后下部有一尿道憩室。

（四）生殖系统

1. 公鹿生殖器官

（1）睾丸和附睾　睾丸呈长椭圆形，头向上，尾向下，游离缘前凸。膨大的附睾头附着在睾丸头上部。附睾体狭窄，附睾尾向下由附睾韧带与睾丸尾相连。附睾韧带由附睾尾延伸到总鞘膜，形成阴囊韧带。公鹿在发情季节，睾丸显著增大。

（2）输精管和精索　输精管是附睾尾到尿生殖道的肌质管道，起始部与附睾体并行。然后沿精索上升进入腹腔，在骨盆腔内的膀胱颈背侧形成输精管壶腹。末端与精囊腺的排出管共同合并成射精管，开口于尿生殖道起始端背侧的精阜。精索位于阴囊和腹股沟管内，呈上窄下宽的扁圆锥形，内有输精管和血管、神经。

（3）副性腺　精囊腺位于膀胱颈背侧和输精管壶腹外侧，精囊腺管与输精管壶腹末端汇合成射精管，左右射精管口相邻，中间隔有黏膜褶，形成精阜。前列腺体横位于膀胱颈背侧，扩散部存在于尿生殖道骨盆部壁内。尿道球腺位于尿生殖道骨盆部后部背侧，大小可随生殖季节发生变化。

（4）阴茎 呈扁的圆柱状，阴茎体无S形弯曲，阴茎头呈钝圆锥状，头窝内有尿道突和尿道外口。阴茎属纤维型，海绵体较少。

（5）尿生殖道 比较细长，以坐骨弓折转处的尿道峡为界，分为骨盆部和阴茎部。

（6）阴囊 位于两股之间，为紧凑结构的长形肉袋，阴囊颈不明显。

2. 母鹿生殖器官

（1）卵巢 呈菜豆形，光滑色淡，表面常见有卵泡。卵巢囊较深，老龄母鹿卵巢缩小。卵巢位于骨盆腔前口处。

（2）输卵管 位于卵巢系膜中，细而弯曲。靠近输卵管漏斗部的管径稍粗，称为输卵管壶腹。输卵管后端与子宫角之间无明显的界限。

（3）子宫 属双角子宫，子宫角弯曲成螺旋形，右子宫角比左子宫角长而粗。子宫体较短，子宫伪体较长。子宫颈管径很小，有明显的阴道部突入阴道内腔。在子宫角和子宫体的黏膜面上，每侧各有4~6个子宫阜。

（4）阴道 整个阴道黏膜被中央的环行沟分为前后两部，前部有子宫颈的阴道部、环形穹窿和较高的纵行黏膜皱褶；后部有明显的阴瓣，阴道壁较薄。

（5）尿生殖前庭 较短，介于阴瓣和阴门之间，其前端底壁有尿道外口和尿道憩室。

梅花鹿、马鹿15~18月龄开始性成熟，为季节性多次发情，在北方秋、冬季节的9~11月是鹿发情配种时期。发情周期平均12d左右，每次发情持续12~36h。发情期的雄鹿有排尿和稀泥的泥浴行为，先靠近湿地，然后排尿，再趴卧，并在湿土地上来回摩擦其阴部，同时在地面上来回滚动，使混有尿液的土沾满全身，有利于保持气味。雌鹿也有泥浴行为，但一般不排尿，只泥浴。妊娠期梅花鹿为235~245d，马鹿为250d。分娩期在翌年4~6月，多数产1仔，少数产双仔，初生梅花鹿重5.8~6.5kg。

鹿的正常生理常数为：体温成年鹿为38.2~39.0℃，仔鹿为38.5~39.0℃；心率成年鹿为40~78次/min，仔鹿为70~120次/min；呼吸频率成年鹿为15~25次/min，仔鹿为12~17次/min。

第六节　水貂的解剖生理特征

水貂为肉食动物。体型较小，头小颈短，嘴尖，耳小，四肢短，尾细长，毛蓬松。貂性情凶猛，攻击性强，多在夜间活动。善于游泳和潜水，属半水栖动物。水貂的标准色为黑褐色，经过长期的人工驯养培育出一些其他毛色的水貂，如白色、米黄色、灰蓝色、烟色等几十种颜色的彩貂。

一、貂的骨骼、肌肉与被皮

水貂全身骨骼约有201块。颈椎7块，胸椎14块，腰椎6块，荐椎3块，尾椎17~21块。肋有14对，前9对为真肋，后5对为假肋。胸骨有8块骨片构成。前后肢均具5指（趾），指（趾）端有利爪。指（趾）基间具有微蹼，后肢的蹼比前肢蹼明显。尾细长，尾毛长而蓬松。肛门两侧有1对肛腺。肌肉基本同犬。

二、貂内脏的解剖生理特征

（一）消化系统

1. 口腔　上唇前端与鼻孔间形成暗褐色光滑湿润的鼻唇镜。上唇正中有浅沟。唇薄但不灵活。颊黏膜光滑，常有色素。

硬腭坚硬，前部有切齿乳头。舌呈长条状，黏膜表面具有4种乳头，即丝状乳头、菌状乳头、轮廓乳头和叶状乳头，味蕾丰富。水貂的牙齿特别发达，是捕食、咀嚼食物及抵抗攻击的武器。门齿排列紧密，体积极小，自内向外逐渐增大，犬齿极为发达。唾液腺也较为发达。貂的齿式如下：

$$恒齿齿式为：2\left(\frac{3131}{3132}\right)=34$$

2. 咽和食管　无特殊结构。颈部食管前2/3位于气管的背侧，后1/3则移行在气管左侧。

3. 胃　大部分位于左季肋部，呈长而弯曲的囊状。胃黏膜有许多纵向皱褶，含丰富的胃腺，胃液含较多胃蛋白酶。胃黏膜肌和肌层较发达。胃幽门口内有较小的幽门瓣。胃排空迅速。

4. 肠　小肠分为十二指肠、空肠和回肠，总长度是体长的4倍。空肠形成许多肠襻，位于左髂部、左腹股沟部和腹腔底部。大肠前段为结肠，后段为直肠，无盲肠。回肠末端以回结口通结肠，回结瓣极小。结肠有许多肠襻，盘绕在腹腔右髂部上方。直肠较短，不形成壶腹。肛门两侧有发达的肛门腺，又称骚腺，遇到敌害或人工捕捉时就分骚液，以逃避捕猎。

5. 肝和胰　肝很大，呈棕红色，位于腹前部略偏右侧，其脏面有较大的胆囊。胰形状不规则，位于十二指肠与胃小弯之间，胰液经较细的胰腺管排入十二指肠中。

（二）呼吸系统

1. 鼻腔　鼻孔呈逗点状，鼻腔狭窄，具有筛鼻甲骨、背鼻甲骨和腹鼻甲骨，并构成迂回的鼻道。嗅黏膜肥厚并有很多皱褶，可灵敏地感受气味刺激。

2. 喉、气管和支气管　喉较短小，声门裂较狭窄。气管呈细长管状，由一系列软骨环串联而成，末端在心基后上方分为左、右支气管。

3. 肺　呈淡粉红色，右肺大于左肺。肺分六叶，其左侧心叶与膈叶合并为心膈叶。各肺叶中，左右尖叶均薄锐狭长，副叶较小，其余肺叶钝而肥厚。左肺两叶间的心切迹较大，心包左壁露于肺外，是临床心区听诊部位。

（三）泌尿系统

1. 肾　为平滑单乳头肾，左右两肾均呈蚕豆形。右肾稍前，位于第13、14肋上端至第1腰椎横突下方。左肾稍后，位于第14肋上端至第3腰椎横突下方。右肾位置较固定，左肾移位的现象时常发生，其后位可达5~6腰椎腹侧。

2. 输尿管　细而长，前1/3段平行向后延伸，后2/3段弯成弧形穿行于含脂肪的腹膜褶中，末端在盆腔内通膀胱。

3. 膀胱　空虚时为一分硬币大的扁梨状盲囊。充盈时略膨大，呈卵圆形，膀胱顶伸至腹后部耻骨区。水貂的尿呈弱酸性，透明，浅黄色。

4. 尿道　公水貂尿道细长而弯曲，母水貂尿道短而直。

（四）生殖系统

1. 公水貂生殖器官

（1）睾丸和附睾　睾丸呈长卵圆形，体积有明显的季节性变化，配种期比平时增大4～5倍。睾丸纵隔较发达。附睾附着于睾丸的上端（外侧），睾丸与附睾间借附睾韧带相联系。

（2）输精管　起始于附睾尾部，延伸中形成许多弯曲，向上变直后穿行在精索中。进入腹腔后变粗形成壶腹，末端开口于尿生殖道起始部背侧。

（3）尿生殖道　有排尿和输送精液的双重功能。

（4）副性腺　仅有前列腺而无精囊腺和尿道球腺。前列腺位于尿生殖道骨盆部起始端背外侧，分为左右两叶，每叶又分前后两部。前列腺产生精清，并由许多小孔直接排入尿生殖道中。

（5）阴茎　包括阴茎海绵体部和阴茎骨部。阴茎骨部有1块阴茎骨，长约5cm，表面包有白膜，前端有弯向背侧的阴茎小钩。

（6）阴囊　位于两股部之间的后上方，外观不甚明显。水貂阴囊壁的肉膜不发达，但填充有脂肪层。

2. 母水貂生殖器官

（1）卵巢　呈扁平的长椭圆形，埋于腹脂中，其体积和重量因繁殖季节而变化，非发情期较小、较轻。

（2）输卵管　长约3cm，呈花环状包绕于卵巢囊中，末端以输卵管子宫口连通子宫角。

（3）子宫　呈Y形，为双角子宫。子宫角内壁有纵行皱褶，子宫体前部为子宫伪体。子宫颈较狭窄，后端突入阴道中。

（4）阴道　为背腹压扁的肌质管道，长约2.4cm，中段有阴道狭窄部。阴道黏膜面有纵向皱褶，具有一定的扩张性。

（5）尿生殖前庭　较宽短，是排尿和生殖的共用通道。侧壁黏膜中有前庭小腺，交配时可分泌黏液以润滑交配器官。

由于自然选择结果，水貂形成了适应高纬度地区光周期的季节性繁殖和季节性换毛。

水貂9～10月龄性成熟，一般繁殖利用3～4年。每年2～3月发情配种，在发情季节有2～4个发情期，每个发情期为6～9d，持续发情时间1～3d。貂为刺激排卵，排卵多发生在交配后36～42h。

水貂的正常生理常数为：体温39.5～40.5℃，呼吸频率26～36次/min，心率140～150次/min。

第七节　鸵鸟的解剖生理特征

鸵鸟是世界上现存的最大、最重的鸟类。它生活在干旱、气候恶劣、食物缺乏的沙漠地带，以草食为主。家养鸵鸟起源于南非，已有130多年的历史。近年来，风靡全球的养鸵业主要饲养的是非洲鸵鸟，也有美洲和澳洲鸵鸟。

一、鸵鸟的骨骼、肌肉与被皮

鸵鸟的运动系统、被皮系统基本同鸡,但有以下特点:

1. 鸵鸟的主要外貌特征是头小,眼大,颈长,脚长而粗,不会飞翔,适于奔跑。鸵鸟行走非常快捷,奔跑时的时速可达 40～70km,步距可达 8m。非洲鸵鸟为二趾鸟,内趾最大,有非常锋利的爪;外趾小,无爪,趾间有蹼。美洲与澳洲鸵鸟是三趾鸟。鸵鸟具有非常好的视觉,其瞬膜(第三眼睑)能阻挡风沙和保护眼睛。

2. 头骨很薄,呈海绵状,经不起撞击。头颈衔接处脆弱,遇外力作用易导致头与颈分离。鸵鸟胸骨宽而平坦,其下方无龙骨嵴,也无肌肉。胸骨、锁骨、肩胛骨连于一体,缺乏灵活性。

3. 全身除颈部上 3/4 及大腿无羽毛外,其他部位均被覆羽毛。雌、雄鸟羽毛颜色分明,雄鸵鸟的羽毛呈黑色,雌鸵鸟呈浅棕灰色。羽毛疏松柔软不形成羽片。翅羽主要用于平衡身体,在寒冷季节用以覆盖无羽毛的大腿,交配时用于求偶调情。种鸵鸟也常用翅羽保护小鸵鸟及巢中的蛋。

4. 鸵鸟尾综骨退化,无尾脂腺。

二、鸵鸟内脏的解剖生理特征

鸵鸟是草食禽类,内脏解剖构造与鸡基本相同,但在某些局部也有其特征。

(一) 消化系统

1. 口咽 口咽部构造简单,缺唇和齿。硬腭正中有一纵向裂缝,是鼻后孔的开口,稍后方为咽鼓管咽口。无软腭,口腔与咽的分界不清,两者合为一腔,前部为口部,后部为咽部。舌光滑呈钝三角形,舌尖极短,舌体很发达,舌黏膜分布有少量的味蕾,味觉较灵敏。唾液中无消化酶。喙为上下略扁的短圆锥状,前端钝圆,后部很宽,便于啄食和扯断植物。

2. 食管 很长,前接咽部,后通腺胃,有很强的扩张能力。颈下段食管偏于右侧,不形成嗉囊。胸段食管穿行于两肺之间,末端在腹腔左侧与腺胃贲门连通。

3. 胃 包括腺胃和肌胃,两胃室间有较粗的通道。

腺胃呈向上弯曲的壶腹状,内腔很大,位置在肌胃上方并偏于左侧腹腔。其黏膜的大部分是无腺区。有腺区仅位于腹侧内壁,含有约 300 个细小的消化腺团,可分泌胃蛋白酶原和盐酸。腺胃的主要机能是贮存食物,对食物进行初步消化和发酵。

肌胃为侧扁的圆形肌质器官,位于腺胃腹面、肝的后方。肌胃的肌层很厚,呈暗紫红色,两侧外壁有坚韧的外膜。黏膜表面衬有坚韧的类角质膜。肌胃腔内常有沙砾,又称为沙囊。成年鸵鸟的胃一般在 1.5kg 左右。肌胃主要有磨碎食物的机械消化作用。

4. 肠 分为小肠和大肠。

(1) 小肠 十二指肠起于肌胃右侧面的幽门,形成 U 形肠袢,肠袢内夹有胰脏。空肠形成许多半环形肠袢,由肠系膜悬挂于腹腔左外侧后部,中部有卵黄囊柄退化的遗迹。回肠短而直,与空肠无明显界限。

(2) 大肠 包括两条盲肠和结肠(结-直肠)。盲肠特别发达,有左、右两条。盲肠分为盲肠基、盲肠体和盲肠尖。盲肠基部较细,起始端壁内有盲肠扁桃体;盲肠体膨大,呈较粗的管囊状,壁外有斜向的肠袋;盲肠尖渐细,呈圆锥状。结肠较长,分为近端、中端和远端。近端较粗,壁薄,有明显结肠袋;中端和远端较细,肠壁厚,无结肠袋;远端后部略膨大,在接泄殖腔之前形成1个直肠囊。

泄殖腔汇合肠管、输尿管和生殖道三者的末端为一腔,向后以泄殖孔共同开口于体外,兼有排粪、排尿和生殖的综合功能。泄殖腔由前向后分为排粪道、泄殖道和肛道三部分。排粪道腔体最大,呈圆囊状,偏于右上方,前端以增厚的环形肌与直肠囊分界,是结肠后端的直接延续;泄殖道腔体较小,偏于左上方,其背侧壁有1对输尿管的开口和1对输精管的开口(母鸵鸟为1个左输卵管的开口);肛道腔体最小,其背侧有腔上囊的开口。泄殖腔最后端为横行的泄殖孔。

5. 肝和胰　肝位于胸骨的上方,呈蓝棕色,质地较硬,由左右两叶构成。鸵鸟无胆囊,但右肝叶的肝管略粗,有贮存胆汁的作用。胰呈长条状,位于十二指肠的上行段与下行段之间,胰管开口于十二指肠的末端。

鸵鸟消化的特点是:在盲肠和结直肠近端具有很强的生物学消化作用,粗纤维在此进行发酵和分解,产生挥发性脂肪酸,可直接被肠黏膜上皮吸收。此外,盲肠还可吸收水分和含氮物质,并合成B族维生素。结—直肠的主要作用是吸收部分水和盐,形成粪便。

(二) 呼吸系统

1. 鼻腔和眶下窦　鼻腔比较狭短,鼻孔较大,位于上喙后部两侧。孔缘有膜质鼻瓣,无羽毛覆盖。鼻腔内有鼻腺,参与调节渗透压。眶下窦位于上颌外侧、眼球前下方,与鼻腔相通,窦壁为膜质。发生某些呼吸道传染病时,眶下窦常有异常变化。

2. 喉、气管和支气管　喉位于咽底和舌根后下方。喉门无会厌,声门呈洞状,两侧壁有移动性较大的黏膜褶,吞咽时喉肌收缩而关闭喉门。喉软骨仅有环状软骨和杓状软骨。喉部无声带,不能发音。

气管很长,管径不易闭合,气管末端在心基上方分叉形成鸣管和左右两条支气管。鸣管为发音器官。鸵鸟大声吼叫时,颈部显著增粗4～5倍。

3. 肺　呈粉红色,位于胸腔背侧部,背面嵌入肋间,形成数条较深的肋沟。肺腹面稍前方有肺门,是支气管和血管出入肺的门户。

4. 气囊　鸵鸟具有成对的腹气囊、后胸气囊、前胸气囊、锁骨胸内外气囊和颈气囊。臂骨是鸵鸟唯一具气腔的骨。气囊有贮气、散热等多种功能。

鸵鸟有一横向的肌质膈膜将胸腔和腹腔分开,但能否像哺乳动物的膈一样收缩还不清楚。鸵鸟的呼吸生理与家禽相似,非洲鸵鸟呼吸频率6～12次/min,炎热季节可增加5倍。

(三) 泌尿系统

1. 肾　呈巧克力色,位于腰荐椎腹侧凹陷内,体积较大,分为前叶、中叶和后叶。无肾门和肾盂,输尿管和血管直接出入肾,表面可见清晰的肾小叶轮廓。

2. 输尿管　由肾中叶前端伸出,沿肾腹面后行,末端开口于泄殖道顶壁两侧。鸵鸟无膀胱。

鸵鸟泌尿生理的主要特点是:肾小管分泌和重吸收作用很强,进入输尿管的尿液含较浓的尿酸盐。干旱条件下,尿少浓稠呈白垩样。鸵鸟排粪和排尿是两种独立活动,先排尿后排粪。

(四) 生殖系统

1. 公鸵鸟生殖器官

(1) 睾丸和附睾　睾丸1对，位于腹腔内，以较短的系膜悬挂在肾前叶的腹面。性成熟前，睾丸体积较小，如小指头大，呈黄色；性成熟后，体积增大到鸡蛋大，灰白色，睾丸内曲精小管吻合成网。附睾细小，呈纺锤形，紧附于睾丸内侧。内部为弯曲迂回的附睾管，外包被膜。

(2) 输精管　为两条有细小弯曲的细长管道，末端形成扩大部和射精管，以乳头状的射精突通入泄殖道内。输精管扩大部是贮藏精子和精子成熟的地方。鸵鸟无副性腺，精清产生于输精管上皮细胞、附睾管和睾丸曲精小管的支持细胞。精清与精子在输精管混合便成为精液。

(3) 阴茎　性未成熟时阴茎细小，性成熟后阴茎体积很大，呈长舌状。阴茎头向左稍弯，阴茎体腹面有螺旋状输精沟。当阴茎勃起时，输精沟闭合成管，可将射精突射出的精液输导到母鸵鸟泄殖腔中。交配结束后，阴茎回缩到泄殖腔底壁上。

公鸵鸟性成熟期约在4岁。性成熟后的公鸵鸟进入繁殖期时，睾丸间质细胞分泌较多的睾丸素。睾丸素除了促进公鸵鸟产生性欲外，还促使喙、脚等处的皮肤转为猩红色，这是公鸵鸟生殖能力强盛的外在标志。雄鸵鸟向雌鸵鸟求爱时，会做出非常优美的动作，炫耀双翅羽毛。常憋足气，膨胀脖子，发出狮子样吼叫，以展示雄威。

2. 母鸵鸟生殖器官　由卵巢和输卵管构成，左侧发育完全，右侧退化。

(1) 卵巢　以较短的系膜悬挂于肾前叶下方偏左侧。雏鸟的卵巢呈扁平的椭圆形，表面呈颗粒状，有很小的卵泡。成年鸵鸟卵巢由大小不等的卵泡构成葡萄串状。成熟卵泡体积较大，突出于卵巢表面，有细长的卵泡柄与卵巢相连。

(2) 输卵管　一条粗细不匀的、长而弯曲的管道，以韧带悬挂于腹腔左上方。输卵管由前向后依次分为漏斗部、蛋白分泌部、峡部、子宫部和阴道部。

母鸵鸟从18～24月龄起便可出现零星产蛋现象，但直到3岁时产蛋量才会正常。因此，一般把3岁定为母鸵鸟性成熟期。鸵鸟蛋重一般在1 100～1 800g。

鸵鸟有筑巢和抱窝行为，由公、母鸟共同承担。筑巢以公鸟为主，母鸟协助。抱窝以母鸟为主，公鸟承担翻蛋和警戒任务。

实验实习与技能训练

观察当地主要经济动物的内脏器官形态和结构

(一) **目的要求**　了解当地主要经济动物骨骼、肌肉与被皮的形态构造特点，掌握内脏（消化、呼吸、泌尿、生殖系统）各系统的组成，构造特点和生理特性。

(二) **材料及设备**　当地经济动物或动物的骨骼标本、肌肉标本、内脏浸制标本及解剖器械等。

(三) **方法步骤**

1. 仔细观察各种标本，并注意其特征及区别。

2. 仔细解剖消化系统、呼吸系统、泌尿系统和生殖系统，了解各种器官的形态、位置及其与畜禽的区别。

教师边解剖边讲解、示范，有条件的可让学生分组进行解剖观察。

（四）技能考核 将某一经济动物完整内脏（消化、呼吸、泌尿、生殖器官）取出，识别各器官的形态构造。

复习思考题

1. 简述兔的消化器官结构和生理特点。
2. 简述母兔生殖器官的结构特点。
3. 犬和猫雄性生殖器官的构造特点。
4. 猫大网膜的生理意义。
5. 鸵鸟的外形特征有哪些？
6. 鸵鸟和鸡的内脏器官构造有何不同？
7. 鹿和牛的内脏器官构造有何不同？

主要参考文献

[1] 马仲华等.家畜解剖学及组织胚胎学.第3版.北京：中国农业出版社，2003

[2] 内蒙古农牧学院、安徽农学院.家畜解剖学及组织胚胎学.第2版.北京：中国农业出版社，1998

[3] 董常生等.家畜解剖学.第3版.北京：中国农业出版社，2001

[4] 南京农业大学.家畜生理学.第三版.北京：中国农业出版社，1998

[5] 范作良等.家畜解剖.北京：中国农业出版社，2001

[6] 山东省畜牧兽医学校.家畜解剖生理.第3版.北京：中国农业出版社，2000

[7] 广东省仲恺农业技术学校.家畜解剖生理学.第2版.北京：农业出版社，1996

[8] 吉林农业大学、沈阳农业大学.畜禽解剖学.长春：吉林科学技术出版社

图书在版编目（CIP）数据

畜禽解剖生理/周其虎主编. —2版. —北京：中国农业出版社，2009.8（2018.9重印）
中等职业教育国家规划教材
ISBN 978-7-109-14060-8

Ⅰ.畜… Ⅱ.周… Ⅲ.兽医学：动物解剖学：生理学－专业学校－教材 Ⅳ.S852.16

中国版本图书馆CIP数据核字（2009）第129463号

中国农业出版社出版
（北京市朝阳区麦子店街18号楼）
（邮政编码100125）
责任编辑　薛允平　林珠英

北京通州皇家印刷厂印刷　新华书店北京发行所发行
2001年12月第1版　2009年8月第2版
2018年9月第2版北京第13次印刷

开本：787mm×1092mm　1/16
印张：12.25
字数：280千字
定价：19.00元
（凡本版图书出现印刷、装订错误，请向出版社发行部调换）